U0216338

厦门大学南强丛书【第七辑】

论环境变化

刘广山◎著

厦门大学出版社
XIAMEN UNIVERSITY PRESS
国家一级出版社
全国百佳图书出版单位

图书在版编目(CIP)数据

论环境变化/刘广山著.—厦门:厦门大学出版社，2021.1
(厦门大学南强丛书. 第7辑)
ISBN 978-7-5615-6490-5

Ⅰ. ①论…　Ⅱ. ①刘…　Ⅲ. ①环境科学－研究　Ⅳ. ①X

中国版本图书馆CIP数据核字(2020)第185327号

出 版 人　郑文礼
责任编辑　李峰伟
封面设计　李夏凌
技术编辑　许克华

出版发行　厦门大学出版社
社　　址　厦门市软件园二期望海路39号
邮政编码　361008
总　　机　0592-2181111　0592-2181406(传真)
营销中心　0592-2184458　0592-2181365
网　　址　http://www.xmupress.com
邮　　箱　xmup@xmupress.com
印　　刷　厦门集大印刷厂

开本　720 mm×1 000 mm　1/16
印张　19.75
插页　4
字数　345千字
版次　2021年1月第1版
印次　2021年1月第1次印刷
定价　59.00元

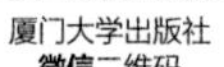
厦门大学出版社
微信二维码

厦门大学出版社
微博二维码

总 序

在人类发展史上，大学作为相对稳定的社会组织存在了数百年并延续至今，一个很重要的原因在于大学不断孕育新思想、新文化，产出新科技、新成果，推动人类文明和社会进步。毋庸置疑，为人类保存知识、传承知识、创造知识是中外大学的重要使命之一。

1921年，爱国华侨领袖陈嘉庚先生于民族危难之际，怀抱“教育为立国之本”的信念，倾资创办厦门大学。回顾百年发展历程，厦门大学始终坚持“博集东西各国之学术及其精神，以研究一切现象之底蕴与功用”，产出了一大批在海内外具有重大影响的精品力作。早在20世纪20年代，生物系美籍教授莱德对厦门文昌鱼的研究，揭示了无脊椎动物向脊椎动物进化的奥秘，相关成果于1923年发表在美国《科学》(*Science*)杂志上，在国际学术界引起轰动。20世纪30年代，郭大力校友与王亚南教授合译的《资本论》中文全译本首次在中国出版，有力地促进了马克思主义在中国的传播。1945年，萨本栋教授整理了在厦门大学教学的讲义，用英文撰写*Fundamentals of Alternating-Current Machines*(《交流电机》)一书，引起世界工程学界强烈反响，开了中国科学家编写的自然科学著作被外国高校用为专门教材的先例。20世纪70年代，陈景润校友发表了“1+2”的详细证明，被国际学术界公认为对哥德巴赫猜想研究做出了重大贡献。1987年，潘懋元教授编写的我国第一部高等教育学教材《高等教育学》，获国家教委高等学校优秀教材一等奖。2006年胡锦涛总书记访问美国时，将陈支平教授主编的《台湾文献汇刊》作为礼品之一赠送给耶鲁大学。近年来，厦门大学在能源材料化学、生物医学、分子疫苗学、海洋科学、环境生态学等理工医领域，在经济学、管理学、统计学、法学、历史学、中国语言文学、教育学、国际关系及区域问题研究等人文社科领域不断探索，取得了丰硕的成果，出版和发表了一大批有重要影响力的专著和论文。

书籍是人类进步的阶梯，是创新知识和传承文化的重要载体。为了更好地展示和传播研究成果，在1991年厦门大学建校70周年之际，厦门大学出版了首辑“南强丛书”，从申报的50多部书稿中遴选出15部优秀学术专著出版。选题涉及自然科学和社会科学，其中既有久负盛名的老一辈学者专家呕心沥血的力作，也有后起之秀富有开拓性的佳作，还有已故著名教授的遗作。首辑“南强丛书”在一定程度上体现了厦门大学的科研特色和学术水平，出版之后广受赞誉。此后，逢五、逢十校庆，“南强丛书”又相继出版了五辑。其中万惠霖院士领衔主编、多位院士参与编写的《固体表面物理化学若干研究前沿》一书，入选“三个一百”原创图书出版工程；赵玉芬院士所著的《前生源化学条件下磷对生命物质的催化与调控》一书，获2018年度输出版优秀图书奖；曹春平副教授所著的《闽南传统建筑》一书，获第七届中华优秀出版物奖图书奖。此外，还有多部学术著作获得国家出版基金资助。“南强丛书”已成为厦门大学的重要学术阵地和学术品牌。

2021年，厦门大学将迎来建校100周年，也是首辑“南强丛书”出版30周年。为此，厦门大学再次遴选一批优秀学术著作作为第七辑“南强丛书”出版。本次入选的学术著作，多为厦门大学优势学科、特色学科经过长期学术积淀的前沿研究成果。丛书作者中既有中科院院士和文科资深教授，也有全国重点学科的学术带头人，还有在学界崭露头角的青年新秀，他们在各自学术领域皆有不俗建树，且备受瞩目。我们相信，这批学术著作的出版，将为厦门大学百年华诞献上一份沉甸甸的厚礼，为学术繁荣添上浓墨重彩的一笔。

“自强！自强！学海何洋洋！”赓两个世纪跨越，逐两个百年梦想，面对世界百年未有之大变局，面对全人类共同面临的问题，面对科学研究的前沿领域，面对国家战略需求和区域经济社会发展需要，厦门大学将乘着新时代的浩荡东风，秉承“养成专门人才、研究高深学术、阐扬世界文化、促进人类进步”的办学宗旨，劈波斩浪，扬帆远航，努力产出更好更多的学术成果，为国家富强、民族复兴和人类文明进步做出新的更大贡献。我们也期待更多学者的高质量高水平研究成果通过“南强丛书”面世，为学校“双一流”建设做出更大的贡献。

是为序。

厦门大学校长 張榮

2020年10月

作者简介

刘广山，1986年毕业于兰州大学现代物理系，获硕士学位。之后在中国辐射防护研究院从事环境辐射研究，曾任助理研究员、副研究员。1996年到厦门大学从事同位素海洋学与环境变化教学和研究工作，曾任副教授、教授。

主持和参加多项国家自然科学基金项目、973项目和其他研究项目。已在国内外各种期刊发表论文150余篇。独立著作出版《海洋放射性核素测量方法》《同位素海洋学》《海洋放射年代学》3部专著，与他人合作编著了《同位素海洋学文集》1至5卷。独立承担"同位素海洋学""应用数学"等10门本科生和研究生课程。曾参加中国第15次南极科学考察和中国边缘海多次海上调查工作。

前 言

环境变化研究涵盖领域广泛，内容极其丰富，进行系统性论述非常困难，分圈层有可能使环境变化论述有一定的系统性。地球外圈分为4个圈层，即岩石圈、生物圈、大气圈和水圈。如果考虑到地球内部结构，在岩石圈之下，还有软流圈、中圈和地核。没有人能将4个圈层割裂开来，因为它们的变化融合在一起。例如，冰期与间冰期是气候变化的内容，但也反映水在陆地和海洋间腾挪，表现为水圈的变化。显然生物的演化也和冰期与间冰期密切相关。地质时期，联合古陆旋回和冰期与间冰期更替构成环境变化的大框架。环境变化发生在岩石圈、水圈、大气圈和生物圈，岩石圈规范了其他3个圈层，其他3个圈层也不断改造着岩石圈。

环境变化存在不同的时间和空间尺度。对遥远的过去，只能研究长时间尺度和大空间尺度的问题，短时间尺度的问题则局限于不久之前至今的一段时间。因此，环境变化的论述距现在越近，可论述的时间尺度越短，空间尺度越小；在同样时间和空间尺度范围，距现在越近，能获得的信息时空分辨率越高。

在空间上，先论述最大空间尺度，即全球尺度，依次减小空间尺度，直到最小空间尺度，也是从大问题到小问题递次论述。环境变化的信息来源于局地环境变化记录。环境变化记录介质总是某地的，记录反映的首先是局地环境，所以人们是从局地记录推测全球环境变化的。

环境变化包括驱动力、过程和现象。本书主要叙述过程和现象。论述环境变化就是厘清环境参数随时间的变化。现在还有很多参数的变化是无法描述的，主要原因如下：第一，虽然地球环境变化的资料极为丰富，但至今仍然是散碎、不连续的；第二，描述地球环境的参数很多，提纲挈领非常困难；第三，很多环境变化研究报道方法学的内容占了很大部分。在一定时空尺度，笔者欲抓住主要环境变化参数加以论述，但发现不同时期、不同空间尺度的关键环境变化参数可能不尽相同。本书对常见事件做了一些介绍，如地震、火山喷发、季风，这些可能影响环境变化，而事件对环境长期变化的影响有待深入研究。地球环境变化可能是多因素共同作用的结果，但其中一种必定是主要的。

环境变化主要是地表过程——地球各圈层随时间的变化，就是地球的历史。这些变化从何说起？从地球形成时说起，解决了时间框架完整性问题，所以本书各圈层的变化也从地球形成过程说起。地质年代表就是本书的时间框架，也是叙述问题的主线，长时间尺度依次用宙、代、纪、世，更短时间尺度多用年表示。

我国开展了大量的环境变化研究，范围涉及全国甚至全球，特别是气候变化研究，研究西部干旱荒漠的报道很多，气候变化的黄土记录和青藏高原的研究积累了丰富的资料，形成信息的海洋，而且仍不断有清渠注入。

过去的环境变化研究，是科学家对过去的环境参数取值的推测。随着研究深入，证据不断积累，推测会发生变化，且有些可能是颠覆性的变化，所以对书中所引结论应持客观态度。

在本书的写作过程中，笔者走过了艰苦的路程，书稿水平不高主要是因为笔者才疏学浅，再加上把别人发表的文章编成书也并不容易。写作与修改过程中总觉得深度不够，也不够全面，内容需要充实，文字需要润色，特别是各个圈层的相互作用论述较少。

最后谢谢关心和帮助过笔者的老师、朋友和学生们！

留下邮箱地址(lgshan@xmu.edu.cn)，供热心的读者联系、反馈问题、提出建议用。

刘广山

目　录

第一章 绪 论

环境变化是最复杂、内容最广泛的学科领域。从地球的形成开始，沿时间轴，岩石圈、水圈、大气圈与生物圈均发生了极大的变化。过去的环境变化研究总是通过与现代环境比较进行，所以现代环境的参数化也是环境变化研究的内容。

第一节 环境的特点

环境是某一主体周围的空间及空间中存在的事物，包括主体之外的所有一切。环境的定义虽然明确，却非常抽象，而且随着主体不同，环境的侧重面也不同。人们通常所说的环境以人为主体。环境是在人群周围的直接和间接影响人类的各种自然因素和社会因素的总和，包括自然因素的各种物质、现象、过程，以及人类社会、经济和政治因素。

以一个生活在山区农村的人为主体，可以列举出以下环境因素：①地理学参数：洲，国，省，市，县，区，自然村；经纬度，平均海拔。②人：男、女人口数量、比例，受教育程度，工作种类与人口数量。③山：名称，走向，长度，宽度，最高峰海拔。④水：河/湖名称，流量/流域面积。⑤可耕地面积，山区林地面积。⑥气候：日照量；平均气温，气温分布；年降雨量，降雨量分布；风场。⑦植物1：主要野生植物名称，树木成林否，成林面积。⑧植物2：粮食作物面积、比例，蔬菜作物面积、比例。⑨植物3：其他经济作物，种类，产量，产值。⑩野生动物：种类，成群否，生物量。⑪家畜：牛、马、驴、骡、羊、猪、鸡、鸭、鹅等。⑫矿山：什么矿，储量，开采情况。⑬房子：在中国，住房很大程度上反映社会经济状况。住房质量是生活水平，也是环境质量的直接反映。⑭空气质量：包括周边有没有工厂。⑮旅游景观：春天的景色、秋天的收获场面等；文物、古迹等。⑯大路、小路、公路、高速公路、铁路、飞机场等。⑰社会关系：中国东南沿海地区很多人有海外关系，这些关系可使局地得到发展。⑱经济情况……

现实条件下，对环境的描述只能择其主要的、有代表性的方面，以给出总体的印象和关键信息。一些文学作品用简短的语言给人们一个真实的印象——就是这样的。像陶渊明的《桃花源记》，杜甫的《茅屋为秋风所破歌》，几句话就使人们对所描述的环境有一个深刻的印象。

环境是一个非常复杂的体系，一般按主体、范围、要素、人类对环境的利用和环境的功能进行分类。生态学中将环境分为生物和非生物两方面。按对环境的影响和对人的作用将环境分为自然环境和社会环境。自然环境即地球的各个圈层；社会环境包括政治、经济和文化各个方面。

按空间范围划分环境的做法最多，小范围的环境就是人们的生活条件（如居室环境、院落环境）和劳动环境（如车间环境），中到城市环境、流域环境，大到全球环境。

环境中的每一组成部分称为环境要素，包括大气、水、土地、矿藏、森林、草原、野生动物、水生生物、名胜古迹、风景游览区、疗养区、自然保护区、生活居住区等。环境还包括这些要素之间以及这些要素与外界的相互作用，也包括人与人的关系。自然环境会由于人类的活动而产生不同程度的变化，但其自身演变还是受自然规律的约束。自然环境还可分为大气环境、水环境、生物环境、地质环境等。

社会环境是人在社会不断发展过程中为提高人类的物质和生活水平创造出来的。依据人类对自然环境的利用，可以将社会环境划分为聚落环境，如村落环境、城市环境等；生产环境，如工厂环境、矿山环境、农场环境、林场环境等；交通环境，如民航、铁路、高速公路等；文化环境，如学校、文物古迹、旅游景点等。

虽然有各种各样的环境，但每一种环境都具有以下几大特点。

一、整体性

环境的定义直接说明环境是一个整体。另外，环境的整体性还包含各要素之间的相互作用。以一个城市为例，可以列举出的环境组成包括：①地理参数：洲，国，省，市；经纬度。②面积。③地形地貌。④气候。⑤动物、植物。⑥居民：人口数量，民族，人口比例。⑦交通：航空，铁路，公路，海运。⑧城市交通：包括大街、高架路、立交桥等。⑨经济：包括经济总量、财政收支、固定资产投资、工业、对外贸易、利用外资量等。⑩楼房：商场、商务中心、居住区等。

⑪大学:数量,水平。⑫宗教:场所多少,信徒多少。⑬空气质量。⑭旅游景点……

城市的全部组成城市环境。全面描述环境组成会显得很冗长,也很繁杂;即使分类论述,仍可能不得要领。对不同的关注点,人们可以以某些方面为主描述环境。

二、地域性

气候、生物、经济发展水平受地域影响非常明显。环境的地理要素变化会影响其他要素的变化,所以描述一种环境时一定要先明确地理学参数。

在同一经度,南方城市与北方城市气候不同。尽管不能忽视其他因素,但地理纬度的影响是主要的环境因素。除经纬度外,地域性还包括海拔、距海洋的距离、社会发展水平、人类对自然的干扰程度等。南极的气候和生物,印度尼西亚多地震地区,塔克拉玛干沙漠中的小河公主现象,都可归结为地域性的环境条件。

三、可变性

(一)自然过程是缓慢的

地质时期的自然环境变化是缓慢的,地球经过46亿年的演化才达到目前的环境状况,经过几亿年演替才形成目前的全球生态格局。

(二)环境是脆弱的

环境的脆弱性主要表现在环境对生态系统的作用上。灾害性事件和过度利用是环境脆弱性的诱因。生态系统的崩塌,包括生物绝灭,是环境脆弱的具体表现。

2002年在我国广东顺德首先发现的严重急性呼吸综合征(severe acute respiratory syndrome,SARS),很快传播至东南亚乃至全球,形成全球性传染病,全世界人谈SARS色变。该病患者死亡率高,即使治愈,后遗症也很严重,包括股骨头坏死致残和肺纤维化。人在病毒面前显得很脆弱。

四、资源有限

环境是一种资源,包括矿产、森林、水、大气,但是是有限的资源。目前人类主要靠化石燃料维持社会正常运转,但地球化石燃料总有耗尽之时,而且估计已为期不远了。

人口增加、城市发展、工业发展，导致中国北方大量开采地下水，地下水资源严重消耗。南水北调工程就是为解决这样的问题实施的。

人们需要保护和节约资源，使人类社会可持续发展。

第二节　环境参数

大多数环境科学的书籍中将环境参数称为环境质量参数，用于描述环境。科学上要将环境参数化，以便进行不同环境之间的比较。

一、地理学参数

环境首先是一个地方，其地理学参数包括：①地理位置，纬度，经度；②区域面积与边界；③地形地势，海拔；④主要山脉和河流等。由于存在行政边界，在文献中如果指定的是某地，比如在一个国家内的某省，或某省某县，则已经内含地理位置和区域边界与面积的意义，而地形地势、海拔和河流则可能是影响环境质量的主要因素。

海洋的地理参数包括海域面积、地理纬度、水深、海底地形等。

二、地质与地球化学参数

地质与地球化学参数包括地质构造、断裂带、沉积相等条件。资源状况是地质环境的重要参数，很多国家和地区的发展依赖矿产资源。

海洋中岛屿与群岛是出露在海面的陆地，大的海岛不仅具有陆地性质，而且对海洋环境有重要的影响。

沉积物的地球化学成分是研究环境变化的主要指标。

三、土地与土壤

对人类而言，土地是最重要的环境。尽管在关于土地的定义中，将水、气和生物定义在其中，但实际上人们认识中的土地只是岩石圈中的部分，即固体地球表面。土壤是土地中最重要的部分，所有动物，包括人类的生存都建立在土壤中生长的植物的基础之上。地理学参数中已包含一个地区的土地面积。作为环境参数对土地的描述包括：①农业用地；②林业用地；③草原（草地）；④工矿、道路和居住用地。这些土地中还可分为已利用的土地、荒地和不可利用的土地。作为环境参数对土壤的描述包括:①土壤种类;②理化参数;③污染物;④侵蚀状况。一个地区土地和土壤的结构体现或决定了该地区的环境状况。

人们用土壤各种指标的变化重建古环境。

四、水资源/海洋学

表示水资源的量有:①地区水储量;②水平衡,包括补给与消耗;③结构,湖水、河水、地下水、降水量、蒸发量等;④水质;⑤水生生物;⑥人均可利用的水量。

海洋中的环流、水温、盐度、海冰、化学成分与生产力等物理与化学性质是海洋重要的环境参数。

五、气象参数

气象参数包括:①太阳辐射;②气温;③降水量;④风向,风速;⑤空气质量。自然环境的气象学参数主要是前四项。空气质量用空气质量指数表示,主要用来研究人类活动对大气环境的影响。气溶胶也可能是地质时期引起地球环境变化的重要因素。

太阳辐射是能量;气温是气体分子运动速度的量度,气团的运动就是风;降水是空气水分子凝结的结果;空气质量则是空气中污染物含量水平的量度。

六、生 物

在环境的意义中,生物是最复杂、最难描述的,特别是在热带地区,最重要的生物可能有很多种。生物既依赖于环境生存,也改变或影响环境。描述生物的参数包括:①生物群落结构;②种群结构(野生/家养,个体数,繁殖水平)。不同环境适合不同生物生长,所以不同生物也就指示了环境质量。

生物遗骸及其中的化学指标是重建古环境和古生态系统的主要途径。

七、经 济

描述地区经济状况的主要参数是国内生产总值(gross domestic product,GDP)和人均GDP,进一步的有消费指数。但从公众的角度看,描述经济状况的参数更重要的可能是:①人口结构;②就业状况;③生产状况——产值与利润;④公众健康状况;⑤城市基础设施等。

八、文 化

一个地区的文化发展水平既体现该地区的历史，也反映当代经济的发展水平。作为环境的内容，文化包括：①教育水平：高校数量、质量；中小学数量、质量，入学率，升学率；居住人口文化水平分布。②文体活动：剧院、体育场馆数量、水平、利用率等。③景观：可能是自然的产物，也可能是人类建设的成就，所以有自然景观和人文景观之说。景观也许是一块石头、一座桥、一片森林、一幢大楼、一江水等。

尽管以上都可能给出参数化的描述，但一个地区的文化水平很多情况下是很难用参数说明的。

九、政 治

在人类占主导地位的地球环境中，政治是重要的环境因素。好的政治体制，可以使经济发展，社会安定，人民生活水平提高，形成好的环境。

十、战 争

战争的存在对人类来说是一种灾难，当然也是重要的环境参数。一个国家或地区，是否存在战争应当是环境质量的一条重要标准。处于战争状态的国家环境质量最差。环境的变化也可能诱发战争，有研究认为中国历史上的农民起义很多与长期干旱的气候有关。

环境参数用于描述环境，但并不是，或不全部是，或仅一些被用来研究环境变化。地质时期环境变化的重要参数有地理位置、海平面高度、大洋环流模式、大气成分、气温和降水等。

人类活动对环境的影响很大程度上表现在环境污染方面。环境污染多种多样，按性质可分为：①电磁辐射；②电离辐射；③噪声污染；④光污染；⑤有毒化学物质。对以上污染的描述主要是污染水平和空间范围的数字化。2011 年 3 月，日本核电站发生事故，产生放射性污染，严重污染的区域在核电站周边十数千米的范围内，但大气污染物散布的范围可达北半球大部分地区，海洋污染物可能随海流到达整个北太平洋。

第三节　环境变化

地球上所有的事件和过程都是环境变化，问题是：①什么地方发生了变化——空间；②什么时间发生了变化——时间；③什么发生了变化——描述参数；④为什么发生变化——驱动力；⑤变化有多大。

环境变化无所不包，但是，所谓变化，一定发生在一定的空间内，一定经历一定的时间，所以环境变化与空间和时间紧密联系。人们试图通过将环境事件和过程按空间尺度和时间尺度分类，找到环境变化的规律。

环境是会发生变化的，对环境变化前后状态的描述，就是环境变化研究。环境参数值明显偏离长期平均值叫环境异常。世界上一切事物都在不断变化之中，当然人们可以问：事件或过程造成的变化有多大？多大的变化才算是人们所说的环境变化？

人们可以历数周围事物的变化，包括消失和新出现的事物。在科学上，人们必须用数字来表述这种变化，才能以古论今，预测未来。

人们对过去的环境变化的了解是零星的、不全面的，探明过去的环境变化是环境变化研究的目标。

一、环境变化的空间尺度

环境的空间尺度从全球到局地。

(一)全球尺度

全球尺度指空间范围在10000 km以上，在半球和整个地球之间。可能的特征事件和过程有太阳辐射分布、大气环流、海平面变化、大洋环流、温室效应、大冰期、地球起源、生命的起源与演化等。这些事件和过程可能发生在一个相当长的时间尺度，而且影响不同的空间尺度。

(二)洲与海盆尺度

洲与海盆尺度指空间范围在1000～10000 km之间。相应的地理单元有大陆、大洋、自然带、海区等。特征事件和过程有季风、海流环、厄尔尼诺—南方涛动、构造运动、造山过程、冰期—间冰期交替、臭氧层破坏、气候带分布变化等。这样一个空间尺度的事件和过程发生在年至亿年时间尺度。

(三)区域尺度

区域尺度指空间范围在100～1000 km之间。特征事件和过程有地震、中尺度天气系统、植物物候的空间区域变化、城市化影响、大气污染、水域污染等,往往为独立的事件或过程。这些事件和过程的时间尺度一般在100 a以下,全球性的影响并不大。

(四)局地尺度

局地尺度指空间范围在100 km以下。特征事件有地表侵蚀破坏和小尺度天气系统。局地尺度的环境变化事件和过程的时间尺度也较短,一般在年时间尺度。人类活动对环境的影响大多数在局地尺度。

二、环境变化的时间尺度

环境变化的剧烈程度是随时间变化的,当变化不剧烈时,可以看作是稳定的。环境变化的时间尺度可分为变化过程的时间尺度和变化后稳定的时间尺度。例如,冰期和间冰期的循环,形成冰盖是变化过程,形成冰盖后冰期有一段时间是稳定的。

(一)百万年到几十亿年

百万年到几十亿年的时间尺度,实际上是地球形成与演化的时间尺度。特征过程包括地球的形成与地表演化,为4.5 Ga;联合古陆旋回,周期500～600 Ma,生物的起源和演化、造山运动、大气圈的形成与演变、水圈的形成与演变都在这样一个时间尺度。

(二)万年到百万年

全球气候变化和人类的进化可能是万年到百万年这一时间尺度最有代表性的环境变化过程。在距现在百万年时间内,全球气候经过多次冰期和间冰期的交替变化。在这样一个时间尺度,环境变化总可归结于气候变化,对大尺度的环境变化,气候变化不是结果就是原因。米兰科维奇理论研究的时间尺度,就是在这样一个时间尺度,该理论把地球环境变化归因于地日几何关系参数的变化。

(三)百年到万年

百年到万年是有可能找到文字记录或考古发现的时间尺度,所以可以称之为有史以来的环境变化。中国考古发现的文化遗址揭示的环境变化过程大都在这样一个时间尺度。

(四)年到百年

年到百年这个时间尺度的环境变化可以分为自然过程和人类影响两种。

这个时间尺度的自然过程包括太阳活动、火山活动、地震、旱灾等。

现代科学技术的发展促进了社会的发展,但同时改变了自然生态系统。特别是,技术的发展和资源利用可能在环境中排放了对人类和其他生物有害的物质,也就是人们所说的环境污染。典型的例子有水俣事件、伦敦烟雾事件、洛杉矶光化学烟雾事件等。

(五)短时间的环境变化

一些极端天气过程可以引发更短时间的环境变化事件,如洪灾、泥石流、滑坡、低烈度的地震等。这些事件大都发生在天到月的时间尺度和局地空间尺度。小的环境污染事件也都是在这样的时间尺度发生与产生影响。

实际上,人们司空见惯的昼夜和春夏秋冬的循环就是短时间尺度的环境变化过程。

三、环境的渐变与快速变化

自然环境变化包括渐变、事件和周期性过程。地球自形成以来,经过46亿年的演化,岩石圈、水圈、大气圈和生物圈都在变化之中,为渐变过程。事件,包括火山喷发、地震、行星撞击地球等,可能引起环境发生快速变化。

(一)环境的渐变过程

地球形成后,经历熔岩地壳、小行星撞击、海洋形成、大气圈形成、生物出现与演变,达到现在的岩石圈、水圈、大气圈和生物圈所具有的状态,经历了漫长的过程,也许很多变化可能是事件引起的,但总体上是渐变过程。单个环境参数的变化,有起伏,但总体上是渐变的。大气 CO_2 浓度已经历 50 a 的逐渐升高,会造成全球气候剧烈变化吗?

(二)引起环境变化的事件

引起地球环境变化的事件可以分为岩石圈事件、水圈与大气圈事件以及生物圈事件。人类活动引发的环境变化包括工程建设和生产引起的污染等。

地震、海啸、火山喷发、季风、厄尔尼诺、气旋等是自然环境事件,大都是随机事件。季风是旋回的,但到达的纬度具有随机性。

(三)环境的快速变化

引起环境快速变化的是事件,但并不是每一个事件都引起环境变化。实际上大多数地震之后,经历一定的时间,环境又恢复到震前的状态。多巴火山喷发使地球进入冰期,引发环境快速变化。

四、环境变化的周期性与旋回

大量的研究表明地球各圈层的变化或某些过程存在周期性,地层学称之为旋回。昼夜交替、四季循环是周期性的变化。显然地球环境变化的旋回并不是环境参数的周期性重复,后一个周期比前一个周期有进一步的发展,或说后一个环境变化周期的各种环境参数与前一个周期不完全相同。周期性变化更有可能被用来预测未来的环境变化,因此受到更多的重视。周期性变化包括春夏秋冬、太阳活动周期、米兰科维奇周期等。

目前,人们认为可能存在以下时间尺度的旋回:

(1)500～600 Ma。大陆旋回在这样一个时间尺度。地层学与环境变化研究很少考虑大陆旋回(Rolf et al., 2014),我们将其称为零级旋回。

(2)一级旋回,时间尺度 100 Ma,即 1 亿年时间尺度。地质年代表中的纪在这一个时间尺度,大冰期和大间冰期的旋回也在这样一个时间尺度。

(3)二级旋回,时间尺度 10 Ma。在该时间范围,可能存在 10 Ma 周期。

(4)三级旋回,时间尺度 1 Ma。在该时间范围,可能存在 1.2 Ma 和2.4 Ma 环境变化周期。在该时间尺度的研究文献较多。

(5)四级旋回,100 ka 时间尺度。在该时间范围,可能存在 100 ka 和400 ka 环境变化周期。天文学理论——米兰科维奇理论有 100 ka、400 ka 周期。

(6)五级旋回,10 ka 时间尺度。在该时间范围,可能存在 20 ka 和 40 ka 环境变化周期。研究较多的天文学理论,即米兰科维奇理论有 19 ka、21 ka 和 41 ka 周期。

也许是驱动力的作用,或者是环境变化本身,存在不同时间尺度的变化过程。不存在仅一种驱动力的简单环境变化过程。实际工作中,人们需要将不同时间尺度的环境过程解析出来,以发现不同尺度环境过程的驱动力,这是定义不同时间尺度旋回级别的重要意义。如果能找到某个级别的旋回是环境变化的主要成分,则是重大发现。

第四节 年代学

年代学的意义在于它将历史上发生的事件标绘在时间轴上——历史的长河中。年代学应用最多的领域是历史学、考古学和地质学。环境变化是环境参数随时间的变化，所以年代是环境变化的坐标参数，具有特别重要的意义。尽管有各种纪年方法，但在历史时期用公元纪年，地质时期用距现在的时间是普遍使用的方法。

从研究方法来看，地球环境变化可分为 3 个阶段：地质时期、历史时期和近代。地质时期时间跨度最大，从地球形成到距今 10 ka，又可分为很多不同时期。历史时期一般指距今 10 ka 以来一段时期。近代指最近一两百年有仪器观测记录的时期。

历史学家将历史分为史前时期和历史时期，而考古学家将史前时期分为石器时期、铜器时期和铁器时期。

一、中国历史纪年

中国历史上曾用，或正在用干支纪年、年号纪年、国号纪年和公元纪年。仅民国用国号纪年。封建社会以来 5000 年中，中国大都用，或历史编年用年号纪年。中华人民共和国成立以来用公元纪年，但仍保留干支纪年。

二、有史以来与史前时期

有史以来主要指封建社会出现至今的人类社会。由于产生了文字，人们可以把发生的事件和发现的自然现象记录下来，形成历史。在明代以前，记录环境变化的文献主要是史书和文学作品。明代开始，中国很多地方有志书记录。19 世纪起，全球开始气象仪器记录，很好地弥补了历史典籍记录的不足。

史前时期(约 2.5 Ma—4 kaBP)(BP＝before present，距今时间)，按照历史年代，中国远古文化包括史前文化时期、夏、商、西周的大部分时期的人类社会生活。史前文化是指有文字记录之前的人类社会所产生的文化。考古学上的中国史前社会从发现古人类开始，下限为发现甲骨文的殷墟年代，也就是商代盘庚迁殷之前的历史时期；历史学上的中国史前社会是有了文献记载之前的历史时期，即西周共和纪年之前的阶段。

三、考古年代划分

考古学家将人类历史分为石器时期、铜器时期、铁器时期和历史时期。石器时期，是考古学对早期人类历史分期的第一个时期，即从出现人类到青铜器的出现，始于 2～3 MaBP，止于 2000～5000 aBP。不同地区发展的时间差异很大。石器时期分为旧石器时期、中石器时期与新石器时期。

(一)旧石器时期

以使用打制石器为主，是人类以石器为主要劳动工具的早期。约2.6 Ma—10 kaBP，相当于地质年代的整个更新世。旧石器时期常划分为早期、中期和晚期，大体上分别相当于人类进化的能人与直立人阶段(2.4 Ma—200 kaBP)、早期智人阶段(200—100 kaBP)和晚期智人阶段(100—10 kaBP)。

(二)中石器时期

使用打制石器，也有将磨制石器的时期叫中石器时期，从 15 kaBP 到 10—8 kaBP，以片石器和细石器为工具代表，石器已小型化，且会使用天然火烤熟猎物。

冰消期(15 kaBP)开始，人类亦开始改变生活习惯。自然气候变暖，使采集和渔猎经济有了较大的发展。为了在新的环境中能生存下去，新的发明、创造继续出现，而且比旧石器时代更多。这就是旧石器时代向新石器时代的过渡阶段，也就是中石器时代。中石器时代的特色是用燧石组合成的小型工具，在某些地区可以找到捕鱼工具、石斧以及像独木舟和桨这些木制物品。这个时代的遗迹并不多，通常都局限在贝冢。在世界上的森林地区，可以看到因为农业需要更多土地，森林地开始被开发的迹象。

(三)新石器时期

使用磨制石器，属于石器时代的后期，大约从 18 kaBP 开始，结束时间为 5—2 kaBP。新石器时期，人类已经会使用陷阱捕捉猎物。

这个时期，人类开始从事农业和畜牧，将植物的果实加以播种，并把野生动物驯服以供食用。人类不再只依赖大自然提供食物，因此食物的来源变得稳定。同时农业与畜牧的经营也使人类由逐水草而居变为定居，节省下更多的时间和精力。在这样的基础上，人类生活得到了更进一步的改善，开始关注文化事业的发展，开始出现文明。

(四)铜器时期

铜器时期指主要以青铜为材料制造工具、用具、武器的人类物质文化发展阶段，处于新石器时代和铁器时代之间，是继金石并用时代之后的又一个历史时期。在中国有三种习惯用法，红铜时代、青铜时代，以及红铜时代和青铜时代的总称。

青铜时期处于铜石并用时期之后，早期铁器时期之前，在世界范围内的编年范围大约从公元前4000年至公元初年。世界各地进入这一时期的年代有早有晚。伊朗南部、土耳其和美索不达米亚一带在公元前4000—前3000年已使用青铜器，欧洲在公元前4000—前3000年、印度和埃及在公元前3000—前2000年，也有了青铜器。埃及、北非以外的非洲使用青铜较晚，不晚于公元前1000—公元初年。美洲直到约公元11世纪，才出现冶铜中心。

在青铜器时期，世界上青铜铸造业形成几个重要的地区，这些地区成了人类古代文明形成的中心。在一些古代文化发达的地区，青铜时期与奴隶制社会形态相适应，如爱琴海地区、埃及、美索不达米亚、印度、中国等国家和地区，此时都是奴隶制国家繁荣的时期。但是也有一些地区，没有经过青铜时代便直接过渡到铁器时代。在青铜时代，一些文明地区已经产生了文字。

（五）铁器时期

铁器时期是在三时期系统（three-age system）中最后的主要时期。三时期系统是丹麦考古学家Christian Jürgensen Thomsen在1836年提出的，分为石器时期、青铜器时期与铁器时期。铁器时期是考古学上继青铜器时期之后的一个人类社会发展时期。经常所说的铁器时期指的是早期阶段，在晚期各国都已经进入了有文字记载的文明时代，也就多以各国的朝代来称呼其时代。当时人们已能冶铁和制造铁器作为生产工具。这一时期与之前时代的主要区别表现在农业发展、宗教信仰与文化模式上。

不同地区进入铁器时代的时间有所不同，即使同在欧洲，日耳曼地区和罗马进入铁器时代的时间亦有所不同。世界上最早进入铁器时代的是赫梯王国，大约在公元前1400年。中国在春秋（公元前5世纪）末年，大部分地区已使用铁器。

四、地质年代表示方法与地质年代表

地质年代学研究地质时期事件和过程发生与持续时间，制定地质年表，包括建立地质年代系统的相对年代和用同位素方法测定具体年代数据。

表1.4.1是地质年代表。地质年代表及其代号是国际通用的。地质年代用距今时间（before present，BP）表示，比如40 MaBP，指距今40 Ma。地球46亿

表 1.4.1 地质年代表

宙 Eon	代(界) Era	纪(系) Period		世(统) Epoch	造山运动/Ma	代号	距今年代/Ma
显生宙 Phanerozoic	新生代 Kz Cenozoic	第四纪 Quaternary		全新世 Holocene		Q	0.01
				更新世 Pleistocene			2.5
		第三纪 Tertiary	新近纪 Neogene	上新世 Pliocene		N	5
				中新世 Miocene	喜马拉雅期(25)		24
			古近纪 Paleogene	渐新世 Oligocene		E	37
				始新世 Eocene			58
				古新世 Paleocene			65
	中生代 Mz Mesozoic	白垩纪 Cretaceous			燕山期(90)	K	137
		侏罗纪 Jurassic				J	203
		三叠纪 Triassic			印支期(210)	T	251
	古生代 Pz Palaeozoic 晚古生代	二叠纪 Permian			华力西(海西)期	P	295
		石炭纪 Carboniferous				C	355
		泥盆纪 Devonian				D	408
	早古生代	志留纪 Silurian			广西期(415)	S	435
		奥陶纪 Ordovician				O	495
		寒武纪 Cambrian				Є	540
元古宙 Proterozoic	新元古代 Neoproterozoic	震旦纪 Sinian				Z	650
					晋宁期(800)	Pt	1000
	中元古代 Mesoproterozoic				吕梁期(1809)		1800
	古元古代 Paleoproterozoic				五台期(2500)		2500
太古宙 Archean	新太古代 Neoarchean					Ar	2800
	中太古代 Mesoarchean						3200
	古太古代 Paleoarchean						3600
	始太古代 Eoarchean						3800
冥古宙 Hadean						HD	4600

年的历史可分3个阶段：冥古宙(Hadean Eon，4.6—3.8 GaBP)、隐生宙(Cryptozoic Eon，3.8 Ga—540 MaBP)和显生宙(Phanerozoic Eon，540 MaBP—现在)。隐生宙又分为太古宙(Archean Eon，3.8—2.5 GaBP)和元古宙(Proterozoic Eon，2.5 Ga—540 MaBP)。文献也多称隐生宙为前寒武纪(Precambrian)，即地球寒武纪以前的地质时期。

冥古宙从地球形成至3.8 GaBP，是地球历史上最早的一个时代，持续时间为800 Ma，是中国传说中混沌初开的时期。太古宙，3.8—2.5 GaBP，持续时间为1.3 Ga，可再分为始太古、古太古、中太古和新太古4个代，它们之间的界线分别为3.6 GaBP、3.2 GaBP和2.8 GaBP。一些研究认为，太古宙就有板块构造了。元古宙，始于2.5 GaBP，止于540 MaBP，持续时间为1.96 Ga，可再分为古元古、中元古和新元古3个代，它们之间的界线分别为1.8 GaBP和1.0 GaBP。显生宙分为早古生代、晚古生代、中生代和新生代。早古生代(Early Paleozoic Era)包括寒武纪(∈)、奥陶纪(O)和志留纪(S)，始于540 MaBP，止于408 MaBP，持续132 Ma。晚古生代(Late Paleozoic Era)，始于408 MaBP，止于251 MaBP，持续约160 Ma，包括泥盆纪(D)、石炭纪(C)和二叠纪(P)。中生代(Mesozoic Era)始于251 MaBP，止于65 MaBP，持续时间186 Ma，包括三叠纪(T)、侏罗纪(J)和白垩纪(K)。新生代(Cenozoic Era)是自65 MaBP至今的地质时期，包括古近纪(E)、新近纪(N)和第四纪(Q)，古近纪和新近纪合称第三纪(R)。新生代已持续65 Ma，还在继续。

第五节 环境变化研究方法

裸眼观察并记录是环境变化研究最基本的技术环节，在此基础上，按照记录方式人们将环境变化分为地质时期、历史时期和近代。

一、环境变化的仪器记录

近代环境变化研究是指有了仪器记录以来一段时期，约为200 a。对这个时期，人们可以通过研究仪器记录的数据(如气温、降雨等)和直接观察记录，推演环境变化过程与趋势。大气CO_2浓度变化是极好的例子。

二、历史时期的环境变化记录

有历史记录以来,特别是在中国,有大量的历史典籍可供环境变化研究。竺可桢的《中国近五千年来气候变化的初步研究》就引用大量历史典籍,包括史书、文学书籍、志书等和考古发现,构造了中国五千年气候变化框架。

三、地质时期的环境变化研究

过去的环境变化研究主要研究地质时期的环境变化,一个共同的特点是从记录介质(archives)中释读环境变化指标(proxies)。主要的记录介质包括海洋沉积物、珊瑚、极地冰芯、树轮、黄土、石笋、湖泊沉积物等。可释读的环境变化指标包括介质理化性质、生物遗骸、微量元素、同位素等。人们通过记录介质中环境变化指标推演环境变化参数随时间的变化。

参考文献

刘广山, 2016. 海洋放射年代学[M]. 厦门:厦门大学出版社:225.

陆雍森, 1999. 环境评价[M]. 2 版.上海:上海同济大学出版社:695.

卢昌义, 2005. 现代环境科学概论[M]. 厦门:厦门大学出版社:285.

欧阳自远,王世杰,肖志峰,等, 1995. 新生代地外物体撞击事件诱发的古气候环境灾变[J]. 第四纪研究,(4):324-331.

司马迁, 2001. 史记[M]. 长沙:岳麓书社:751.

王鸿祯,1997. 地球的节律与大陆动力学思考[J]. 地学前缘(中国地质大学,北京),4(3/4):1-12.

徐茂泉,陈友飞, 2010. 海洋地质学[M].2 版. 厦门:厦门大学出版社:284.

中国社会科学院历史研究所, 2002. 中国历史年表[M]. 北京:中国社会科学出版社:59.

张兰生,方修琦,任国玉, 2017. 全球变化[M].2 版. 北京:高等教育出版社:402.

周瑶琪,2018. 地球节律[M]. 青岛:中国石油大学出版社:404.

朱诚,谢志仁,李枫,等, 2012. 全球变化科学导论[M].3 版. 北京:科学出版社:429.

竺可桢, 1979. 中国近五千年来气候变化的初步研究[J].中国科学,16(2):

226-256.

KENNETT D J,BREITENBACH S F M,AQUINO V V,et al.,2012. Development and disintegration of Maya political systems in response to climate change[J]. Science,338:788-791.

ROLF T,COLTICE N,TACKLEY P J,2014. Statistical cyclicity of the supercontinent cycle[J]. Geophysical research letters,41(7):2351-2358.

CHEN G,CHENG Q,2018. Cyclicity and persistence of Earth's evolution over time:wavelet and fractal analysis[J]. Geophysical research letters,45(16):8223-8230.

第二章　岩石圈的变化

地球岩石圈的变化可分为：①地球的形成和地核—地幔—地壳形成过程；②板块运动和海底扩张过程，又称为构造过程；③地表过程；④海洋地质作用过程。构造过程框定了地球的地质时期。水圈、大气圈和生物圈的事件和过程都与岩石圈的事件和过程有密切关系。构造过程改变海陆分布并可使陆地高程变化，地表过程改变陆地形态，海洋地质作用过程改变海底和海岸形态。

第一节　岩石圈

一、地球的内部结构

地球的平均半径为 6371 km，体积为 1.083×10^{12} km^3，表面积为 5.1×10^8 km^2，质量为 5.976×10^{21} t(包括大气)。地球从外向内可分为 3 个圈层，它们是地壳、地幔和地核。地幔又分为上地幔和下地幔，地核又分为外核和内核，如图 2.1.1 所示。地壳—地幔—地核的界面深度大约位于地表下 30 km 和 2900 km。地壳、地幔和地核的体积分别约占地球体积的 0.5%、83.3%和 16.2%，质量分别为地球质量的 0.3%、68.4%和 31.3%。

地壳和地幔之间的界面叫莫霍洛维奇面(Mohorovicici discontinuity)，简称莫霍面；地幔与地核之间的界面叫古登堡面(Gutenberg discontinuity)；外核和内核之间的界面叫莱曼面(Rehmann discontinuity)，位于地表下 5100 km 处。

地幔位于莫霍面与古登堡面之间，主要由铁、镁含量较高的硅酸盐矿物组成。地幔的密度、温度和压力都随深度的增加而增加，密度从 3.32 g/cm^3 增加到 5.70 g/cm^3，平均为 4.50 g/cm^3。地幔上部温度为 1200～1500 ℃，下部为 1500～2000 ℃。在地表下 100～700 km 的地幔内，有一个地震波低速带，多数学者认为该区呈熔融状态，称为软流圈(asthenosphere)，是地幔中产生岩浆的主要部分。软流圈以外，包括一部分上地幔和地壳，称为岩石圈(lithosphere)。

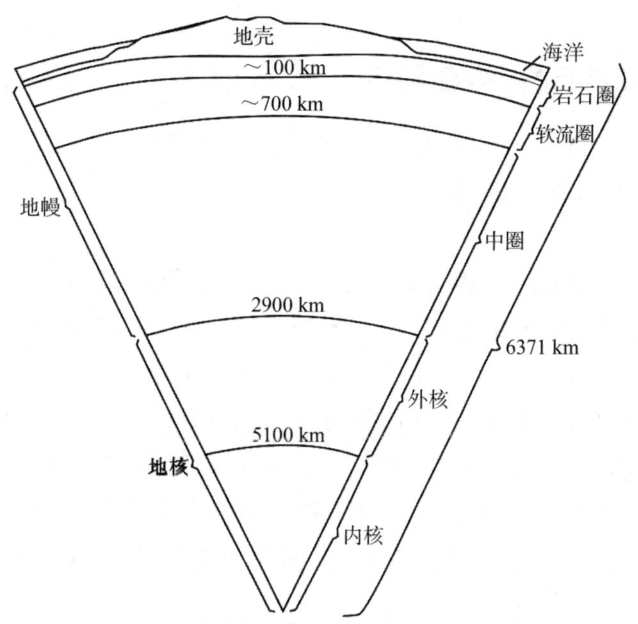

图 2.1.1　地球的内部结构(图中数值为距地表距离)

一般认为，地核是由液态铁及一些轻元素(如 S、Si、O、K、H 等)组成。地核的存在发现于 1936 年。1996 年科学家发现内核是差速旋转的，内核以约 1°/a 的角速度相对于地幔向东旋转。经过 300～400 a，内核就要相对于地幔和地壳多转一圈。在内核赤道面上，内核自转与幔-壳自转速率差为 20 km/a。

二、地壳的垂直结构

地壳厚度很不均匀，分为陆壳和洋壳，陆壳较厚，平均约为 30 km；洋壳较薄，平均为 11 km，太平洋最薄处仅 8 km。

地壳分为上、中、下 3 层，分别称为上地壳、中地壳和下地壳。中地壳与下地壳的界面叫康拉德面(C 界面)，位于距地表平均为 20 km 深度。上地壳与中地壳主要分布于大陆区，密度为 2.7～2.8 g/cm^3；平原区平均厚度为10 km，山区约为40 km。下地壳位于康拉德面与莫霍面之间，密度为 3.0～3.1 g/cm^3，全球连续分布，但大洋区与大陆区有显著的差异。一般认为，康拉德面之上的地壳岩性与花岗岩相似，康拉德面之下的地壳岩性与玄武岩相似，所以康拉德面又称为花岗岩与玄武岩的分界面。上地壳是花岗岩类岩石，密度较小，叫硅铝层；中地壳是花岗闪长岩层；下地壳是玄武岩，也含硅，但含较多的铁和镁，叫硅镁层，密度较大。由于大洋区上、中地壳往往缺失，因此康拉德面全球不连续。

三、大陆岩石圈的垂直结构

大陆岩石圈自上而下近似可以分为6个次级圈层，上地壳分为两层，加上中地壳、下地壳、莫霍面和地幔盖层。

（一）地壳盖层

地壳盖层，简称盖层，覆盖在结晶本底之上，由沉积层加浅变质岩系组成，具有松散的结构，厚度变化较大，一般为0～5 km，而某些沉积盆地可厚达10 km。在没有沉积盖层分布的地区，结晶基底可直接出露于地表。由于沉积盖层尚未完全脱水及硬化，因此层内除有不同的松软岩层外，还有不整合面等软弱层存在；加之接近地表应变空间，整体强度较低，易产生盖层褶皱、逆冲断层等薄皮构造。如果重力失稳，则上覆岩层还常沿着下伏软弱层滑动，形成重力滑动构造。重力滑动构造和薄皮构造常常直接露出地表或埋深较浅，因而与人类生存环境密切相关。

（二）上地壳刚硬层

上地壳刚硬层即上地壳结晶基底刚硬层，全球大陆均有分布，它与盖层组合为双层结构。刚硬层主要由花岗岩、花岗片麻岩、结晶片岩等组成，厚度为3～7 km。该层埋深较浅，温压条件低于绿片岩相，相当于主要组分为石英、长石的脆性变形环境，整体呈厚板状脆性性质，在上地壳的盆-山系、冲叠造山带等厚皮构造的形成过程中起着能干层的作用。我国大陆在巨厚盖层之下均有结晶基底存在。

（三）中地壳塑性层

中地壳塑性层也称壳内流体层，由相当于花岗闪长岩-闪长岩类的物质组成，厚8～20 km，一般埋深10～15 km。在正常地热增温条件下，其温度为300～450 ℃，围压为270～405 MPa，相当于石英由脆性转变为塑性的绿片岩相变质环境，故呈现出一定的塑性性质。特别是中生代、新生代等活动造山带和盆-山系，比如美国西部的盆岭区，活动挤压，深部热流，以及放射性元素和挥发性组分等的加入，使之密度倒转，出现了更广泛选择性重熔，流变作用更为强烈，从而使上地壳的正断层，因其重力能大量消耗于中地壳塑性层而无力切入下地壳，故该层实际上控制着上地壳盆-山系的形成。上地壳的结晶基底也因沿不能累积应力的中地壳塑性层而“顺层俯冲”,形成了冲叠造山带。所以,中地壳塑性层发育区往往是盆-山系、冲叠造山带等厚皮构造的发育区,也是中酸性岩浆、地热及金属元素等成矿物质的发源地,为上地壳成矿作用提供物质来源,是大陆岩石圈中能量和物质交换最活跃的次级圈层之一。

(四)下地壳刚硬/软弱复合层

下地壳刚硬/软弱复合层主要由辉长岩类岩石组成。厚 10～15 km,温度为 400～700 ℃。该层自上而下随着埋深增加处于相当于角闪岩相至麻粒岩相的高温、高压变质环境。该层主要由熔点较高的长石组成,并由自上部的偏脆性变形转变为至下部的偏塑性变形层位,造成该层总体上呈刚硬、软弱复合层性质,并与下伏的莫霍面过渡带一起,对上覆岩层的构造变形起着拆离、调节作用。

(五)莫霍面过渡带

莫霍面过渡带遍及全球,是一厚薄不均、埋深不等、软硬相间的明显间断面。20 世纪 90 年代以来的地震探测表明,它是由一组高速和低速的薄层组成的,薄层厚度为 100～200 m,而整个过渡带厚度则可达 1～5 km。莫霍面过渡带对地壳张裂、分离、下滑所形成的过渡壳构造起着控制作用。

莫霍面过渡带主要由镁铁质麻粒岩和超镁铁质岩组成。它的起伏变化一方面反映了地壳厚度的变化,另一方面也是地幔上部构造的表象,年代愈新,起伏愈大,构造活动愈强烈。年轻造山带的起伏幅度可达 10 km 以上。

在活动造山带下,莫霍面往往由于受挤压而呈叠瓦状或雁行排列,其断距可大于 10 km,如喜马拉雅和阿尔卑斯造山带;而古生代造山带断距则较小,小于 3 km。大陆莫霍面具有高、低速相间的互层特征,有学者认为是造山幕次的反映。

我国大陆莫霍面有较大的起伏,东高西低,向西倾斜,从东部平原到青藏高原东部水平距离 2000 km,莫霍面埋深增加了 33 km。青藏高原之下是巨大的莫霍面凹陷区,华北平原和渤海等新生代裂谷区则是莫霍面的隆起带。

莫霍面过渡带在时间和空间上都具有较年轻的构造形迹。

(六)地幔盖层

地幔盖层即莫霍面与上地幔低速层顶面之间的刚硬地幔,主要由橄榄岩、辉岩、榴辉岩等组成,厚度变化较大(30～150 km 不等)。由于以厚度较大的难熔组分橄榄石为主,故地幔盖层就整体而言,为一大密度、高强度的刚硬层。但是地震观测表明,地幔盖层也是由一系列高速和低速夹层组成的。

地幔盖层之下是软流圈顶部。

四、大洋岩石圈

大洋岩石圈的圈层结构及流变学性质与大陆岩石圈不同，它的主体是地球演化到出现软流圈之后，由大量软流圈物质通过扩张带涌出形成的，不仅圈薄、冷重、致密、刚硬，而且缺失陆壳的花岗岩层，形成的地质时代也较新，一般不超过 200 Ma。

由于海水覆盖，大洋岩石圈次级圈层划分所依据的主要是地震波数据资料。20 世纪60 年代以来，深海钻探、海底拖网采样和海底照相也为其提供了一定的划分依据。从已取得的数据资料看，大洋岩石圈大体上可划分为 5 层。

（一）未固结沉积层（层 1）

层 1 是在海底接受沉积的产物，是洋壳中厚度变化最大的结构层，平均厚度为 0.50 km，密度为 1.9～2.3 g/cm^3。大洋中脊顶部及其两侧在 100～200 km 范围内，层 1 缺失或呈零星分布。随着远离中脊，层 1 厚度逐渐增大，中脊斜坡上厚 200 m 左右，洋盆厚 1～2 km，局部可达 3 km。这些沉积物是钙质软泥、硅质软泥、红（褐）色黏土，以及白垩层和燧石等。在邻近火山岛或岛弧海域，火成碎屑岩占一定比重。在近极地海域，还有大量冰碛物（ice rafted debris，IRD）。

（二）火山岩层（层 2）

层 2 是层 1 和玄武岩层（层 3）间的过渡层，美国学者尤因（Ewing M）称之为基底层。上地幔物质熔融喷出海底时，由海水冷凝成枕状或席状玄武岩，这就是层 2。它广泛分布于中脊顶部，露头表面极不平坦，厚度变化较大，1.2～2.5 km 不等。深海钻探表明，其上部（2A 层）由未固结或已固结的沉积物和玄武岩互层组成；下部（2B 层）以块状玄武岩为代表，以贫碱为特征的拉斑玄武岩为主，常以枕状和席状熔岩形式出现，化学成分中 Al_2O_3 含量偏高，K_2O 和 REE（稀土元素）含量偏低（K_2O 含量小于 0.3%）。为区别于大陆拉斑玄武岩，将层 2 的低钾玄武岩称为大洋拉斑玄武岩。以块状玄武岩为主的 2B 层还可出现裂隙填充式或沿层面流动铺开的辉绿岩岩墙或岩床，底部出现席状岩墙群。

（三）玄武岩层（层 3）

上地幔物质部分熔融（形成上地幔岩浆），分异出玄武质岩浆，形成洋壳层 3。玄武岩是 SiO_2 含量为 45%～52% 的基性火山岩，是大洋地壳的主体岩石，故玄武岩层也称大洋层。大洋层在不同大洋中的厚度都很稳定，平均厚度为4.9 km。限于目前的钻探深度，关于层3的物质组成颇有争议：一种意见认为它主要是由蛇纹石化橄榄岩或蛇纹岩组成的岩石，另一种意见则认为它主要是由辉长岩等铁镁质火山岩及其变质产物组成的。虽然这两种岩石都能解释层3的纵波速度值，但层3的泊松比为0.27，低于蛇纹岩的泊松比0.38，而更接近于铁镁质岩石。所以，认为层3是由高铁镁、低硅碱的镁铁质岩石，即由辉长岩、角闪岩等组成的意见得到了较多的支持。层3的底面是地壳的下界面莫霍面。

（四）壳幔过渡层

上述层1、层2和层3是洋盆底部大洋地壳的标准结构，其下是大洋地壳的下界——莫霍面。然而，在大洋中脊及年轻海岭附近，莫霍面往往不甚清晰，故称之为壳幔过渡层或壳幔混合层，也称之为异常上地幔。

（五）浅地幔刚硬层

大洋浅地幔刚硬层主要由超镁铁质岩组成，与大陆浅地幔刚硬层不同的是保留了更多的易熔组分，更接近于未分异的原始地幔。林伍德（柴东浩和陈廷愚，2001）认为，地幔上部的超镁铁质岩是地幔分异出玄武岩浆后难熔的残留部分，它的下部是尚未分异出玄武岩组分的原始地幔岩。实验也表明，当地幔岩熔出约45%的熔浆时，其残留岩石相当于纯橄榄岩；熔出25%时，相当于斜方辉石橄榄岩；熔出5%时，相当于二辉橄榄岩。大洋上地幔是由熔融程度较低、密度较大（平均密度为3.3～3.4 g/cm^3）、刚度较高的地幔刚硬层组成的。正是这一刚硬层驮载着整个大洋岩石圈，沿着下伏软流圈的顶面斜坡（洋脊之下缺失上地幔刚性顶盖）向两侧滑动和漂移。

浅地幔刚硬层之下便是软流圈顶部了。

五、软流圈

不同学者定义的软流圈，因概念不同，底界也不尽相同。采用热力学和地震波定义的软流圈位于两个不连续界面之间，上、下分别为岩石圈下部与过渡地幔上部，上界位于地表下60～250 km处，大陆上地幔低速层一般从100～200 km埋深处开始，大洋从50～80 km埋深处开始。软流圈的下限有400 km、660 km、670 km、1050 km等不同划分法，但大多数人把670 km作为软流圈的深度下限。

正像大陆和大洋岩石圈的圈层性质并不相同一样，大陆和大洋岩石圈下伏软流圈的性质也有差别。大陆软流圈的埋深比大洋深，而厚度又比大洋小；大陆岩石圈之下软流层的黏度高于大洋岩石圈，温度则比同一深度的大洋软流层低。它们也有共同点，那就是不论是大陆还是大洋，其软流圈顶部的埋深都随岩石圈形成年代的变新而变浅。

六、水平方向岩石圈的构造单元

按照板块构造理论来划分岩石圈的基本构造单元，目前尚无统一方案。常见的是著名地质学家康迪（柴东浩和陈廷愚，2001）依据地质—地球物理资料划分的12个岩石圈基本构造单元（表2.1.1），主要是克拉通、造山带、海盆和洋中脊。

表2.1.1 岩石圈基本构造单元

	构造单元	面积/%	体积/%	厚度/km	构造稳定性	热流(HFU)	布格异常/mGal	VPs/$(km\cdot s^{-1})$
克拉通	地盾	6	12	35	S	1.0	−30～−10	8.1
	地台	18	35	41	S，I	1.3	−50～−10	8.1
造山带	古生代造山带	8	14	43	I，S	1.5		8.1
	中、新生代造山带	6	13	40	U，I	1.8	−300～−200	≥8.2
大陆裂谷	大陆裂谷带	<1	<1	28	U	≥2.5	−300～−200	≥7.8
火山岛	火山岛屿	<1	<1		I，U，S	≥2.5		
	夏威夷			14			+250	8.2
	冰岛			12			−30～+40	7.2
	岛弧	3	3	22	U	≥2.0	−50～+100	≤8.0
海沟	海沟	3	2	8(14)	U	1.2	−150～−100	8.0
洋中脊	洋中脊	10	5	5(6)	U	75	+200～+250	≤7.5
盆地	大洋盆地	41	11	7(11)	S	1.3	+250～+350	8.2
	弧后盆地	4	3	9(13)	U，I	≥1.5	+50～+100	≤7.9
	内陆盆地	1	2	22(25)	I，S	1.3	0～+200	8.0

注："厚度"一栏括号中的数据表示固体表面至莫霍面的距离；"构造稳定性"一栏中，S表示稳定，I表示中等稳定或稳定性有变化，U表示不稳定。

克拉通（craton）是大陆壳最稳定的构造单元，约占陆壳板块面积的70%。克拉通包括地盾（shield）和地台（platform）。地盾是克拉通中前寒武纪结晶基底大面积出露地区，体积占整个地壳的12%，世界上最大的地盾出现在非洲、加拿大和南极；地台也称陆台，是自形成以来不再遭受褶皱变形的稳定地区，体积占整个地壳的35%。

造山带，是陆洋或陆间过渡带的正向构造单元，陆洋过渡带以环太平洋山系为代表，陆间过渡带以阿尔卑斯—喜马拉雅山系为代表。

洋盆，是洋中脊与海沟之间，或洋中脊与陆洋过渡带之间的大片洋底，其稳定性可与大陆克拉通相类比，故曾称之为深海克拉通或海底克拉通。

洋中脊，是大洋中也是地球上最巨大的张性构造单元，构成连续的、宏伟的洋底山系，是洋壳的正向构造单元。

其余构造单元，像大陆裂谷、火山岛等，面积较小。在地质历史上，存在大陆岩石圈向大洋岩石圈和大洋岩石圈向大陆岩石圈的转换（Rogers and Novitsky-Evans，1977；李永植，1983）。

七、陆地地表形态

地球表面包括山地、高原、盆地、平原和丘陵5种基本形态。陆地表面形态是岩石圈变化的结果。地球陆地平均海拔为875 m，海洋平均深度为3795 m。

（一）山　脉

山脉是沿一定方向延伸的山体。山脉大都较长，可连绵数百到数千千米。通常将具有成因一致并按一定走向分布的多个山脉总称为山系。地球上最长的山系是南北美洲的柯迪勒拉山系。从南部欧洲的阿尔卑斯山脉到南亚的喜马拉雅山也是一系统性的山地构造。全球范围的大山脉主要分布在亚洲和美洲，亚洲有喜马拉雅山、昆仑山、天山、唐古拉山、冈底斯山、喀喇昆仑山等；美洲有安第斯山脉、落基山脉等。

（二）高　原

高原指海拔较高、面积广阔、顶面起伏较小、外围地表坡度较陡的高地。高原海拔一般高于500 m。高原以巨大平缓的地面和较小的起伏区别于山地，又以较大的海拔区别于平原。世界上4个面积最大的高原分别是南极冰雪高原、青藏高原、伊朗高原和卡拉哈迪高原。中国的四大高原是青藏高原、内蒙古高原、黄土高原和云贵高原。

（三）平　原

平原是地面平坦或起伏较小的一个较大区域，主要分布在大河两岸和濒临海洋的地区。平原可分为独立型平原和从属型平原两大类。

(1)独立型平原,是世界五大陆地基本地形之一。中国有长江中下游平原、华北平原和东北平原。全球范围内的主要平原,亚洲有恒河平原、印度河平原、美索不达米亚平原、西西伯利亚平原等;欧洲有东欧平原、西欧平原、多瑙河中下游平原、波德平原(中欧平原)等;非洲有尼罗河三角洲平原、尼日尔河三角洲平原等;美洲有密西西比平原、大西洋沿岸平原、亚马孙平原、拉普拉塔平原等;澳大利亚有中部平原。其中亚马孙平原是世界最大的平原。

(2)从属型平原,是某种更大地形里的构成单位。盆地常有大小不同的平原和丘陵等,如成都平原在四川盆地中。

平原上经常遍布农田、森林和草原,是生物生产的主要区域。

(四)盆　地

人们把四周高(山地或高原)、中部低(平原或丘陵)的盆状地形称为盆地。盆地分为大陆盆地和海洋盆地两大类型。大陆盆地简称陆盆,海洋盆地简称海盆或洋盆。地球上最大的大陆盆地在非洲大陆中部,是刚果盆地或扎伊尔盆地。

很多盆地的构成是中部区域的平原加上四周的丘陵山地及一些谷地。例如,东北平原的松嫩平原就在松辽盆地里,南美大盆地的中部有两个平原,而柴达木盆地、羌塘盆地和阿克赛钦盆地在青藏高原里。

大陆盆地按其成因划分为两种类型:一是地壳构造运动形成的盆地,称为构造盆地,如我国新疆的吐鲁番盆地、江汉平原盆地;二是由冰川、流水、风和岩溶侵蚀形成的盆地,称为侵蚀盆地,如我国云南西双版纳的景洪盆地,主要由澜沧江及其支流侵蚀扩展而成。

地理学上以地表形态定义盆地,地质学上以构造成因定义盆地。从构造上,中国主要盆地为塔里木盆地、柴达木盆地、准噶尔盆地、鄂尔多斯盆地、松辽盆地和四川盆地。世界主要盆地有西伯利亚盆地、刚果盆地、澳大利亚自流盆地、卡拉哈迪、南美大盆地、美国大盆地和南亚盆地。

(五)沙　漠

沙漠主要是指地面完全被沙覆盖、植物非常稀少、雨水稀少、空气干燥的荒芜地区。沙漠地域大多是沙滩或沙丘,沙下岩石也经常出露。有些沙漠是盐滩,完全没有草木。沙漠一般是风成地貌。

由气候因素而形成的沙漠集中分布在南北纬 15°～35°之间。南半球沙漠从大西洋沿岸的卡拉哈里沙漠、纳米布沙漠开始,通过印度洋,经澳大利亚沙漠,越过太平洋到达南美洲的阿塔卡玛沙漠;北半球沙漠从横贯北非的撒哈拉沙漠开始,越过红海,经阿拉伯沙漠,通过伊朗、阿富汗至中国西部,越过太平洋,到达北美西南部。

受地形因素影响而形成的沙漠多分布于北半球北纬 35°～50°之间,集中分布于亚洲的中部和美国西部。

中国西北、华北北部及东北西部,有大片沙丘覆盖的沙质荒漠,由砾石、碎石组成的戈壁、砾漠,以及称为岩漠或石质荒漠的岩石裸露的山地。它们主要位于 35°～50°N,75°～125°E 之间,分布在新疆、青海、甘肃、内蒙古、陕西、吉林和黑龙江 7 个省区。据统计,中国沙漠、戈壁和沙漠化土地面积总计约 1.308×10^{6} km^2,占国土面积的 13.5%;在荒漠地带以流动性沙丘为主的沙漠,占全国沙漠面积 70%以上;在荒漠草原和干草原地带以半固定、固定沙丘为主的沙漠化土地,面积约 3.28×10^{5} km^2。中国著名的八大沙漠自西向东为塔克拉玛干沙漠、古尔班通古特沙漠、库姆塔格沙漠、柴达木沙漠、巴丹吉林沙漠、腾格里沙漠、乌兰布和沙漠及库布齐沙漠。

中国的沙漠以新疆分布的面积最广,约占全国沙漠、戈壁面积的 60%。塔克拉玛干沙漠面积达 3.20×10^{5} km^2,是中国最大的沙漠,也是世界上著名的大沙漠之一。

(六)丘　陵

丘陵,为五大陆地基本地形之一,是指岩石圈表面相对高度差不超过 200 m,起伏和缓,由连绵不断的低矮山丘组成的地形。

丘陵一般没有明显的脉络,山丘顶部浑圆,是山地久经侵蚀的产物。

中国主要有东南丘陵、江南丘陵、江淮丘陵、浙闽丘陵、两广丘陵、辽东丘陵、山东丘陵、川中丘陵、黄土丘陵等。

八、土壤圈

(一)土　壤

土壤是陆地表面能生长绿色植物的未固结疏松物质的表层部分,由矿物、有机质、水分和空气组成,厚度在 1～100 cm 量级。

土壤的特点是具有肥力,能持续地、同时地为植物生长提供水、热、肥、气等。

土壤由母质发育而成,在成土母质、地形、生物、气候等自然因素和耕作、灌溉等人为因素作用下,不断演化和发展。

由于形成土壤的气候、母岩的成分、生物的种类、地形、成壤时间等因素的影响，不同地区的土壤具有不同的结构和理化性质，据此可将土壤划分出许多类型。每种土壤和气候有着密切的关系，对埋藏并保存的古土壤进行研究，可以得出关于过去可能发生过的水文和气候变化的信息。

(二)土壤圈

土壤圈是地球表层的圈层之一，在岩石圈之上、大气圈之下，与生物圈有多的穿插。广义的土壤圈包括海底沉积物、冰层之下的沉积物；在纵向上，是基岩之上的土壤层，厚度随地质构造与地形变化。

九、海底地形

人们将海底分为3个基本地形单元，大陆边缘、大洋盆地和洋中脊，如图2.1.2所示。

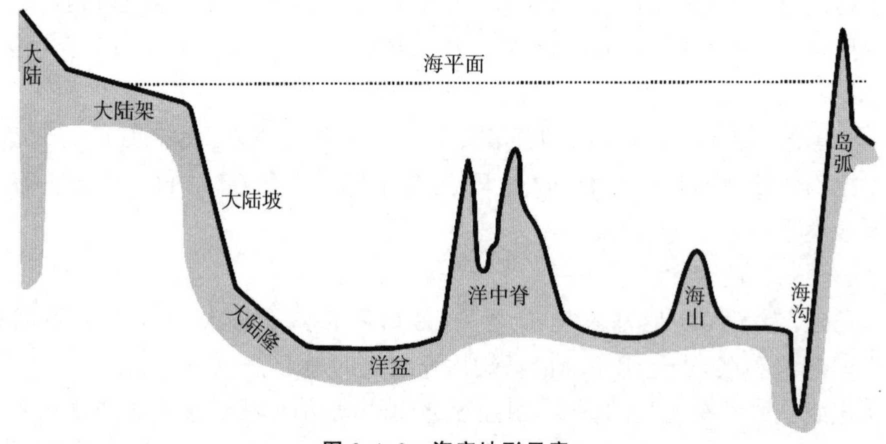

图 2.1.2 海底地形示意

(一)大陆边缘

大陆边缘为大陆与洋底两大台阶之间广阔的过渡地带，约占海洋总面积的22%，由大陆架、大陆坡、大陆隆、海沟和岛弧组成。通常将大陆边缘划分为大西洋型(也称被动大陆边缘)和太平洋型(也称活动大陆边缘)。大西洋型大陆边缘由大陆架、大陆坡、大陆隆组成，地形宽缓，见于大西洋、印度洋、北冰洋和南极洲的大部分周缘地带；太平洋型大陆边缘的陆架狭窄，陆坡陡峭，大陆隆不发育，而被海沟取代，可分海沟—岛弧—边缘盆地系列和海沟直逼陆缘的安第斯型大陆边缘两类，主要分布于太平洋周边，也见于印度洋东北部。

大陆架是濒临海岸、向海缓斜的浅海地带。大陆架外缘水深多为100～200 m，这里坡度发生明显转折，下延为陡斜的大陆坡。

大陆坡是地球上最绵长、壮观的斜坡，其上有深刻的海底峡谷。大陆坡向下或过渡为大陆隆（大西洋型大陆边缘），或陡降至深海沟（太平洋型大陆边缘）。

海底峡谷主要由浊流冲刷而成，为陆源沉积物输入深海的重要通道。峡谷口外常有沉积物堆积成的海底扇。

大陆隆是大陆坡麓部，是由沉积物堆积成的和缓坡地，向洋侧过渡为坡度更缓的深海平原。

海沟比相邻的大洋盆地深 2～4 km，横剖面为不对称的 V 字形，其陆侧斜坡较陡，洋侧斜坡较缓。洋侧坡过渡为大洋盆地处，有时发育与海沟平行延伸的宽缓的外缘隆起，高出深海平原约 500 m。

岛弧陆侧为边缘盆地，水深浅于大洋盆地，与相邻的岛弧和海沟组成海沟—岛弧—弧后盆地体系。

有些大陆边缘地形复杂，为交替出现的盆地和岭脊，称大陆边缘地，如南加利福尼亚岸外。

陆架以外水深较大的台阶，称为边缘海台，如美国东南岸外的布莱克海台。

（二）大洋盆地

大洋盆地位于洋中脊与大陆边缘之间，它的一侧与洋中脊坡麓相接，另一侧与大陆隆（大西洋型大陆边缘）或海沟（太平洋型大陆边缘）相邻，约占海洋总面积的 45%。大洋盆地被海岭分割，构成水深在 4000～5000 m 的海底洼地，称为海盆。宽度较大、两坡较缓的长条状洼地称为海槽。海盆底部发育深海平原、深海丘陵等地形。

深海平原由起伏的玄武岩基底被沉积物披盖而成，坡度小于千分之一。除赤道高生产力区外，深海平原的形成多与源自大陆或岛屿的浊流沉积物的大面积铺盖有关，通常分布于邻接大陆隆处。若盆底沉积物无几，则是由基岩构成的深海丘陵，有的小型盾状火山，起伏为几十至几百米。深海丘陵常分布于深海平原向洋脊一侧。太平洋边缘展布着海沟，浊流沉积等陆源物质难以越过海沟输送到洋盆区，来自上覆水的远洋沉积量有限，不足以覆成深海平原。太平洋中深海丘陵面积很大，占洋底面积的 80%～85%，而大西洋中深海平原却十分发育。

（三）洋中脊

洋中脊是地球上最长、最宽的环球性山系，占海洋总面积的 33%。太平洋内，山系位置偏东，起伏程度小于大西洋中脊。大西洋中脊呈 S 形，与两岸轮廓平行。印度洋中脊分为 3 支，呈“人”字形（图 2.1.3）。三大洋的中脊南端在南半球相互连接,北端分别经浅海或海湾潜伏进入大陆。洋中脊轴部高出两侧洋盆底部 1～3 km,脊顶水深一般为 2～3 km,有的甚至露出海面,如冰岛。洋中脊被一系列与山系走向垂直或稍斜交的大断裂错开,称为转换断层。沿断裂带出现狭长的沟槽、海脊和崖壁,断裂带两侧海底被分割成深度不同的台阶。

洋中脊分脊顶区和脊翼区。脊顶区由多列近于平行的岭脊和谷地相间组成。脊顶为新生洋壳,上覆沉积物极薄或缺失,地形十分崎岖。沿大西洋和印度洋中脊轴部,一般有深 1～3 km 的裂谷夹峙于两侧山脊之间。至脊翼区,随着洋壳年龄增大和沉积层加厚,岭脊和谷地间的高差逐渐减小,有的谷地可被沉积物充填呈台阶状,远离脊顶的翼部可出现较平缓的地形。

图 2.1.3 洋底地形地貌

(四)海岭、海山、海隆与海台

长条状的海底高地称为海岭或海脊。洋盆中的海岭几乎没有地震活功,叫无震海岭。海山多属火山成因,有些海山孤立地散布在洋盆中,规模巨大露出水面的构成火山岛。有些海山出现平坦的顶面,称为海底平顶山。顶面水深数百米至 2 km 不等,是火山岛由于海蚀作用削平后沉没而成。三大洋内还散布着宽缓的海底高地,称为海隆,如百慕大海隆。一些顶面平坦、四周边坡较陡的海台,也称为海底高原,或由熔岩堆积形成,或只有花岗岩基底,如印度洋中塞舌尔群岛所在的马斯卡林海台。海台在印度洋中最为发育。

第二节　地球形成过程与联合古陆旋回

至今,关于地球形成过程的理论仍然是假说。联合古陆旋回虽然有很多研究成果,但假设的成分仍然很大。已经发现的地球上的岩石的年龄被认为小于地球的年龄。

一、地球的年龄

地球的年龄(age of the Earth)指地球行星体在具有接近现在质量和密度时距现在的时间。现在认为地球的年龄为 4.6×10^{9} a。

目前人们以陨石的形成年龄推测地球形成的年龄(age of the Earth of meteorite)(Turekian,1996)。人们用同位素方法测定陨石的年龄,得到大部分陨石形成的年龄为 4.6×10^{9} a。若太阳系的所有行星都同时形成,那么陨石的年龄可以作为地球形成的年龄。

宇宙大爆炸理论认为,在大爆炸后的 14～20 Ga 时间内,恒星和星系形成。太阳系形成于 5 GaBP,地球在 4.6—4.5 GaBP 时间已达到现在的大小了。之后地球进一步演化形成地球的各圈层,前后经历了 600～800 Ma 时间。4.0—3.8 GaBP 起地球出现地壳,进入稳定的地质时期。同位素测年结果显示,各大洲存在 3 Ga 以上的古老岩石,比如中国河北迁安斜长角闪岩的同位素年龄为 3.5 Ga,美国拉布拉多片麻岩的同位素年龄为 3.65 Ga,俄罗斯科拉半岛黑云母的年龄为 3.46 Ga,非洲刚果微斜长石的年龄为 3.52 Ga,格陵兰西部片麻岩的年龄为 3.8 Ga,最古老的西澳大利亚杰克丘陵变质砾岩中碎屑锆石的年龄达 4.3 Ga。

二、地球形成过程

(一)太阳星云和星云盘

约 5 GaBP,银河系中存在着一块太阳星云。它是怎样形成的,现在尚无定论,也是假说。研究地球的起源,不妨以它为出发点。设想的太阳星云的演化过程如图 2.2.1 所示。

太阳星云是一团尘埃和气体的混合物,形成时就有自转。在引力收缩中,温度和密度都逐渐增加，尤其在自转轴附近更是如此，于是在星云的中心部分便形成了原始的太阳，其余部分围绕着太阳形成一个包层。由于自转，这个包层沿着太阳赤道方向渐渐扩展，形成一个星云盘（图 2.2.1a）。星云盘形成的具体物理过程现在还不很清楚，不过一个中心天体外边围绕着一个盘状物，这种形态在不同尺度的天文观测中是存在的。

太阳星云的颗粒物互相碰撞，如果相对速度不大，会附着在一起成为较大的颗粒，称为星子。星子最大可达到几厘米。在引力、离心力和摩擦力（可能还有电磁力）的作用下，星子和尘埃物质将向星云盘的中间平面沉降，在那里形成一个较薄、较密的尘层（图 2.2.1b）。因为颗粒的来源不同，尘层的化学成分是不均匀的，但有一个总的趋势：随着与太阳的距离增加，高温凝结物含量与低温凝结物含量的比值减小。尘层形成后，除在太阳附近外，温度是不高的。

（二）行　星

在太阳的引力作用下，尘层很快形成许多小块的尘团。由于引力收缩，尘层中的星子又积聚成小行星大小的第二代星子（图 2.2.1c）。由星云盘产生尘层所需时间比较短，但形成小行星大小的星子则约需 10 ka。

星子绕太阳运行时常发生碰撞，碰撞时，有的撞碎，有的合并增长。当一个星子增长到半径几百千米时，它的引力就足以干扰附近星子的运行轨道。同时，星子越大，它的引力也越大。在一个空间区域里的最大星子很容易将它附近的较小星子吞并而积聚成一个行星的核心，最后将一定区域内的尘粒和星子基本扫光而形成行星（图 2.2.1d）。在尘层中，只有几个星子能长成行星，其余的都被吞并。现在的太阳系仍是扁平的，这是许多星子和尘埃物质积聚后的平均结果。地球就是这样形成的一颗行星。

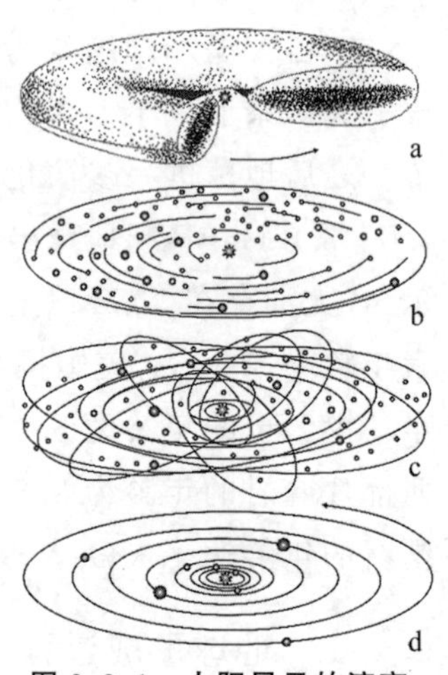

图 2.2.1　太阳星云的演变

三、地球早期演化过程

地球演化问题，是地球起源问题的自然延伸。地球起源于太阳系形成过程中，地球演化可能是地球自身的改造过程。只是在它发展的某一阶段经受了小天体的撞击，从而影响了它的演化方向。地球形成后，有过各种各样的变化，其中影响特别深远的是整个地球分化成同心圈层，即地核、地幔、地壳、水圈、大气圈以及生物圈。其中地核—地幔—地壳组成固体地球。

（一）地核和地幔的形成

原始地球可能是一个各种物质混杂在一起的均匀球体，没有明显的分层现象。后来，由于体积逐渐增大，保存热的能力逐渐增加，放射性元素在衰变中产生的热能，在地球内部积累起来。随着地球内部的温度逐渐增高，地内物质也就具有越来越高的可塑性。当温度高到一定程度，以至于地内物质具有足够的可塑性时，就开始了重力作用下的分异流动。在引力作用下，重物质下降形成内层，轻物质上升而成外层。

地球上较轻物质是硅酸物质，而较重物质含铁和镍。硅酸物质具有低密度和高熔点，铁和镍具有高密度和低熔点。因此，当地内温度足够高时，铁和镍就熔化了，而硅酸物质仍然保持其固体状态。这样，熔化了的铁和镍就渗过硅酸物质，流向地内深处，甚至地球中心，形成地核。同时，地内深处的硅酸物质浮到地球外部，形成地幔。

（二）原始地壳的形成和陆壳、洋壳的分异

1. 原始地壳的形成

在地核和地幔形成后，在 4 GaBP，熔融的地球表层开始冷却，形成全球性的原始地壳。也有人认为可能在更早的时期，比如地球形成 0.1 Ga 后，原始地壳形成。在 3～4 GaBP 间，类地行星受到星子撞击，由于地球质量大，引力强，撞击作用很猛烈。星子在地表的撞击分布不均匀，在集中受撞击区域，地壳破碎，发生玄武岩喷发，排出大量岩浆和气体，从而改变原始地壳的成分。原始陆壳由于部分熔化、再次活化、岩浆侵入等作用，进一步发生分异，形成由变质岩浆岩组成的下地壳和由花岗闪长岩组成的上地壳。

为了确定地球的年龄，人们试图找到原始地壳（钱维宏，1999；Carlson，1996；Rudnick，1995）。

2. 软流圈的形成

软流圈是位于地表下 100～670 km 的软弱层。一般认为，软流圈的形成需要高温条件，以及水和挥发性组分的加入等因素。

软流圈的形成是一个漫长的地质演化过程。地球内部的温度随深度的增加而增高，一般至 100 km 深度以下时，温度便接近于地幔熔融温度，在水和挥发性组分的参与下，会产生选择性熔融。

产生地幔熔岩所需的热能主要由放射性元素衰变而来，水和挥发性物质在圈层分化过程释放出来。释放出来的热能和轻组分上升到低温、刚硬的岩石圈底部时，受到岩石圈的阻挡而逐渐积累起来，从而导致该部位最终形成软流圈。因此，软流圈的形成是地球发展到一定阶段的产物。

3. 现代洋壳的形成

原始地壳表面高低不平，地表水出现后会聚集在低凹处，长期积累形成海洋。到冥古宙末，地球一大部分表面被海洋覆盖。

软流圈形成后，岩石圈板块在其上浮动着。板块相对运动，在边界处，呈现为离散型、汇聚型和剪切型。离散型板块边界发展到一定时期，经过大洋的幼年，到中年，形成洋中脊，开始形成洋壳——这是洋壳形成的第一条件。俯冲带的出现是形成现代洋壳的条件之二。当这两个条件都满足时，海底就形成了完整的洋壳。中元古代开始出现岛弧—俯冲带，在新元古代岛弧和俯冲带已比较普遍，也就是在中元古代到新元古代就已出现洋壳。

软流圈的平均密度为 3.20～3.22 g/cm^3，比上覆大洋岩石圈的密度 3.31 g/m^3 小，但比大陆岩石圈的密度大。在海洋中，岩石圈与软流圈出现密度倒转现象，洋中脊与海沟之间的高差为 30～40 km，软流圈上覆岩石圈重力失稳，导致大洋软流圈物质沿洋脊上涌，岩石圈板块沿海沟下滑、潜没。这样，在裂谷带长出新洋壳并且向两侧海底扩张，形成板块运动。大陆岩石圈则只能在软流圈上漂移。

没有软流圈便不会有岩石圈，特别是大洋岩石圈；没有软流圈，也不会出现贝尼奥夫带，以及由贝尼奥夫带所提供的板块大幅度漂移的应变空间，因而也就不会有板块运动。所以，也可这样认为，板块构造是地球圈层分化到软流圈阶段之后才产生的。

四、联合古陆旋回

地球岩石圈的变化以板块构造为主线。从现在对地球的认识看，联合古陆旋回是岩石圈不同块体的重新组合。

（一）当前的大陆分布格局

当前的大陆可分为欧亚大陆、非洲大陆、北美洲大陆、南美洲大陆、澳洲大陆和南极大陆。这些大陆的每一个或被海洋与其他大陆分开或仅很小一部分陆地与其他大陆相连，只有欧洲大陆和亚洲大陆之间由乌拉尔山和乌拉尔河分界。

（二）联合古陆旋回

联合古陆，又称泛大陆、超级大陆，音译为潘基亚（Pangea），指地球上的大陆聚集在一起，相互连接形成一个统一的巨型大陆。围绕这个联合古陆的原始海洋叫联合古洋。一般认为在地球历史上可能曾出现过5次联合古陆（杜远生和童金南，2009），可分别称之为始联合古陆（PⅠ）、原联合古陆（PⅡ）、古联合古陆（PⅢ）、中联合古陆（PⅣ）和新联合古陆（PⅤ），见表2.2.1。这些联合古陆的成型期分别为太古宙末期（约2500 MaBP）、古元古代末期（约1900 MaBP）、中元古代中期（约1400 MaBP）、新元古代中期（约850 MaBP）和古生代末期（约250 MaBP）。很多情况下，潘基亚是指新联合古陆。

表2.2.1　联合古陆

名　称	代表性大陆	代　号	MaBP	时　期
始联合古陆	凯诺兰（Kenorland）	PⅠ	2500	太古宙末期
原联合古陆	哥伦比亚（Columbia）	PⅡ	1900	古元古代末期
古联合古陆	潘诺西亚（Pannotia）	PⅢ	1400	中元古代中期
中联合古陆	罗迪尼亚（Rodinia）	PⅣ	850	新元古代中期
新联合古陆	潘基亚（Pangea）	PⅤ	250	古生代末期

（1）始联合古陆在太古宙末期（约2500 MaBP）成型，是岩石圈形成演化过程中早期较广泛的一次固结事件，以部分熔融地壳的快速冷却和陆核广泛形成为标志。尽管这些陆核的固结并非在同一时代，如南非的罗得西亚陆核、特兰斯瓦（Transvval）陆核和中非的安哥拉陆核在3000 MaBP左右已固结，但阜平（中国）运动、肯诺尔（Kenoran，北美）运动、撒母（Samic，东北欧）运动及其花岗岩侵入的时间大都在2500 MaBP左右。一些研究认为，在太古宙末期板块构造就已具雏形，构造成为绿岩带和其间的花岗岩带。北美大陆同位素年龄资料显示，现今大陆体积的40％在太古宙末期就已经形成，其生长速率约为3 km^3/a。

（2）原联合古陆在古元古代末期（约1900 MaBP）成型，以陆核的进一步固化、扩展和集结，即原地台的形成为特征。古元古代末期的吕梁运动（中国）、卡瑞里（Kareli，东北欧）运动和哈德孙（Hudsonian，欧美）运动使其最终成型。随着原联合古陆的形成，海相和陆相沉积分异，红层、赤铁矿和似盖层沉积开始出现，这是沉积史中具有划时代意义的重大地史事件。

（3）古联合古陆在中元古代中期（约1400 MaBP）成型，主要特征是原地台的进一步固化和集结。在中朝、西伯利亚、俄罗斯、中非、澳洲等陆块上似盖层沉积、碳酸盐岩进一步增多,在空间分布上古联合古陆呈经向半球形分布。

(4)中联合古陆在新元古代中期(约 850 MaBP)成型。经过太古宙以来多次构造——岩浆活动的改造,元古宙晚期由晋宁(中国)运动、哥德—格林威尔(Gothic-Grenvillian,欧美)运动形成了具有真正地台双层结壳的岩石圈巨型稳定块体。在空间上,中联合古陆呈纬向半球形分布。

(5)新联合古陆在古生代末期(约 250 MaBP)成型。这是太古宙以来岩石圈最大的一次大规模聚集事件。在空间上,呈经向半球形分布,北半球称为劳亚大陆,南半球称冈瓦纳大陆。今天的海陆分布格局是新联合古陆分裂、漂移形成的。与新联合古陆形成相伴的是陆地面积增加,浅海面积减少,地球半径缩减,古地磁转向,碳同位素、铱异常,气候变冷,海平面下降,缺氧沉积盐类沉积发育,峨眉玄武岩、通古斯玄武岩喷发,地核和大地水准面偏移,浅海生物绝灭,大量陨石撞击地球。

五、新联合古陆的形成与分裂

新联合古陆的成型与分解是人们了解的最清楚的联合古陆事件。新联合古陆形成始于新元古代中期的中联合古陆分裂开始时,定型于晚二叠纪/早三叠纪,250 MaBP 前后,由冈瓦纳古陆和劳亚古陆组成(图 2.2.2)。冈瓦纳大陆(Gandwana)又称南方大陆,包括现代的南美洲、非洲、阿拉伯半岛、印度、中国的西藏、澳洲和南极洲;劳亚大陆(Laurasia)即北方大陆,包括现代的北美洲、欧洲和亚洲大陆的大部。

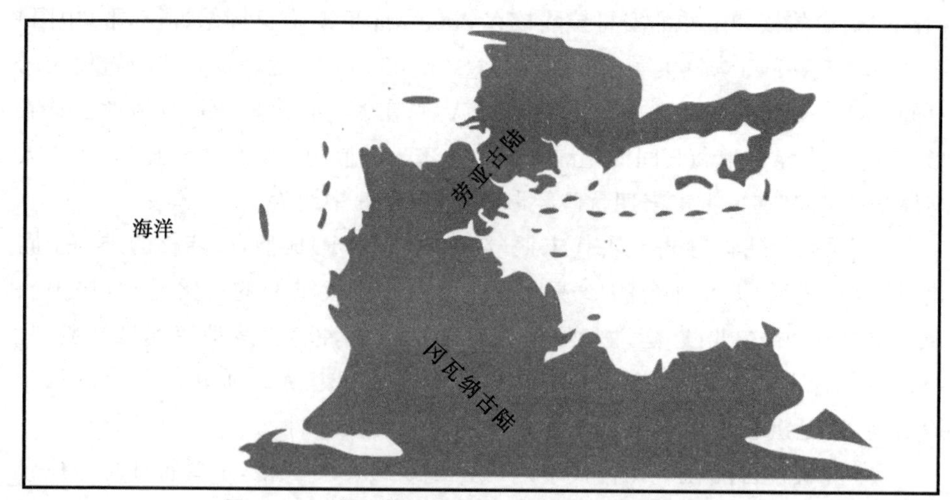

图 2.2.2　中三叠纪的海陆分布(Kump et al.,2011)

（一）新联合古陆的形成

800—700 MaBP 的新元古代末期，地球上即存在有泛古洋和泛古陆——中联合古陆了。中联合古陆也由之前相互分离的大陆块所组成，泛非—贝加尔构造线便是它们的板块缝合线。

在早古生代，距今 540 Ma 开始的寒武纪，由于中联合古陆分裂与漂移，形成四大陆——北美洲、欧洲、亚洲和冈瓦纳古陆，产生四大海——古海西宁海、古加里东海、古乌拉尔海和古特提斯海。

在晚古生代，泥盆纪，距今约 370 Ma，欧洲与北美板块碰撞，合并成欧美大陆，古加里东海消亡，出现加里东造山带。

在晚石炭世，300—290 MaBP，古海西宁海消亡，欧美大陆沿海西宁造山带与冈瓦纳古陆连接起来。

在约 225 MaBP 的中三叠纪，亚洲与欧洲大陆合并，重新组成泛古陆——新联合古陆，南方是冈瓦纳古陆，北方是劳亚古陆（图 2.2.2）。古乌拉尔海消亡，形成乌拉尔造山带，特提斯海仍然存在，但它以一个三角形海的形态楔入泛古陆之中，整个大陆从南极向北一直延伸到北半球高纬度。泛大洋沿赤道展布经度达 300°，约为现在太平洋宽度的 2 倍。

（二）新联合古陆的分裂——大陆漂移说

联合古陆解体的过程分为以下各个阶段。

第一阶段，从晚三叠纪到晚侏罗纪（205—160 MaBP）。在晚三叠纪，202 MaBP前后，劳亚古陆（包括北美与欧亚板块）与冈瓦纳古陆（包括非洲、南美洲、印度、南极洲和澳大利亚）分离；从墨西哥湾到直布罗陀与由东向西发育的特提斯海连在一起；至 180 MaBP 时，北大西洋张开，特提斯海收缩。随后，由南极洲、澳大利亚和印度组成的板块与包括非洲和马达加斯加的板块开始分离。

第二阶段，从晚侏罗纪到晚白垩纪（160—70 MaBP）。在晚侏罗纪与白垩纪早期（150—130 MaBP），冈瓦纳古陆开始解体，南美洲与非洲分离，南大西洋诞生。在此期间，北大西洋和印度洋扩大，特提斯海继续闭合，印度板块从南极洲、澳大利亚分离北移（155—125 MaBP），马达加斯加从非洲分离，格陵兰开始从北美分离，西班牙、葡萄牙开始围绕一个位于法国北部的扩张极发生旋转分离，阿拉斯加开始从加拿大旋转分离。在经历了中生代的分离与漂移后，现代的海陆分布轮廓已经显现，进入新生代。

第三阶段，70—40 MaBP。南大洋加宽，格陵兰开始从欧洲分离，印度开始从塞舌尔群岛分离，澳大利亚与南极洲分离。

第四阶段，40—15 MaBP，特提斯海闭合成内陆海，即地中海。阿拉伯半岛开始从非洲分离，红海开始形成；印度板块与欧亚板块拼合，下加利福尼亚开始从墨西哥分离，撒丁岛和科西嘉岛开始从欧洲分离，冰岛—法劳海岭下沉。

第五阶段，从 15 MaBP 开始到现在，青藏高原加速抬升，德雷克海峡打开，巴拿马海路关闭。

太平洋洋盆由于受挤压而缩小，太平洋板块向周围大陆俯冲，使太平洋周围构造带变形，并发生强烈的火山爆发。许多环太平洋现代大山系和地形格局由此时开始形成。

第三节 板块构造

板块构造说是在大陆漂移说和海底扩张说基础上提出的。板块构造说认为地球表面由多个不变形且坚固的板块覆盖着，这些板块构成岩石圈，所以也称为岩石圈板块。板块在软流圈之上，以每年 1～10 cm 的速度水平移动。人们观察到的岩石圈活动主要集中在板块边界上或附近地区，包括地震、火山喷发、大裂谷、造山带、海沟—岛弧构造。

一、板块概念与板块划分

"板块"(plate)这个术语是加拿大著名学者威尔逊在创立转换断层时提出的。他认为连绵不断的活动带将地球表层划分为若干个有限的刚性板块。由于地球表面是曲面，因而板块是弯曲的。单个大板块的面积较大，多为 10^7～10^8 km^2。板块厚度较小，在 10～200 km 之间，相对于板块的横向尺度及6371 km 的地球半径，是一块薄板。

现代地球板块的轮廓，最早是由法国地球物理学家勒皮雄勾画的（柴东浩和陈廷愚，2001）。勒皮雄把全球岩石圈系统地划分为六大板块（图 2.3.1），它们是太平洋板块、欧亚板块、非洲板块、美洲板块、印澳（印度）板块和南极（洲）板块。随后，学者们又将美洲板块分解为北美板块和南美板块，印澳板块分解为印度板块和澳大利亚板块，这样全球又有了七大板块或八大板块之分。八大板块也还有另外的划法，它们是非洲板块、欧亚板块、北美板块、南美板块、南极洲板块、印度—澳大利亚板块、南太平洋板块和北太平洋板块。在八大板块之间，还镶嵌着 14 个中小板块，它们是阿拉伯板块、婆罗洲板块、加勒比板块、加罗林板块、科科斯(可可)板块、印度支那板块、戈达板块、华北板块、纳兹卡板块、鄂霍次克板块、菲律宾(海)板块、斯科舍板块、索马里板块和扬子板块。还有更小的板块。

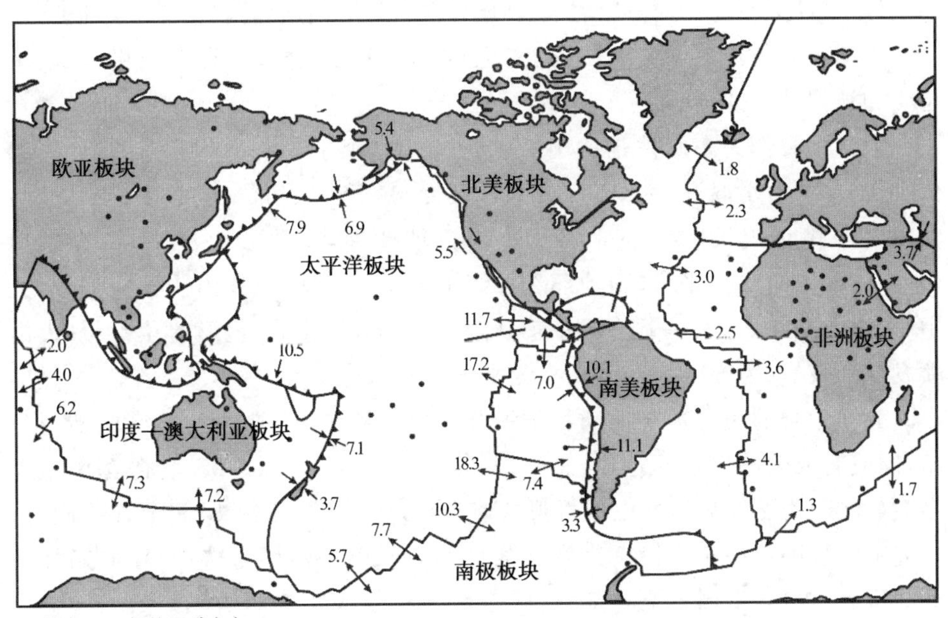

图 2.3.1　地球板块与三联点、热点和板块运动方向

八大板块为一级板块，它们既包括陆地也包括海洋。例如，太平洋板块主要在太平洋水域，但还包括北美圣安的列斯断层以西的陆地和加利福尼亚半岛；南美板块既包括南美洲大陆，也包括大西洋中脊以西半个大西洋南部；北美板块既包括北美大陆，也包括大西洋中脊以西半个大西洋北部，以及西伯利亚最东端的楚科奇半岛等。

中小板块是次一级的板块，板块面积为 $10^5 \sim 10^6$ km 或更小。中小板块的作用虽不及大板块大，但相对于相邻板块的运动还是相当显著的，它们在全球板块运动中仍具有不可忽视的作用。

二、板块构造

板块构造(plate tectonics)是地球表面岩石圈彼此之间的相互作用、相互移动。地球表面被如前所述的大小不等的刚性板块覆盖，板块运动的累积结果即为板块运动的地质图像。

（一）大洋中脊

大洋中脊是大洋岩石圈的生长带，是由强大的上涌地幔流造成的，伴有地震和火山活动的巨大洋底山脉，包括大西洋中脊、大西洋—印度洋中脊、东南印度洋中脊、太平洋中脊和北冰洋中脊。它们首尾相连，总长约 64000 km。

大洋中脊是洋底山脉，其地壳结构和正常洋底不同，洋脊地壳更薄，缺少层 1 和被侵蚀过的岩石。

大洋中脊作为海底扩张的中心，当其缓慢（小于 5 cm/a）扩张时，地形起伏大，轴部常有 1.5～3.0 km 深的大洋裂谷，其下岩浆房深度大、规模小，火山喷发周期相对较长，为 5～10 ka，火山链彼此远离，如大西洋中脊；当中速（5.0～9.0 cm/a）扩张时，则轴部裂谷缩小到看不清楚，但火山链比较连续，火山每 300～600 a 喷发一次；当快速（大于 9 cm/a）扩张时，地形起伏平缓，火山喷发周期较短，为 50～300 a，如东太平洋中脊。

大洋中脊的浅源地震活动特征明显，震中沿大洋中脊轴及其横向断裂分布，即使有所偏离也超不过 10 km。平均震级为 4.0～5.5 级，震源深度绝大多数（90%）为 2.5 km，并以震群形式成组出现，缺少主震。时间上几乎同时，空间上被局限在一定地段。洋脊处的地震大都以正断层为特征，横向断裂处的地震大都以走滑断层为特征，断层面直立，走向与断裂带方向一致。

板块构造说认为，洋中脊的隆起实际上是脊下物质膨胀的结果。在热地幔涌出和对流的带动下，新洋壳自脊轴向两侧扩张推移，在扩张和冷却的过程中软流圈顶部物质逐渐冷凝，转化为岩石圈，并被推移远离脊顶而逐渐增厚。冷却凝固伴随着密度增大和体积缩小，加之不断增厚，于是冷却的岩石圈逐渐下沉，而涌出的热地幔又不断上升，这样就形成了轴部高耸、两翼低缓的巨大海底山脉。

（二）转换断层

整个大洋底部褶皱并不发育，但断裂相当发育。发育于大洋中脊及俯冲带的一系列转换断层即其明显的例子（图 2.1.3）。

大洋板块为成组断裂带所切割，这些成组出现、近于平行的断裂带常把大洋板块切割成几千千米长、几百千米宽的板条。板条是大洋板块的一种基本构造形态。当板条构造在俯冲带插入地幔后，称板舌构造。板舌下插深度可达 600～700 km。大陆岩石圈碰撞带也有板舌构造，但下插深度较浅，一般在

200 km 左右。此外，大陆板块虽然没有大洋板块的板条构造发育，但具有比大洋板块更复杂的多层结构——多层滑脱构造和多层剪切构造。

转换断层属走向滑动性质，断层面近于直立，可切穿整个岩石圈，达到软流圈。在被错开的洋中脊之间，其所发生的位移主要是洋中脊的扩张位移，越过洋脊轴，两盘位移方向和错动方向则改为同向，以至于同步平移运动效应消失。假如沿转换断层错开方向的抗阻力超过洋壳的剪切力，则洋底将被切割成薄片，并发生水平错动，典型的转换断层将不能进一步发展；相反，在快速扩张的洋脊区，如扩张脊发生短距离水平错动，则又可造成扩张中心超覆。

板块构造说认为，转换断层也是由海底扩张引起的。洋脊与洋脊、洋脊与海沟、海沟与海沟之间都可由转换断层相连接，从而将岩石圈分割成大小不一的板块。转换断层的走向不仅是板块的边界之一，而且还标示了板块旋转运动的方向。

当转换断层出现转折时，就意味着其邻接板块之间的相对运动方向以及旋转极的位置发生过变化。

(三)海沟—岛弧系

海沟(trench)与岛弧并存于大洋边缘。全球海沟—岛弧系如图 2.3.2 所示。海沟—岛弧有现代火山活动，有 70 km 深的中深源地震。有深度大于

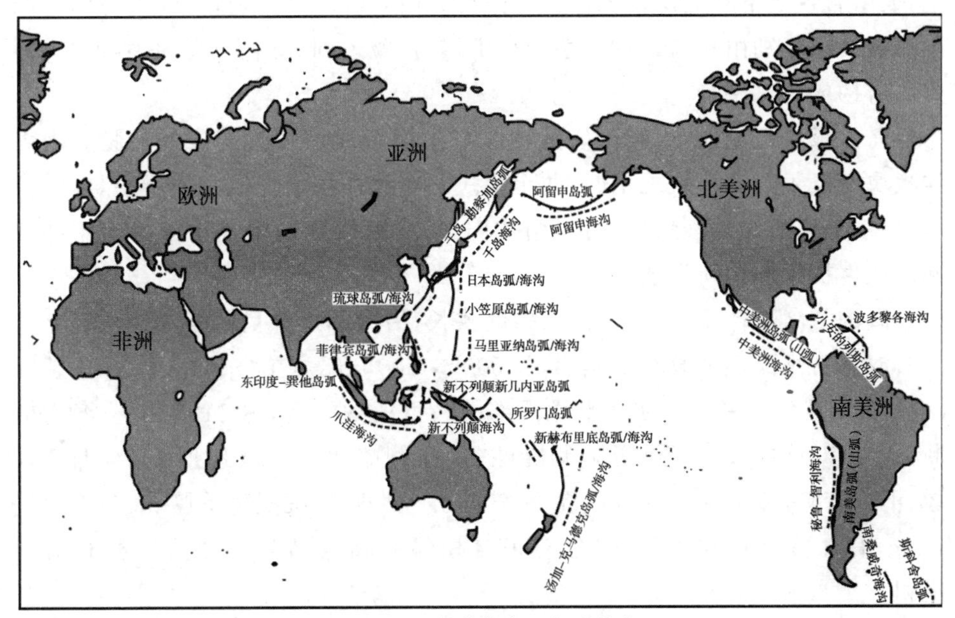

图 2.3.2　全球海沟—岛弧分布

6000 m 的海沟。岛弧构造既包括海洋中由岛屿构成的岛弧，也包括大陆边缘具有岛弧特征的山弧，比如中美、南美西海岸安第斯山脉是弧形山脉。

全球岛弧（含山弧）总长达 40000 km，除南、北美之间的小安的列斯岛弧和南美南端的斯科舍岛弧位于大西洋，巽他岛弧位于印度洋外，其余岛弧都在太平洋周缘。我国台湾岛位于琉球岛弧与菲律宾岛弧的衔接处。

岛弧按地貌形态可分为单弧形、双弧形和多弧形。单弧形由一条平行于海沟的火山岛弧组成，如千岛岛弧、日本列岛岛弧；双弧形由平行于海沟的一条外弧和一条内弧组成，外弧现今无火山活动，内弧现今仍有火山活动；多弧形是双弧形的陆侧还有一条残留的岛弧，没有现代火山活动。岛弧也可以根据有无弧后盆地进行分类，如西太平洋的岛弧之后都有弧后盆地，称洋内弧沟系；而南美安第斯火山弧为大陆边缘山系，无弧后盆地，称陆缘弧沟系。海沟处于岛弧与大洋之间，以西太平洋为例，称岛弧的正常极性；而海沟位于弧后盆地与岛弧之间，称岛弧的倒转极性，如我国南海东缘的马尼拉海沟、所罗门海的新不列颠海沟、珊瑚海的新赫布里底海沟等。

岛弧向大洋一侧是海沟，大陆一侧为弧后盆地，它们共同构成沟—弧—盆系。

岛弧的主要地质特征是：岛弧是剧烈的火山活动区，以安山岩和玄武岩为主，火山岩带之下有同源侵入体。岛弧的火山岩有分带性，自岛弧近海沟一侧至弧后一侧分别由拉斑玄武岩系列火山岩、钙碱系列火山岩、高钾钙碱性系列火山岩构成。

岛弧板块理论的全面解释是：岛弧是大洋板块潜没过程中的产物。当大洋板块潜没于陆侧板块之下时，两个板块的摩擦作用使地幔物质增温，发生分熔，岩浆上涌喷出地表形成火山，组成内弧，而弧后盆地则是由于海沟俯冲引起的次生扩张作用所形成的。

海沟与岛弧伴生并平行排布，壁陡狭长，沿大陆边缘呈断续延伸。

海沟常呈弧形或直线形延展，长 500～4500 km，宽 40～120 km，水深多为 6～11 km。全球最深点在太平洋西部的马里亚纳海沟，深 11034 m。海沟横断面呈不对称的 V 字形，近陆侧陡峻，近洋侧略缓。沟坡地形复杂，上部较缓，下部较陡，多见峡谷、台阶、堤坝、洼地等。沟底的沉积物不厚，大多不超过 1 km，有红黏土和硅质沉积，也有来自相邻大陆或岛弧的浊流沉积和滑塌沉积。

海沟洋侧坡是大洋盆地岩石圈的直接延续，属正常大洋地壳，层 3 由 4～

5 km增厚至7～9 km。海沟向陆一侧,地壳厚度急剧增大,是大洋地壳与大陆地壳(或过渡型地壳)之间的接触过渡带。

海沟附近通常出现浅源地震,向陆侧依次出现中源、深源地震,构成一倾斜的震源带,即贝尼奥夫带(Benioff zone)。岩石圈板块沿着贝尼奥夫带俯冲进入软流圈。

三、板块边界

板块边界即两个板块之间的接触带。板块之间以洋中脊、海沟、大断裂带和褶皱山脉为界,可区分为3种基本类型:①彼此远离的离散型边界;②彼此接近的汇聚型边界;③彼此交错的守恒型边界。

(一)离散型边界

离散型边界,也称生长边界,伴随洋壳新生和海底扩张。特点是两板块做背离运动,向两侧分离、散开,由于它的应力状态是拉张的,故又称拉张型板块边界。正因为应力拉张,所以边界线常呈齿状。离散型边界既可发生于大洋岩石圈,也可发生于大陆岩石圈。发生于大洋岩石圈之间者位于大洋中脊轴部,会形成轴间裂谷带,如大西洋中脊、东太平洋海隆等。由于洋中脊拉开,地幔物质上涌,形成新的洋底,新洋底添加到两侧板块边界,致使洋底岩石圈在大洋中脊轴部不断增生。

发生于大陆岩石圈之间的离散型边界称大陆裂谷,如东非裂谷。大陆裂谷使大陆岩石圈板块分离、散开,进而演变为大洋裂谷。

(二)汇聚型边界

汇聚型边界,也称消亡边界,指两个相互汇聚板块之间的边界。相当于海沟和活动造山带,所伴随的是洋壳消亡和大陆碰撞。由于汇聚应力是挤压的,故又称挤压型边界。鉴于地球表面积基本不变,因而离散型边界岩石圈的增生必然为某些地方岩石圈的破坏所补偿。岩石圈的破坏或压缩就发生在汇聚型边界。汇聚型边界有两个亚型:俯冲边界和碰撞边界。

如果两个板块碰撞区域在海底,则产生海沟—岛弧—弧后盆地体系;如果两个板块碰撞在陆海边界,则产生海沟—高山体系;两个陆地板块碰撞产生高山。

1. 俯冲边界

由于大洋板块较之大陆板块往往具有密度大、厚度小、位置低的特点,故大洋板块总是俯冲于大陆板块之下。也有较大大洋板块俯冲于另一较小大洋板块之下的俯冲边界,如沿马里亚纳海沟的俯冲边界。现代俯冲边界主要分布于太平洋周缘,包括东亚型和安第斯型,前者海沟有边缘海与大陆相隔,后者海沟直接濒临大陆。在俯冲过程中,大洋板块上覆沉积物可能随板块俯冲潜入地下,部分沉积物也可能被刮落下来添加于海沟陆侧坡,构成增生楔形体。增生的混杂岩体逐渐成长并受挤而隆起,组成非火山弧,这在一定程度上导致大陆增长。当板块俯冲至100～200 km深处时,摩擦增大,温度升高,导致下插板块产生部分熔融,从而有岩浆上升并喷出地表,形成与海沟平行延伸的火山弧,构成岛弧—海沟系。

2. 碰撞边界

碰撞边界,也称缝合线,是大洋板块俯冲殆尽、两侧大陆相遇的边界,表现为活动造山带。

在汇聚碰撞过程中,原大陆边缘和洋底沉积物遭受紧密褶皱和逆冲推覆,一系列地壳楔沿近水平的层间滑脱面(多为岩石圈内部低速带)拆离开来,相互冲掩叠覆,导致地壳压缩增厚,地面大幅度抬升,形成宏伟的褶皱山系。喜马拉雅山便是始新世以来板块碰撞边界的典型实例。20世纪80年代以来的测量表明来自印度板块向北的强烈推挤,阻碍了该区地壳的均衡调整,使之目前仍处于隆升之中。

(三)守恒型边界

守恒型边界,也称平移剪切型边界,是相互剪切、滑动的两个板块之间的边界,其边界线即转换断层线,所以也有人称转换边界。沿这种边界通常既没有板块的生长,也没有板块的消减,但伴有频繁的浅震活动,可发生构造形变和动力变质作用。

(四)板块边界性质的变化

上述板块边界类型是最基本的类型,还有许多过渡类型。这些过渡类型的边界性质都是两板块相对运动速度及其与边界走向斜交时产生的。在斜向汇聚运动时,如板块边界类型是转换断层—海沟,则海沟可以是右旋或左旋;在斜向离散运动时,如板块边界类型是转换断层—洋脊,则洋脊可以是右旋或左旋。因此,板块边界类型、相对速度与边界走向存在时间上和空间上的变化。例如,太平洋板块与北美板块的边界,在30 Ma前是聚合边界,30 Ma年后大部分转变为转换断层,即守恒边界。又如,弧形的阿留申海沟是太平洋板块与白令海板块的汇聚边界,由于边界走向的变化,同一边界的不同地段在同一时间内具有不同性质,东端基本上是汇聚的,西端基本上是守恒的,中部则为两者的过渡类型。

(五)板块边界的迁移

板块边界是可以迁移的。板块边界的迁移有两种形式，即渐变式和突变式，而经常发生的则是渐变式迁移。以非洲板块为例，在非洲板块周围，南大西洋中脊和印度洋中脊在三面环绕着它，在这两条中脊之间没有可以导致岩石圈压缩破坏的汇聚型边界；相反，东非大裂谷处于拉张状态，这就意味着在南大西洋中脊和印度洋中脊两者之中至少有一条中脊是移动的。现假设南大西洋中脊不动，印度洋中脊迁移，这样不但东部非洲和印度洋中脊都将向东运动，而且印度洋中脊东移距离更大。与之相对应的是南美板块西缘的海沟也将向西迁移。南极洲板块也如此。当冈瓦纳大陆破裂时，环绕南极洲板块的中脊是濒临南极海岸展布的，然而随着南极洲板块的不断扩大，南极洲周围中脊退离南极洲，并向北迁移。如此，则随着板块的渐变迁移，一些板块的面积(如南极洲板块)扩大了，而另一些板块的面积(如太平样板块)则有所缩小。

板块边界的突变式迁移，表现为大洋中脊轴从一地跳迁到另一地，从而导致海底磁异常条带出现两套并列的对称系列。此外，大陆与大陆、大陆与岛弧相遇汇聚，即碰撞开始后，大规模俯冲作用停止，从而导致原俯冲带消失，并在其他地方形成新的俯冲边界，或岛弧归并为大陆的一部分，形成新的造山带。

(六)三联点

三联点，也称三联结合点，是 3 个板块的交会点(图 2.3.1)。例如，太平洋、可可斯、纳兹卡 3 个板块汇聚在 2°11′N，102°10′W；非洲、索马里、阿拉伯板块汇聚于阿法尔三角地区。在地球表面三联点常见，而“四联点”或 4 个以上板块的汇聚点却很少；即使出现了“四联点”，也会很快演变成三联点或两个板块的边界。

三联点可以是稳定的，也可以是不稳定的，这取决于它们在演化中能否保持着 3 个板块边界所构建的几何稳定性。

三联点很重要，东北太平洋大磁湾(great magnetic bight)的起源就是用三联点概念解释的。裂谷形成初期，通常也是三联构造的形式，但一般只有其中的两支可以进一步扩展形成海洋，另一支停止发育或发育缓慢，如红海、亚丁湾、东非裂谷等。但也有三联构造的 3 支同时发育成为大洋中脊的，如印度洋的 3 条洋中脊。

四、地幔柱和热点

从软流圈或深部地幔涌起并穿透岩石圈的一股热塑性固体物质流称地幔柱(mantle plume)。地幔柱在洋底或地表出露时即为热点(hot spot),热点是地幔柱的一种表现。热点是分析板块绝对运动的参照系,但热点位置不随时间变化的问题还有待进一步的验证。

在大洋和大陆内部都发现有由火山锥构成的火山岛链,它们呈线状定向展布,一端连着现代活火山,离现代活火山越远,死火山越老。火山的年代和方向性都明显的太平洋夏威夷岛和皇帝海山就是这类火山岛链的典型例子。岛链东南部的夏威夷岛上有两座活火山——莫纳火山和基拉韦厄火山,火山年龄为现代,向北西西至韦克尔火山年龄为 10 Ma,至中途岛火山年龄增至 40 Ma,继而火山链转折为北北西向的皇帝海山,皇帝海山一直延伸到阿留申岛弧西端,火山年龄也增至 75～80 Ma。这条火山岛链的走向呈折线状定向展布,中途岛为其拐点,这似乎反映出一种确定的自然现象。

一般认为,地幔柱或热点位置大致是固定的,而板块则是持续不断地移动着的,当板块跨越地幔柱时,岩浆穿过板块于表面形成火山。由于板块一直向前运行,如同在纸上穿孔,打出一系列孔洞一样,周期性喷射岩浆的热点就形成了间隔较为规则的串珠状火山岛链。很显然,这些火山岛链就是岩石圈板块漂移过热点的轨迹,所记录的则是板块运动的速度和方向。

大陆也存在类似的火山岛链,中央高原自普伊山延伸到阿格德角的火山山脉即为热点在大陆上留下的火山岛链踪迹。而自安诺本、圣多美、普林西比、比奥科等岛屿延伸到喀麦隆的火山山脉则表明,火山山脉的分布与洋陆分布无关,尽管它们穿越了洋陆过渡带,但沿这一线的火山岛链活动仍保持稳定。

研究认为,地幔柱并非处在挨近板块的下方,而是处在深地幔乃至核幔界面上,估计至少来自 700 km 或更深处,直径为 100～250 km,每年上升约几厘米,由此导致地幔顶部形成直径达上百千米的穹状隆起,高出四周 1～2 km。现今全球热点大多位于洋中脊的拐点处或三联点上,少数在板块内,总共 50 多个,而陆上较少,可能与陆上热点易导致大陆崩裂有关。

五、板块运动的驱动机制

板块运动与地球的深层活动有关,对此,地球科学家们提出了各种假设和推测，其中主要的是地幔对流说。

地幔对流说最早是由英国地球物理学家霍姆斯（柴东浩和陈廷愚，2001）为解释魏格纳的大陆漂移说而提出来的，霍姆斯的这一设想使大陆漂移说度过了它最为艰难的时期。由于这一设想在当时可能过于超前，因此很多地质学家很难对它做出评价。直到20世纪60年代经赫斯和迪茨等学者的努力，霍姆斯的“大陆被载在地幔对流传送带上移动”这一设想才成为学说（图2.3.3）。

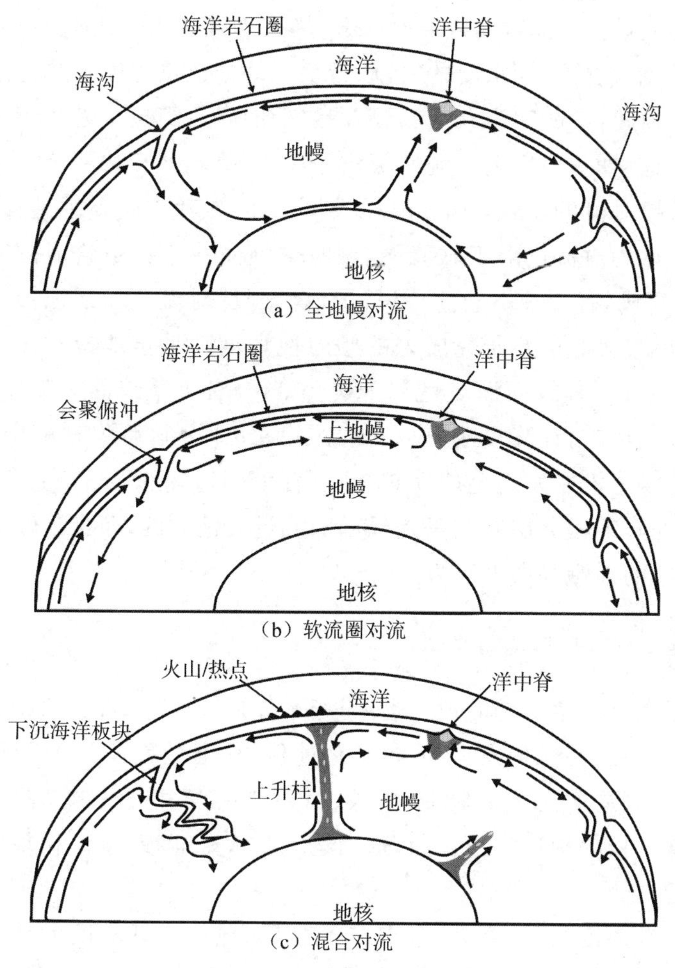

图 2.3.3　地幔对流模式

现已得知，地幔对流是地球内部能量——热力和重力联合作用的结果。热力主要来自放射性物质衰变的热能，重力主要来自物质重力分异释放出的重力能。尽管地幔基本上是固体的，但在高温及长期应力作用下能发生缓慢的塑性流动，在一些区域，热而轻的低密度物质上升，形成上升流，上升流在岩石圈底部附近向外扩散，转变为背向的水平流；在一些区域，相向而行的水平流因热传导变冷汇聚向下，形成下降流，下降流在地幔深处分散，形成反向水平流，而后补给上升流，如此循环往复即形成了地幔物质的对流运动，即对流环。岩石圈板块可能是在其上发生位移的。据估算，地球演化期间丧失的能量约为 2.9×10^{26} J，其中地幔对流丧失的能量约为 2.1×10^{26} J，占 72.4%，热传导丧失的能量占 27.5%，其余为火山、热泉等所散失。由此，地幔对流是地球热能传递、消耗的极为重要的机制，板块运动的能量可能主要是通过地幔对流供给的。因此，一般认为，驮在软流圈之上的岩石圈板块是由于地幔对流的拖曳作用而运动的，地幔上升流使板块分离，下降流使板块聚合。

关于地幔对流的模式，20 世纪 60 年代一些学者主张整个地幔对流，而另一些学者则认为对流仅限于软流圈，当时的倾向性意见是软流圈对流。到了 20 世纪 90 年代，有两种不同的认识：①地幔分层对流，上、下地幔分别各自对流；②全地幔对流。最新研究成果的倾向性意见则是全地幔对流。因为分层对流的 670 km 不连续面深度是一个 $(Mg,Fe)_2SiO_4$ 系统的矿物相转化深度，该反应为吸热反应，计算表明，仅靠此热效应还不足以引发地幔分层流动，而地震层析技术也没有发现全球性 670 km 深处的地幔的显著不连续现象，所以一些学者认为，地幔分层对流只是局部的或过渡性质的，而全地幔对流则是主导性的、稳定的地幔物质循环方式。

六、造山运动（orogeny）

造山运动是产生山脉的地壳运动，指地壳局部受力、岩石急剧变形而隆起形成山脉的运动，是长时间的环境变化过程，整个过程以几千万年时间尺度计，仅影响地壳局部的狭长地带，褶皱、断裂、角度不整合、岩浆侵入和区域变质作用发育。板块构造学说认为，造山运动是大陆碰撞、大洋板块对大陆板块的俯冲引起的。

造山运动速度快，幅度大，范围广，常引起地势高低的巨大变化。随着岩层的巨大变形，也有水平方向上的位移，形成复杂的褶皱和断裂构造。褶皱断裂、岩浆活动和变质作用是造山运动的主要标志。造山运动形成岛弧和山系，如喜马拉雅山系、西太平洋岛弧带和美洲柯迪勒拉山系。

在约 30 MaBP，地球进入了一个新的活动时期，即地质学上所说的喜马拉雅造山运动。造山运动形成高山和高原,高海拔为积雪和冰川提供了场所。高大山系对大气环流产生影响,东亚、南亚和非洲季风在青藏高原海拔超过2000 m时才逐渐形成。

山地抬升使地貌不稳定性增加,加剧侵蚀风化,影响地球化学循环。抬高的地形有利于迎风面降水量增加,冲刷加大侵蚀和基岩暴露,使硅酸盐侵蚀—碳酸盐沉淀加强,进而使大气 CO_2 浓度降低,气候变冷(刘东升,2006)。

七、地　震

人们能感觉到的最直接的构造过程是地震。大地震破坏性很大,直接后果是房屋倒塌,很多人死亡,道路毁损,城市瘫痪。有些地震还会引起火灾、水灾等次生灾害,深海地震还可能引起海啸。

人们把自然地震成因分为构造过程、火山喷发(也是构造过程)和地下洞穴塌陷3种,但大部分地震是由构造过程引起的,占地震总数的90%以上。大地震完全由构造过程引起。

绝大部分地震发生在60°N～60°S纬度范围。地震主要发生在板块边界上,两极地区地震很少。全球分为4个地震带:①环太平洋地震带,全球80%以上的地震发生在环太平洋地震带上,日本列岛、美国西部的圣安地列斯是世界上少有的地震多发区;②地中海—喜马拉雅地震带,也称为欧亚地震带;③洋中脊;④大陆裂谷带。中国东部是环太平洋地震带,西南部是欧亚地震带,台湾岛就在环太平洋地震带上,几乎每年都有地震发生。中国中部有多条沿断裂带的地震带,每个省都发生过5级以上的地震。地球每年发生500万次地震,对人类造成危害的仅十几次,造成严重危害的仅一两次。1831年以来中国发生过19次8级以上地震(魏柏林,2011),20世纪死亡人数最多的两次地震都发生在中国——1920年宁夏海原的8.5级地震死亡23万人,1976年唐山地震死亡24万人。

地震是最快速的环境变化事件,大地震10 s时间尺度就能毁灭一座城市,而重建过程需要很多年。地震影响范围在区域尺度,至今没有地震造成全球性环境影响的报道。

八、火山喷发

火山是岩石圈和软流圈共同作用的结果(边兆祥和李德本,1993)。火山喷发包括熔岩浆、火山灰和火山气。火山灰(tephra)在广义上指火山喷发过程产生的所有未固结的碎屑产物，按粒径大小可分为火山弹（>64 mm）、火山砾（2～64 mm）以及狭义火山灰（<2 mm）。

有些火山在史前喷发过，但现在已不再活动，这样的火山称为死火山；也有的死火山随着地壳的变动会突然喷发，人们称之为休眠火山；有史以来，时有喷发的火山称为活火山。在地球上已知的死火山约有2000座；已发现的活火山共有523座，其中陆地上有455座，海底火山有68座。

火山在地球上的分布是不均匀的，大多数火山都分布在板块边界上，少数火山分布在板块内，分布在板块边界上的火山与地震带分布相同，称为火山带，即环太平洋火山带、阿尔卑斯—喜马拉雅火山带、洋中脊火山带和裂谷火山带；分布在板块内的火山就是热点。

火山对人类或环境的作用有正向的，也有负向的。

除旅游资源外，火山是地热资源，可用来发电；火山喷发物是矿物资源，火山灰是很好的肥料。

火山的负面作用很突出。火山突然大规模喷发，火山灰覆盖邻近地区会造成人类和生物大量死亡，比如庞贝城就毁灭于维苏威火山的喷发。火山大规模长时间喷发，大量火山灰进入平流层，可能引起全球性气候变化。有研究认为，多巴火山喷发引发末次冰期。1883年印度尼西亚喀拉喀托火山喷出的红色火山灰曾随大气环流绕地球转了3圈，并在大气层中保持了3年之久。

大多数情况下，火山喷出的熔岩浆只能影响到周边地区，对环境影响大，或可能引起大范围环境变化的是火山灰和火山气体。火山喷发的气体以H_2O和CO_2为主，但对环境影响大的是硫化物和卤族元素。火山喷发的卤族元素进入平流层，破坏臭氧层，使地球表面生物失去紫外线屏障。火山喷发的气体含2%～35%的硫化物，包括H_2S和SO_2，在空气中很快变成硫酸气溶胶，使阳光暗淡，气温下降，造成酸雨，可能会导致生物灭绝。

陆地火山喷发形成漏斗状山体。海洋火山喷发可形成岛屿，比如皇帝海山（岭）链和夏威夷海山链。

超级火山喷发形成巨型火成岩区，叫大火成岩省。比如印度德干高原（Decan Plateau）、西伯利亚暗色岩台地和一些海台，规模大，厚度惊人。

印度德干高原是全球著名的熔岩高原，位于印度南部，东西长1500 km，南北宽1400 km，面积约2×10^6 km^2。该台地西部玄武岩厚度约3000 m，向东逐渐变薄，覆盖在白垩纪地层上，以裂隙型火山喷出熔岩为主，是热点火山。

西伯利亚暗色岩台地面积为4×10^6 km^2，最大厚度3000 m，由早三叠纪火山岩和浅成岩组成，上部是陆相火山熔岩，下部是凝灰岩—沉积岩组合。

第四节　海底扩张

20 世纪 50 年代以来，随着海底科学的发展，人们利用放射性同位素测定海底岩石年龄，发现海底岩石的年龄很小，一般不超过 2 亿年，相当于中生代侏罗纪，而且离洋中脊愈近岩石年龄愈小，离洋中脊愈远岩石年龄愈大。60 年代初，一些科学家提出了海底扩张学说，认为洋中脊是新的洋壳诞生处。地幔物质从洋中脊顶部的开裂处涌出，凝固后形成新的洋壳。之后继续上升的岩浆又把原先形成的洋壳以每年几厘米的速度推向两边，使海底不断更新和扩张。在大西洋，扩张的洋壳把陆壳推离，解释了魏格纳理论中板块是如何漂移的问题。在太平洋，当扩张着的洋壳遇到陆壳时，便俯冲到陆壳之下的地幔中，逐渐熔化而消亡。海底扩张的结果是产生洋中脊、产生海沟—岛弧体系，形成热液口与火山口，形成岩石圈和地幔物质的循环，使海平面发生变化。

一、海底的年龄

图 2.4.1 所示为洋底年龄的等时线图。不难看出，洋底岩石年龄自洋中脊向两侧对称性地增大，说明海底是不断扩张的，离洋中脊越远，年龄越老。南极海域的深海钻探也证实了海底沉积物自中印度洋脊向外，即钻孔位置越向南，其年龄越大。

由于深海钻探资料的支持，经过同位素年代学、古生物学、磁地层学等多方面的研究，编制出了世界大洋洋底年龄图(图 2.4.1)。图示表明，洋底年龄均在洋脊两侧呈对称分布，距中脊愈远，年代愈老。太平洋最老的洋底位于西太平洋日本海沟和马里亚纳海沟以东海域；大西洋最老的洋底位于北大西洋靠近美洲和非洲北部的海域；印度洋最老的洋底则见于它的东北部。深海钻探证实迄今最老的洋壳年龄未超过侏罗纪，约为 170 Ma，与大陆古老的岩石年龄 3.8 Ga 相比，洋壳比陆壳年轻得多。这意味着占整个地球表面积约 60% 的洋底，竟是在不到 200 Ma 的近期所形成的，表明洋底确实是在不断地生长、不断地更新着的。

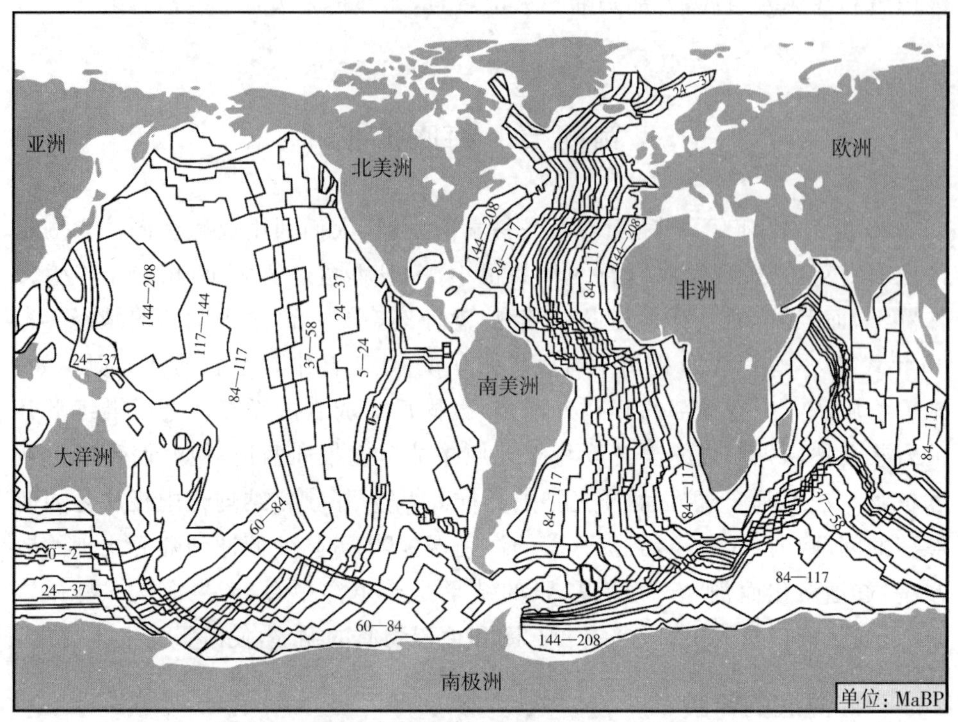

图 2.4.1　洋底年龄的等时线图(Kump et al., 2011)

实际上,如果将世界大洋中脊的平均扩张速率假定为 3 cm/a,则在全球约 64000 km 长的大洋中脊上,每年因海底扩张新生的洋底总面积大约是 2 km^2,这样用不了 170 Ma 就足以生长出大于 3×10^8 km^2 的新洋底了。这一面积与当今世界大洋洋底的总面积大体上是一致的。当然深海钻探也发现了一些与理论预测年龄不完全符合的地方,局部海区的钻探结果与磁地层年龄资料有偏差。

二、海底扩张过程

(一)海底扩张学说

海底扩张说(theory of sea floor spreading)是 20 世纪 60 年代兴起的关于洋中脊向两侧扩展、不断生成新洋壳的理论。这一学说是由美国普林斯顿大学赫斯(Hess H. H.)和美国海岸与大地测量局的迪茨(Diets R. S.)几乎同时提出来的(柴东浩和陈廷愚,2001)。

该学说认为,大洋地壳的莫霍面不是化学分界面,而是物质相态分界面。这就是说,洋底地壳层 3(玄武岩层)与地幔岩石的化学成分相同,但岩石类型不同，是地幔橄榄岩在温度降低至约 500 ℃时因水化作用而成的蛇纹岩，或者是地幔榴辉岩因压力降低而转变成的辉长岩。因此，除海底极薄的沉积外，大洋底是地幔物质暴露于地球表面的顶界，是地幔的直接表现。洋中脊是软流圈物质的上升区及离散区，海沟是地幔物质的下降区。横切洋中脊的转换断层则是不同区段、不同运移速度的物质因蠕动形成的剪切带。

洋底是在洋中脊产生的，洋盆是新洋壳推动老洋壳不断向两侧扩展的结果。洋底不仅比较活跃，而且是主动地移动着；大陆则是在地幔对流体上被动运移着，犹如被载于传送带上的物体被动移动那样。当大陆被传送到对流体的下降带时，因其质量较轻，难以下沉，而停留在下降带之上；加之大洋壳在大陆边缘海沟转入地下，使大陆边缘受到压缩，形成褶皱山系，随之硅铝层变厚和变形。若大陆之下发生新的地幔流上升体，则大陆就会产生新的裂谷。

按照对海底扩张说的上述理解，结合全球海陆布局，可以把洋中脊看作是地幔对流物质上涌的出口，新的海底地壳就是从这里产生的。新的海底产生后，就逐渐向中脊两侧扩张，当它达到海沟后又重新沉降到地幔中去。大洋岩石圈就这样一边生长，一边消亡，不断得到更新。

（二）海底扩张速率

海底扩张作用的强度，通常以扩张速率来表示。由于海底扩张是自洋中脊轴向两侧对称进行的，故通常说的海底扩张速率都是半扩张速率，即洋中脊一侧的扩张速率。计算方法是：以两个磁异常条带或脊轴至磁异常条带之间的距离除以它们对应的时间间隔，即为该海区的平均海底扩张速率。不同洋区洋中脊的扩张速率是不同的：东太平洋洋隆扩张速率较快，多在 5～7 cm/a 之间；大西洋、印度洋、北冰洋和挪威海的扩张速率较慢，印度洋为 1～3 cm/a，大西洋为 1～2 cm/a，北冰洋和挪威海均为 1 cm/a。对于具有海底俯冲作用的太平洋，其扩张速率明显大于缺少海底俯冲作用的大西洋和印度洋。

海底扩张既有快速的时期，也有慢速的时期。太平洋和大西洋各自强烈扩张和宁静的时期比较接近，中生代特别是白垩纪中期是太平洋和大西洋的强烈扩张期，现今的洋盆就是在这个时期形成的。早新生代扩张速率普遍减慢，是一个较长的相对宁静期，这个时期形成了现今洋中脊的大部分海底。距今约 10 Ma 的晚新生代，南太平洋（菲尼克斯群岛）的扩张速率又明显增加，这一时期产生了现今洋中脊的脊顶地区。5 MaBP 至今，海底磁异常年龄与磁异常带的宽度（或至脊轴距离）之间呈线性关系，表明这些洋区在这一时期又都具有大致不变的扩张速率。

（三）洋底在扩张中的沉降

自扩张中脊涌出的玄武岩熔体，在冷却结晶时，体积缩小，密度增加，洋底岩石表面会逐渐沉降。这样，从中脊顶部开始，随着离中脊距离的增加，大洋岩石圈厚度的增大，水深也逐渐增加，洋底在边扩张、边沉降。

通过对太平洋、大西洋、印度洋等 9 个海域的统计计算得出，水深 H_d(km)是洋底年龄 t(Ma)的函数，即

$$H_d = 0.35\sqrt{t} \tag{2.4.1}$$

同样，按照海底扩张模式，学者们认定岩石圈因冷却结晶而不断增加的厚度也是其形成年龄的函数。据地震和大地电磁测深数据得到的洋底岩石圈厚度 H_τ(km)与年龄 t(Ma)的经验关系式：

$$H_\tau = 7.49\sqrt{t} \tag{2.4.2}$$

该式未考虑洋中脊顶部岩石圈初始厚度 H_0，如将其引入，则为

$$H_\tau - H_0 = 7.49\sqrt{t} \tag{2.4.3}$$

一些学者进一步编制出了洋底岩石圈厚度图。在中脊轴部，岩石圈极薄，不足 10 km，向两翼不断增厚，至深海盆可增至 70～80 km。在太平洋西北海盆、白令海盆、大西洋邻近北美和北非的深海海盆中，洋底年龄为中生代，岩石圈厚度可达 80～90 km。

上述大洋水深与年龄或岩石圈厚度与年龄关系的计算，所指的都是一定海区内的平均值，其平均水深计算还应对沉积层荷载引起的均衡调整作用予以校正。实际水深检验结果表明，在洋底年龄小于 80 Ma 的海区，其实测值与计算值比较符合；但在年龄大于 80 Ma 的海区，所计算的水深值往往小于实测水深值。此外，海底异常区，如海底火山、高地、断裂带及岛弧—海沟区，也不能用以上公式计算。

由洋底年龄 t(Ma)与该点距中脊的距离 L(km)，得到该点的半扩张速率 $V=L/t$，得到 L(km)与 H_d(km)和 V(cm/a)的经验关系为

$$H_d = 0.11\sqrt{\frac{L}{V}} \tag{2.4.4}$$

由公式可知，洋底水深的增大与海底扩张速率有关：扩张速率大，来不及冷却、沉陷，水深增加得较慢；扩张速率小，水深增加得较快。这就是为什么扩

张较慢的洋中脊，如大西洋中脊，其中脊两翼较陡；而快速扩张的中脊，如东太平洋海隆和印度洋中脊东南支，洋中脊两翼比较平缓。此外，扩张较慢的洋中脊，一般中央裂谷发育，地形切割强烈；快速扩张的洋中脊，大多缺失中央裂谷，地形分割性较弱。

（四）海底扩张与海平面变化

大洋中脊的形成和消失，对大洋盆地的容积有显著影响，进而影响到海平面的变化。据学者们研究，一条长 5000 km、宽 2000 km、高 3 km 的洋中脊的新生，可使海平面上升约 40 m。

海底快速扩张可形成宽缓、庞大的洋中脊，如东太平洋海隆的面积约相当于南、北美洲面积的总和，洋中脊的体积增加了，洋盆的体积就减小了，海水被挤出洋盆形成海侵。通过对海底磁异常条带的分析，发现 110—85 MaBP 的快速海底扩张时期，当时的海平面高于现代海平面约 300 m。白垩纪晚期确曾发生过全球性大海侵，当时全球大陆架的面积几乎增加了一倍，这可能与当时海底扩张的加速有关。

洋中脊体积变化所引起的海平面变化为 1 cm/ka，较冰川型海面升降（约 1 cm/a）要慢得多。另外，洋中脊体积即海底扩张速率变化引起的海平面变化，所改变的是洋盆容积而不是海水的总质量；相反，在冰川型海平面变化中所改变的是海水的总质量而不是洋盆容积。

（五）沉积地层学记录

洋底一边扩张一边沉降的现象在沉积层序上也有反映。中脊顶部水深较浅，一般位于碳酸钙补偿深度（carbonate compensation depth，CCD）以上，故沉积了钙质沉积物。当洋底扩张并沉降至 CCD 以下时，就不再接受钙质沉积，并在原先钙质沉积物之上覆以硅质沉积或深海红黏土。深海钻探所揭示的海底沉积层序，即水深较浅的钙质沉积物被水深较深的沉积物所覆盖的事实即为洋底在扩张过程中沉降的结果。

海底不仅在不断扩张，而且还在冷却结晶，在固结增厚，在向下沉降，也在接受沉积物。岩石圈的加厚等过程的海底地质图像，均与洋底岩石圈年龄有关。对此，板块扩张模式提供了比较合理的解释。

第五节 地表过程

地表过程包括风化作用、风力作用、水力作用和人类的影响。地表过程使岩石物理化学性质发生变化，坚硬的物质变松散，化学性质不同的物质发生分离，包括形成矿物。地表过程改变物质的地表分布，形成水蚀地貌、风蚀地貌、风积地貌和水成沉积。地表过程就是直观的环境变化过程。另外，陨星撞击地球会在地表留下陨石和陨石坑，并使地表物质发生化学变化。

一、风化作用

地壳表层的矿物和岩石与大气、水和生物的相互作用会产生机械的、化学的破坏和改造，使矿物和岩石的性质发生变化，形成松散堆积物。风化作用遍及整个地球的表面，水下也存在，但水下的风化作用非常微弱。

（一）风化作用的类型

风化作用分为3种类型：物理风化、化学风化和生物风化。物理风化是岩石在原地由大的块体碎裂成小块体，由大颗粒变成小颗粒，但化学成分不发生变化。若岩石在原地通过化学反应使其成分分解，分解物一部分被水溶液带走，一部分成为新的难溶化合物残留在原地，这一过程称为化学风化。由生物活动对地表的岩石、矿物产生机械的破坏作用或化学的分解作用，称为生物风化。多数情况下，各种风化过程相互伴生、相互影响、相互促进。只是在不同的地区、不同的气候条件下、不同的时期以某种风化作用为主，如在干旱寒冷地区以物理风化为主；在湿热的地区，化学风化和生物风化强烈。

（二）风化作用的产物

1. 物理风化作用的产物

物理风化作用是纯机械破碎作用，形成的碎屑物常粗细不等，棱角明显，没有层次。

如果在地形平缓地区，剥蚀作用不强，碎屑常覆盖在原岩的表面，由上到下碎屑颗粒由小到大逐渐过渡到未风化的岩石，其成分与原岩一致。如果地形较陡，岩石碎屑在重力的作用下，向坡下滚动或坠落，堆积在坡脚，称为崩积物。由于惯性的存在，大的碎块滚得较远，堆积在下部；而细小的碎块滚得较近，堆积在上部，形成上部岩石碎屑小、下部岩石碎屑粗的半圆锥形堆积体，称倒石锥。陡崖上的岩石经物理风化后，崩落下来，一方面在地表塑造出陡峻的悬崖地貌，另一方面影响了坡下的各种工程设施，甚至造成重大的破坏。

在山区常看见物理风化的堆积物。

2. 化学风化作用的产物

化学风化作用既破坏了原岩和矿物的结构，同时又改变了它们的化学成分，产生出新的矿物。化学风化作用的最终产物可分为两部分：一部分是能溶于水的可迁移物质；另一部分是难溶于水的物质，形成后堆积在原地形成残积物。

能溶于水的可迁移物质包括各种易溶盐类，如 K、Na 的氢氧化物，和少部分难溶物质，如 Si、Al、Fe、Mn 等的氧化物或氢氧化物胶体。易溶物质在水中常以真溶液形式迁移，而部分难溶物质常以胶体的形式被迁移。残积物形成新矿物，如石英碎屑、蒙脱石、高岭石、蛋白石、铝土矿、褐铁矿等。残留下来的铁、铝氧化物（褐铁矿、铝土矿），常常富集成具有工业价值的矿床。

3. 生物风化作用的产物

生物风化可分为生物物理分化和生物化学分化。生物物理风化形成的矿物、岩石碎屑，成分与原岩相同；生物化学风化的产物，成分与原岩不一样。具有矿物质、腐殖质、水和空气的松散堆积物质称为土壤。确切地说，土壤是物理、化学和生物风化作用的综合产物，但尤以生物风化作用起主导作用，使其富含腐殖质。土壤与一般残积物的主要区别在于含有大量腐殖质，具有一定的肥力。

4. 风化壳

岩石经过长期风化作用之后，不稳定的矿物有不同程度的分解，产生的可溶性物质随水流失，剩下的物质残留原地，称残积物。残积物的棱角明显，无分选、无层理，在成分上与母岩呈过渡关系。残积物和经生物风化作用形成的土壤在陆地上形成一层不连续的薄层，称为风化壳。

风化壳的性质与厚度因地而异，主要受岩石性质、气候、地形条件的影响。一般厚为数十厘米至数米，有些地区可以更厚。风化壳的基本结构是：底部为未经风化的基岩，基岩之上为半风化的岩石和残积层，最上面是土壤层。剖面由下向上具有层次，但无明显界线。

风化壳形成后，若被后来的沉积物覆盖而保存下来，则称为古风化壳。在风化作用过程中，一些难溶的元素或物质在原地及其附近堆积起来，可富集成有用的矿产，如风化壳型铁矿、高岭石矿、铝土矿、锰矿、钴矿等。据资料统计，与风化作用有关的铝土矿占世界总储量的85%。风化作用还可形成一些找矿标志,如“铁帽”等。研究古风化壳对了解区域的地壳发展历史很重要,因古风化壳代表了较长时间的陆地环境变化。由于风化的岩石强度减弱、透水性增加,对工程建筑极为不利,因此在修建大型工程时要了解风化壳的分布和厚度以及被风化岩石的强度等,以便采取相应的措施来保证工程的质量。此外,风化壳及风化作用研究对于农林业种植及国土利用也具有现实意义。

二、风力作用

风力作用包括剥蚀和搬运,其结果是形成风蚀地貌和风积地貌。

(一)风的剥蚀作用

风以自身的动力和夹带的砂石对地表产生破坏过程,称为风的剥蚀作用或风蚀作用。风蚀作用具有无边界性,可以发生在任何大气能接触到的地表界面上,从干旱荒漠到湿润的海洋都可能发生不同程度的风蚀。风蚀作用可分为吹蚀作用和磨蚀作用两种方式。

吹蚀作用是指风吹过地面,将基岩表面的岩石碎屑或尘土吹走的作用,其结果是使新鲜基岩出露,继续遭受其他外动力地质作用。

磨蚀作用是指风中所携带的砂石对基岩的冲撞和研磨过程。风中所携带的砂石以一定的速度运动时,具有一定的能量,冲击松散地表,会使更多的颗粒进入气流,或其本身被反弹回气流,并在气流中不断加速,从而获得更多的能量,再次冲击地表。如此反复,更多的风动能被传输给地表,使风蚀强度增加。一旦有风沙运动发生,磨蚀是风蚀的主要形式,成为塑造风蚀地貌的主要动力。风在吹扬过程中所携带的砂砾在距地表0.3 m以下高度相对集中,因此在沙漠区常见电线杆下部遭磨蚀而变细。

磨蚀作用在狭窄的山谷、大裂缝带以及被烘热的沙漠盆地最为强烈。在季风盛行地区,甚至是古老的道路、车辙印迹等都会在风的磨蚀下不断地加深、扩大。黄土高原的许多沟壑就是古道路在风的作用下发育而成的。

(二)风的搬运作用

地表松散的碎屑物在风的作用下,由原地转移到别处的作用,称为风的搬运作用。

风从地表扬起的松散碎屑物,尤其是粉尘,可以长时间悬浮在大气中,并随着大气环流飘浮到世界各地,被称为星球级的地质作用。远离大陆的大洋中部,风成碎屑是深海沉积的主要成分。含有有机质的风成碎屑也是浮游生物的主要营养物源。

（三）风蚀地貌

风蚀地貌指风力吹蚀、磨蚀地表物质所形成的地表形态，小尺度的有风蚀蘑菇、风蚀柱、风蚀石窝，大尺度的主要有以下几种。

1. 雅丹地貌

雅丹地貌指河湖相堆积物地区发育的风蚀土墩和风蚀凹地相间的地貌形态。其发育过程是：夹沙气流磨蚀地面，地面出现风蚀淘槽；磨蚀作用进一步发展，淘槽扩展为风蚀洼地；洼地之间相对高起的地面成为风蚀土墩。土墩和洼地的排列方向明显地反映主风方向。土墩一般宽 1～10 m，长 20～100 m，甚至更长，全由粉砂、细砂和砂质黏土互层组成，砂质黏土往往构成土墩顶面，向下风方向微倾。在中国罗布泊盐碱地北部的东、西两侧，黏土土墩的顶面是盐壳，呈白色，称为白龙堆。

2. 风蚀城堡

风蚀城堡指水平岩层经风蚀形成的城堡式山丘，又称为风城，多见于岩性软硬不一的地层，如砂岩与泥岩互层。中国新疆哈密和准噶尔盆地第三纪地层形成许多风蚀城堡。

3. 风蚀垄岗

风蚀垄岗指软硬互层的岩层中经风蚀形成的垄岗状细长形态，一般发育在泥岩、粉砂岩和砂岩地区，长 10～200 m，也有长达数千米者，高 1～20 m。

4. 风蚀谷

风蚀谷指风蚀加宽加深冲沟所成的谷地。风蚀谷无一定的形状，可为狭长的壕沟，亦可为宽广的谷底，底部崎岖不平，宽狭不均，蜿蜒曲折，常在陡峭的谷壁底部堆积着崩塌的岩块，形成倒石锥，谷壁上有时有大大小小的石窝。风蚀谷不断扩大，原始地貌消失，仅残留下一些孤立的小丘，即风蚀残丘。支离破碎的残丘地表，称为风蚀劣地。

5. 风蚀洼地

风蚀洼地指松散物质组成的地面经风蚀所形成椭圆形的成排分布的洼地。它向主风向伸展。单纯由风蚀作用造成的洼地多为小而浅的碟形洼地；一些大型风蚀洼地都是在流水侵蚀的基础上，再经风蚀改造而成。较深的风蚀洼地如以后有地下水溢出或存储雨水，可成为湖泊，如中国呼伦贝尔沙地中的乌兰湖等。

(四)风的沉积作用与风积地貌

风沙流在前进过程中遇到障碍物时便会减速,从而发生沉积作用,形成各种风积地貌。

1. 风成砂

风成砂来自干旱地区地表岩石的风化产物,也来自古代和现代河流中的沉积物,主要是山前或山间盆地周围由暂时性流水所形成的洪积扇、冲积扇的沉积物等。

风成砂的主要特征是:砂粒的分选性极好,磨圆度也较好,90%左右为粒径0.05～0.25 mm的砂粒,粒径很细的砂粒也可磨得很圆。但颗粒表面因摩擦、碰击而成毛玻璃状;大多数砂粒由稳定矿物(主要是石英)组成;粗砂粒表面因氧化作用有锰、铁氧化物析出,形成鲜艳色彩(红色)附着于其上,有油脂光泽,俗称"沙漠漆"。风成砂中不含任何生物遗迹,常发育较厚的风成交错层理。风成砂可堆积成各种形态,如新月形沙丘、沙丘链、梁窝状沙地、纵向沙垄、横向沙垄等。

2. 黄土高原

研究认为黄土高原是由黄土堆积而成的,是风成沉积,分布于新构造运动的上升区,受现代水流切割,形成下列地貌。

(1)黄土塬,是黄土高原受现代沟谷切割后保存下来的大型平坦地面。

(2)黄土墚,是平行于沟谷的长条状高地。

(3)黄土峁,是顶部浑圆、斜坡较陡的黄土小丘。

三、水力作用

地面流水主要来自大气降水,其次是冰雪融水和地下水。此外,湖水也可成为地面流水的来源。地表水在重力作用下,顺地面最大倾斜方向流动,对经过的岩石圈表面产生侵蚀,并搬运物质到下游。

(一)洪水的地质作用

某些沟谷基本上全年干枯无水,在暴雨或大量积雪快速融化后,形成洪流,水势迅猛,流态极不稳定,流入山前或山间平原上,失去地形的约束,到处漫溢。洪流的作用是形成沟谷和洪积扇。

1. 沟谷

洪流在沟谷中流动,既集中了大量的水,又因沟底坡降大而拥有巨大的动能。洪流以巨大的机械力猛烈冲刷沟底及沟壁岩石形成冲沟,其形态特征是沟底深窄、沟壁陡。冲沟不断向沟头方向伸长扩宽，并发展支沟；支沟两侧再生小支构。冲沟向沟头发展可达分水岭附近。

2. 洪积扇

洪流一旦流出沟口，沟床坡度减小，无侧壁约束，水流散开，动力很快减小，搬运的碎屑大量沉积，常呈扇形，称洪积扇。由于是突然沉积下来的，未经长途搬运，因此洪积物分选、磨圆均较差，层理不好。

（二）河流的地质作用

河流是大陆外动力地质作用最主要的形式。河流的地质作用过程包括侵蚀、搬运和沉积过程。

1. 河流的侵蚀作用

河流在流动过程中以其自身的动力及所携带的泥沙对河床形成破坏，使河床加深、加宽和加长。河流的侵蚀作用可分为机械侵蚀和化学侵蚀两种方式。机械侵蚀是通过水动能或携带的沙石对河床冲刷和磨蚀。化学侵蚀是通过河水对河床岩石的溶解和反应完成的，在可溶性岩石地区比较明显。通常两种方式共同破坏河床，难以区分开来，机械的侵蚀更为主要。

河水对河床底部的侵蚀使河谷加深、加长的作用，称为下蚀作用。对河床两侧或谷坡进行破坏，使河床左右迁徙、谷坡后退及河谷加宽的过程，称为侧蚀作用。

因为沟头汇集了斜坡上分散的片流，故水流集中，流量和流速增加，比周围斜坡上片流的侵蚀能力强得多，沟头遂向上坡延伸，形成溯源侵蚀。另外，地下水也顺坡向沟谷运动，有利于在沟头发育泉水，淘蚀岩石，加速沟头向上坡伸长的进程。

如果河流只进行下蚀作用，或以下蚀作用为主，则河谷横剖面呈“V”字形。如果河流只进行侧蚀作用，或以侧蚀作用为主，将塑造出底部宽平的槽形河谷。如果下蚀作用和侧蚀作用同时等量进行，则河谷横剖面不对称。

2. 河流的搬运作用

河水在运动时，携带物质并将其运移到下游和河口。被河流搬运的物质除河流自身侵蚀河床形成的碎屑物外，还包括河流岸坡上崩塌、滑坡、冲刷等作用的产物。风化作用和风的作用也是河流搬运物质的重要动力。

河流能够搬运碎屑物质最大颗粒的能力称为搬运力。搬运力取决于流速。一般来说，山区河流纵比降大，河水流速大，故搬运力大，能搬运巨大的岩块，常有直径 2～3 m、重 11～40 t 的巨砾被搬到山口，而搬运直径 1 m 左右、重约 3 t 的砾石十分普遍。平原区河流流速较小，所能搬运的颗粒一般小于 10 cm。

河流能够搬运的碎屑物质的量称为搬运量。全世界河流每年大约 20 Gt 碎屑输入海洋。我国主要河流每年大约 2.4 Gt 的碎屑输入海洋。

河流搬运量取决于流速和流量，其中更重要的是流量。长江在一般的流速下携带的仅是黏土、粉砂和砂，但数量巨大；而一条快速的山区河流可以携带巨砾，但搬运量很小。另外，河流的机械搬运量还与流域内自然条件有关，岩石松散、颗粒细小、气候干燥、地面缺少植被的地区，机械搬运量大。例如，黄河的支流流经地区，河水中含沙量可以达到 42%，支流无定河最大含沙量达 78%，所以有“黄河斗水九升沙”之说。

3. 河流沉积的特征

河流中溶解物很难达到饱和溶解度，河水中电解质稀少，胶体被絮凝的不多，基本上不发生化学沉积作用。所以，河流主要以机械沉积作用为主，并广泛发生在河流各部位。

河流沉积的物质具有的特征是：①分选性较好；②磨圆度较好；③成层性较清楚。同时，能形成冲积砂矿，如铀、金、金刚石、独居石、锆石英、锡石、黑钨矿等。它们由于化学性质稳定、硬度大而保存下来。这些矿物比重大，常与比重小而粒径大的矿物同时形成，并在一定的位置富集成冲积砂矿。

4. 河流的沉积作用

河道中的一些不同规模的堆积体会形成浅滩，位于岸边的称边滩，位于河道中央的称心滩。心滩呈梭形，长轴平行于流向，长数十米至数千米，宽数米至数百米，广泛出现于宽河段。

边滩变宽、加高且面积增大的结果是河漫滩。河漫滩在洪水泛滥时被淹没，在枯水期露出水面。在丘陵和平原区，可以形成宽广的河漫滩，其宽度由数米到数十千米以上，可以大大超过河流本身的宽度。我国黄河、长江下游有很宽阔的河漫滩。由于河床往复摆动，河漫滩不断发展扩大，相邻的河漫滩连成一片，从而形成广阔的冲积平原。沿河床两侧常产生堤状地形，称为自然堤。其形成是因为洪水溢出河岸时，流速骤然减慢，较粗物质在紧靠河床的边缘部位大量沉积下来。不断淤高的自然堤起着防洪水的天然屏障作用。

从山区进入平原的河流，携带着大量机械搬运物到山口开阔的平地上，河床坡降明显减小，水流无地形约束而散开，河流动力大大减小，机械搬运能力迅速降低，导致碎屑物大量沉积，形成冲积扇。较粗的物质沉积在扇顶，向边缘逐渐变细，其间孔隙充填着较细的各种粒度的砂砾，它们是在水位退落、动力变小过程中依次沉积的。

冲积扇特别发育在高山的山前，如天山山麓、祁连山山麓等。出山河流在山口形成冲积扇，随着冲积扇的加厚、扩大，相邻冲积扇可以相连，形成联合冲积扇，如川西平原。

河口沉积体可形成三角洲。典型的三角洲见于尼罗河口，因其外形类似希腊字母“Δ”而得名。一般规律是：在近河口处沉积的是较粗粒物质，稍远为中粒物质，更远为细粒物质。

不是在所有河口都能够发育三角洲。我国钱塘江口并未形成三角洲，因为这里的海浪和潮汐作用很强，大量的泥沙易被冲刷而去。

河口生物繁盛，泥沙沉积迅速，有利于油、气的形成。许多大油气田分布在古代或近代三角洲上。

河流长年累月搬运泥沙至河口沉积，促进陆地向海洋生长。长江三角洲为鸟嘴状。据研究，古长江口在江阴一带，全新世以来，平均每年向海延伸约 40 m。1900 多年来，海岸线外迁了 50 km 多，形成 5000 km^2 的陆地。黄河三角洲呈扇形，增长十分惊人，仅 1855 年以来，增长了 5450 km^2 的土地，海岸线外迁了 30～50 km。尼罗河三角洲增长较慢，海岸线平均每年外迁 4 m。

（三）构造运动对河流地质作用的影响

1. 河流阶地

沿河谷两岸断续分布、由河流地质作用形成、一般洪水不能淹没的阶梯状地形，称为河流阶地。河流阶地顺河谷延伸呈条带状，河谷中往往出现多级阶地。

河流阶地的形成过程与地壳运动有关。当地壳上升时，河流下蚀。如果地壳停止上升，甚至微有下降，河流转化为以侧蚀作用为主，河谷加宽，从而出现河曲，形成边滩。地壳再次上升，使河床抬高，增加了河床纵比降，河流下蚀作用再次加强，河流切入谷底之下，原来的河漫滩抬到谷坡上，这就是河流阶地的形成过程。如果这样的过程重复几次，就形成了多级河谷阶地。

2. 准平原和深切河谷

在地壳处于长期稳定时期，河流和其他外动力地质作用不断对地表产生破坏，并将破坏的产物携带到低洼地区堆积下来，于是地面起伏逐渐减小，最后地形趋于平坦。这种作用常称为夷平作用，所形成的地形称为准平原。

但是，地壳不会永远静止不动，当构造运动使地壳上升时，原来以侧蚀或沉积作用为主的河流，将会转为以下蚀作用为主，河水会切入基岩，河床下降，使原先河床的形态得以保存下来，形成深切河谷。例如，美国科罗拉多峡谷是典型的深切河谷。同时，原来的准平原地形受到剥蚀，变成山地。这些山地有大致相同的高程，代表了古平原剖面。

四、喀斯特地貌

喀斯特地貌(karst landform)是具有溶蚀力的水对可溶性岩石进行溶蚀作用和流水冲蚀造成坍陷形成的地表和地下地貌形态。

地球表面有3类可溶性岩石：①碳酸盐类岩石，包括石灰岩、白云岩、泥灰岩等；②硫酸盐类岩石，包括石膏、硬石膏和芒硝；③卤盐类岩石，可能是钾、钠、镁盐岩石等。可溶性岩石面积占地球表面积的10%，大多为石灰岩。

从热带到寒带、由大陆到海岛都有喀斯特地貌发育。中国喀斯特地貌分布广，面积大，为$0.91\times10^6 \sim 1.30\times10^6$ km^2，主要分布在碳酸盐岩出露地区，广西、贵州、云南、四川和青海是世界上最大的喀斯特地貌分布区之一。

(一)地表地貌

地表存在多种喀斯特地貌，可分为溶蚀形成的和沉积形成的两类。

1. 溶蚀成因地貌

溶蚀成因的喀斯特地貌包括溶沟、石芽、天坑、竖井、洼地和干谷。

溶沟是指地表水沿岩石表面和裂隙流动过程中不断对岩石溶蚀和侵蚀而形成的石质沟槽；石芽指突出于溶沟之间的石脊，其实它是溶沟形成过程中的残余物。云南地区的石林就是发育比较好的形态高大的石芽群。

天坑和竖井是喀斯特地面不断凹陷、形成漏斗状的圆形洼地或竖井状的洞，在我国的重庆和四川南部地区分布较为广泛，最近在陕西汉中也发现天坑群。

溶蚀洼地是一种范围广、近似圆形的封闭性喀斯特洼地，四周多低山和峰林，底部平坦，雨季易涝，旱季易干，面积一般数平方千米至十几平方千米。溶蚀谷地是溶蚀洼地进一步扩大或融合而形成的，它受构造影响比较大，面积更广，一般数十平方千米至数百平方千米，平面条状分布，长达数十千米，底部平坦，常有地表径流，如广西都安有一溶蚀谷地宽1 km，长10 km。这种喀斯特地形在我国云贵高原分布广泛，当地人称之为“坝”。

干谷是地表径流消失后喀斯特区遗留下来的谷地，它的形成原因是河流的某一段河道水流沿着谷底的竖井或水洞流入地下，形成地下径流。这种地表径流转为地下径流的现象叫伏流。还有一种是对河道进行裁弯取直的结果。这样的地貌类型在我国华北地区和东北地区比较常见。

溶蚀成因的喀斯特地貌还有峰丛、峰林、孤峰和天生桥。峰丛是可溶性岩受到强烈溶蚀而形成的山峰集合体。峰林是由峰丛进一步演化而形成的。当然，在新构造作用下，峰林会随着地壳的上升转化为峰丛。山峰表现为锥状、塔状、圆柱状等尖锐峰体，表面发育石芽、溶沟，山峰之间又常常有溶洞、竖井。孤峰是喀斯特区孤立的石灰岩山峰，它需要地壳长期稳定而无太大的地质运动。天生桥是可溶性岩体下部受流水溶蚀而形成的拱桥状地貌。

2. 地表钙华堆积

地表钙华堆积是一类典型的地表喀斯特地貌，主要有瀑布华、钙华堤坝和岩溶泉华，归于沉积成因。

瀑布华指地表瀑布水流速度陡然增大，内力作用减小，水中的二氧化碳外逸，形成瀑布华。我国贵州著名的黄果树瀑布就属于这一种。

钙华堤坝形成是溶解大量 $CaCO_3$ 的高山冰雪溶水和地下渗透的含大量 $CaCO_3$ 的喀斯特水在地下径流一段距离后，以泉的形式排出地表。随着水温增高和水流速度增大以及大量藻类植物的作用，形成了大量钙华沉积。钙华中含许多杂质和多种元素，并且有水生植物的影响，因而呈现出多种色彩。这种地貌在我国四川黄龙寺一带分布较广，黄龙寺旅游业的发展可以说与这种独特的喀斯特地貌景观紧密相连。

岩溶泉华是溶有大量 $CaCO_3$ 的泉水涌出地表，由于温度升高和压力减小，$CaCO_3$ 在泉口形成钙华沉积，长时间的积累使泉华形成不同的形状。这种喀斯特地貌在我国云南较为常见。

（二）地下喀斯特

地下喀斯特主要是溶洞和其中的沉积物。

溶洞是地下水沿可溶性岩石的裂隙溶蚀扩张而形成的地下洞穴，规模大小不一，大的可以容纳千人以上。溶洞在我国的湖南、四川、贵州、云南、广西等省区广泛分布。

如果一个溶洞顶部的某一局部地点受到较为强烈的紊流作用，随着水压增大，溶蚀能力增强，这些地方的溶蚀量比周围大，从而形成向顶侧凹入的弧形面，这样的地貌称为石锅。溶洞的边壁在水的溶蚀作用下形成向洞侧凹陷的槽状地貌叫边槽。这两种溶蚀地貌在溶洞中很常见。

重力水的堆积是溶洞堆积地貌的主要形成方式，溶解了大量可溶性成分的水滴断续从溶洞顶部落下并不断积累，从而形成绚丽多彩的钟乳石、石笋、石柱、石幔、边石堤等。

钟乳石是一种呈倒锥状的喀斯特堆积物，大的可达数米，小的只有几厘米，主要是岩溶水沿着溶洞顶部细小的裂隙渗出并在滴水处不断沉淀产生的。它与洞顶紧紧相连，不断向洞底延伸。

石笋是由洞底向上伸展的喀斯特堆积物，主要是岩溶水滴滴落到洞底并不断沉积的产物，一般呈笋状、塔状和锥状。人们利用石笋对季风和降水进行了大量研究。

钟乳石和石笋的横剖面都具有同心圆结构。钟乳石和石笋相对生长，并逐渐结合成一体，随着岩溶水的不断沉积，慢慢形成粗壮的石柱。

石幔是岩溶水沿着洞壁呈薄膜状的漫流过程中 $CaCO_3$ 逐渐沉积的产物，一般呈片状、层状，并且有弯曲的流纹，高者达数十米，非常壮观。

边石堤是指溶洞底部两侧堤状堆积物，高度一般为几厘米到几十厘米，呈弧形阶梯状。

另外，在溶洞中还有其他景观，如石葡萄、石珊瑚等。

五、冰川作用过程

冰川作用过程包括侵蚀、搬运和堆积过程（任明达和王乃梁，1981）。冰川沉积主要在极地与高山，在人们认识冰期旋回以至全球气候变化过程中起到关键作用。

（一）冰川侵蚀

冰川侵蚀过程包括两种作用——刨蚀作用和磨蚀作用。冰川以巨大的质量压在底床的基岩上，足以使基岩破碎。加上融冰水在基岩节理中反复冻融，也促使基岩碎裂。流动的冰川会将突起的岩石刮削、掘起、带走，这个过程称为冰川刨蚀作用。这样产生的碎屑物比较粗，如岩块、砾石等。大陆冰盖的冰碛物中的大量漂砾主要是冰川刨蚀作用的结果。

冰川在流动过程中沿途对底床摩擦和研磨的过程称为冰川磨蚀作用。刨蚀作用产生的碎屑被冻结在冰川的底部，成了磨蚀工具。磨蚀作用主要产生粉砂级碎屑物，这种细的岩粉好像是一种磨料，能将底床的基岩面磨光。

（二）冰川搬运与堆积

冰川侵蚀产生的大量物质以及通过其他方式进入冰体的碎屑物，随冰川流动而被搬运，这类搬运物质叫冰碛物。其中由冰川刨蚀谷槽两壁，或由两侧山坡滚落下来形成的叫侧碛。侧碛分布在流动速度较慢的冰川两侧，故迁移性较差，很少参加到冰川末端的终碛中去。同一时期、不同段落的侧碛岩性很不一致。当两条冰川汇合时，其侧碛相汇成中碛。中碛分布在流速较快的冰川中部，故迁移性较好，尤其是海洋性冰川中碛几乎都能达到冰川末端，贡献为冰川终碛。陷入冰川裂隙或冰洞中的碎屑叫内碛。由内碛降落或冰川刨蚀作用产生的底部碎屑叫底碛。靠近冰川末端的底碛物随着冰川逆推剪切流动和消融，逐渐向冰面集中，最后以终碛形式堆积下来，因此终碛的堆积高度往往比底碛高得多。

大冰川搬运岩屑的能力相当强，它能将粒径和质量很大的物质带走。苏格兰的许多冰川漂砾重达 100 多吨。当冰川停止发展或者消融后退时，冰碛物使冰川超负载，一部分碎屑物被堆积下来。这类冰川堆积大多以终碛堤的形式出现在冰川的尾端。如果冰川呈间歇性后退，可以产生一系列终碛堤。终碛层与底碛层往往同时存在，它们都由完全未经分选、磨圆度很差、不发育任何层理的混杂的泥砾构成。

冰川在流动过程中，如果遇到底部地形的障碍，底碛物受阻，就会形成鼓丘堆积。鼓丘常常由泥砾表壳与羊背石形的基岩核心组成，是冰川侵蚀与堆积综合作用的结果。

(三)冰水堆积

原来由冰川搬运来，后来又经过融冰水的再搬运并堆积下来的物质叫冰水堆积。冰水堆积的特征是既有冰川作用的痕迹，如带有擦痕和磨光面的冰川砾石，又有流水作用造成的分选性和磨圆。冰水堆积的重要特征是具有一定的层理。冰水堆积按其分布位置可以分为以下两类。

1. 冰前堆积

冰川消融过程中形成的终碛堤，往往阻滞融冰水外流，在冰川前端形成冰水湖。在春夏温暖季节，融冰水将大量碎屑物带入湖中。砾石和粗砂沉积在湖滨，细砂、粉砂和泥以悬浮状态搬运到湖心，其中细砂和粗粉砂很快沉积下来，泥则长期保持悬浮状态。秋冬季节，冻结的冰湖得不到新的物质供给，在砂层顶部沉积泥层，结果在湖底形成粗细粒度相间、深浅色调交互的季节纹泥。

融冰水进入冰水湖堆积，可形成小三角洲。

当融冰水切过终碛堤时，在外围形成扇形堆积体，叫冰水冲积扇。几个冲积扇接在一起形成平缓的冰水平原。冰水平原沉积是层状沉积，主要由砂砾组成。在相邻的薄层之间，粒径变化很大。这种沉积物的分选性比冰川沉积物好，但是比河流沉积物差。在分选中等的细砂中，偶尔见到冰川漂砾。向冰水平原外围去，砂砾粒径显著减小，而磨圆度显著增大。冰水平原沉积能延续几千米，然后逐渐过渡为辫状河流沉积。

2. 接冰堆积

接冰堆积是一种与冰川冰接触分布的融冰水沉积，具有薄层理或以薄层夹杂在块状层的沉积中，其中包括蛇丘和冰砾阜堆积。

蛇丘堆积按其成因可以分为两种。一种是隧洞堆积，由融冰水沿冰川底部的隧洞流动时将搬运物质填充其中而成。冰川消融后，蛇丘堆积保存下来，呈曲线形长堤，长度可达几千米至几十千米，有时有分支，堤底宽可达几百米，高几十米。蛇丘的延伸方向与冰川的流动方向一致。这种蛇丘堆积能爬坡分布，既能出现在低洼处，也能爬到高处。堆积物具有板状纵向平行成层或交错成层特征，缺乏细砂、粉砂、黏土等细粒物质。还有一种由冰水三角洲连续后退堆积形成的串珠状蛇丘。这种蛇丘堆积的相变很快，向下游方向，由砾石变为湖底的粉砂—黏土。串珠状蛇丘堆积主要在夏季融冰季节形成。

冰砾阜堆积是冰川表面的河流与湖泊中的冰水沉积物，随着冰体的融化，沉落在底床上形成的。冰面河道比降大，推移质比例高，故多呈辫状。由此形成的冰砾阜堆积呈断续分布的垄岗地形，堆积物中具有在自由水面条件下才能形成的向冰川上游倾斜的逆流层。冰川边缘河流沉积在冰川消融后沿谷槽边坡分布，形成冰砾阜阶地，其原始沉积层理因沉积物倒塌而发生变形。冰面湖泊沉积演化来的冰砾阜堆积呈丘状，具有同心的层状构造，其层理的产状与冰面湖泊的原始沉积构造恰好相反。冰砾阜堆积由经过分选、具有层理的砂砾组成。

六、陨星撞击地球

太空中有大量的小行星和陨石飞行。在某些时候，一些小行星或陨石会接近地球，在引力作用下可能与地球发生碰撞，在地球上留下陨石和陨石坑。据估计，1 GaBP 以来，可能多达 13 万颗直径大于 1 km 的陨星撞击地球（陈顒和史培军，2012）。由于地表地质过程的作用，大部分陨石坑已消失，至今仅识别出 160 个，当然还在发现中。

大陨石撞击地球，留下的陨石坑可能很大，撞击过程对地球环境的影响也很大，可能是全球性的。墨西哥尤卡坦半岛的陨石坑直径达 198 km。研究认为,在 65 MaBP(K/T 界面,指介于白垩纪与第三纪的界面),一颗直径 10 km 的小行星,以 20 km/s 的速度撞击地球,引起地震、海啸和火灾。撞击产生的冲击波摧毁了周围的一切;海啸巨浪淹没了全球低地;火灾烧毁了南北美洲,产生的烟雾遮天蔽日,使全球植物因接受不到日光而枯萎;随之而来的酸雨彻底摧毁了生态系统,造成大批生物灭绝,最典型的就是恐龙灭绝。

1908 年 6 月 30 日,一颗长约 100 m、重约 1 Mt 的彗星,以 30 km/s 的速度撞击地球,在西伯利亚通古斯发生爆炸,烧毁了 2000 km^2 的森林,冲击波绕地球转了好几圈。

第六节　海洋地质作用过程

海洋中,除构造作用外,还存在海水的剥蚀和搬运作用。海洋主要的地质作用是海洋沉积过程。

一、海水的剥蚀作用

海水的剥蚀作用简称海蚀作用。它是指由海水运动的动能、海水的溶解作用、海洋生物的活动等因素引起海岸及海底岩石破坏的作用。海蚀作用的方式可分机械的、化学的和生物的 3 种。它们共同对海岸带及海底进行破坏和改造,但以机械剥蚀作用为主。海蚀作用按作用力可分为海浪剥蚀、潮流剥蚀、洋流剥蚀和生物剥蚀以及海水溶蚀。

(一)海浪的剥蚀作用

海浪以各种方式对滨海带产生剥蚀作用。当海浪作用于海岸崖部时,将产生强大的冲击力,致使坚硬的岸石遭到破坏。海浪打击的影响不仅限于海平面附近,当波浪碰到陡崖时,水常向垂直方向溅起,海水溅起的飞沫还可使岩石形成蜂巢构造的海蚀地貌。

对发育裂缝的岩石海崖,海浪的机械破坏作用十分强烈。在海浪冲击海崖基部时,海水强行挤入裂缝,使大量的空气关闭在岩石裂缝中形成高压气体,并对岩石产生强大的挤压力。当波浪退却时,裂缝中的高压气体瞬间减压使岩石崩裂。

在坚硬而节理不发育的海崖,水的冲击破坏效果不强,但水流携带的岩屑起着直接磨蚀作用,大大加强了海浪的破坏作用。由于海浪自身的冲击力及携带岩屑的磨蚀作用长期反复进行，常在海崖基部形成海蚀凹槽。随着海蚀作用的不断进行，海蚀凹槽加深、扩大，使上部岩石悬空失去支撑而发生崩落，形成海蚀崖。

（二）潮流的剥蚀作用

潮流的剥蚀作用主要出现在大陆架上一些地形狭窄并有强潮流通过的地方。潮流除了可以帮助波浪对滨海带产生剥蚀作用，在特大潮时，也直接对高潮线附近地表产生剥蚀，并把剥蚀下来的物质带入海中。在粉砂—泥质海岸的潮间浅滩上，潮流是主要营力，往复流动的潮流可在潮间浅滩上侵蚀形成细长的潮水沟，方向大致与海岸垂直，向陆的一端往往呈树枝状分叉。在近岸海域，特大潮可以搅起 100 m 深海底的泥沙，剥蚀出许多深浅不同的沟槽。在荷兰南部曾发现这种深五六十米的深沟。在我国杭州湾，涨潮时，水位迅速升高，流速加快，海水猛烈冲蚀喇叭形河口两岸，潮流的剥蚀作用十分强烈。

（三）洋流的剥蚀作用

表层洋流对海床几乎不产生剥蚀作用。洋流的剥蚀作用主要存在于大洋底层流分布区。海洋深处的底部洋流，一般流速很小，但局部地方流速可以很大。在某些海峡和海湾区，洋流流速可以更大。美洲西岸的塞姆尔海峡洋流流速高达 6～7 m/s。在洋流流速较大的海区，可产生机械剥蚀作用，塑造海底谷状地形。大西洋的底层流和深海海谷的分布大致吻合，这些深海峡谷被认为是大洋底层流塑造的。

（四）浊流的剥蚀作用

浊流的剥蚀作用主要发生在大陆坡上，在斜坡上运动可获得较大的流速，具有巨大的能量。饱含岩块碎屑的浊流沿斜坡向下运动，常在大陆坡上形成与海岸大致垂直的海底峡谷。

（五）生物的剥蚀作用

在滨海带，软体动物为了抵御波浪，它们可能钻入沙泥，使海滩物质变得疏松。有一种软体动物甚至可用壳刺入坚硬的礁石，凿出数十厘米深的孔穴。生物活动可直接造成或加速对滨海带的破坏。

（六）海水的溶蚀作用

在可溶性岩石地区的海岸，海水对海岸的溶蚀较明显。在碳酸盐岩海岸，被溶解的碳酸钙往往以碳酸氢钙的形式存在于水中。海水的溶解能力与水温和二氧化碳的含量有密切的关系。在夜间，较冷的海水可以增加二氧化碳的含量，海洋植物夜间光合作用逐渐减弱甚至停止，释放出二氧化碳，也使海水中二氧化碳含量增加，从而溶解石灰岩；白天温度升高，生物进行光合作用吸收二氧化碳，水中二氧化碳含量减少，引起碳酸钙的沉积，长时期的作用使碳酸盐岩海岸遭受强烈的化学溶蚀。

二、海水的搬运作用

海水在运动过程中会将携带的物质搬运至他处。海水的搬运作用可分为机械搬运和化学搬运两种。机械搬运包括海浪、潮流、洋流和浊流搬运，搬运的物质受水动力条件的支配。海水中的化学搬运受控于盐度、温度、导电性、pH 值、Eh 值等多种因素。

（一）海浪的搬运作用

海浪的搬运作用主要发生在滨海带和浅海带。被海浪从海岸上剥蚀下来的物质和河流带到海洋中的物质在海浪的作用下向海洋深处搬运。

海浪作用于海底的动能随着海水深度加大逐渐减小，粒径大、比重大的碎屑搬运到海岸附近便沉积下来；粒径小、比重小的颗粒被搬运到离岸较远的地方。海浪在搬运过程中具有良好的分选、磨圆和磨细作用。

（二）潮流的搬运作用

潮流是周期性的，具有很大的搬运力。

潮流的搬运作用仅在近岸和海湾区较显著。大潮时，海峡中潮流流速可达 6～7 m/s，动力几乎与山区河流相当，具有巨大的搬运力。例如，钱塘江口的一次大潮，竟把防波堤上高出海面 6～7 m、重约1500 kg的“镇海铁牛”移出 20 m。潮流将河口的大量泥沙搬运至较深海区，使钱塘江口不能形成三角洲，而形成喇叭状河口。潮流在搬运过程中也具有分选和磨圆作用。

潮流引起的紊流可使大量的碎屑处于悬浮状态，由退潮时的急流把它们搬向远海。

（三）洋流的搬运作用

洋流是最重要的海水运动方式，但洋流对固体物质的搬运作用较波浪与潮流差。洋流表层平均流速小于 1 m/s，流速较大的墨西哥湾流也只有 3 m/s，深水洋流速度一般情况下只有 20～50 cm/s。按照这种流速，仅能搬运溶解态物质和悬浮碎屑。

洋流具有远程搬运的作用，虽然远洋深海区的悬浮物的含量很低，但洋流宏大，所以对溶解态物质和颗粒物搬运量非常巨大。由于海水中主要的溶解态物质，海水盐分的主要组成成分在各大洋极为接近，因此这种搬运很少受到重视。由于对生物生产力有重要影响，人们对洋流对营养盐的输运进行了较多的研究。

(四)浊流的搬运作用

浊流具有极强大的搬运力，由于动力大，因此紊流强烈。在其搬运物中包含着砾石和岩块，浊流可使大量碎屑呈悬移状态，且被搬运很远。但它在时间上和空间上都是局部的，其搬运量也因时因地而异。

三、浅海的沉积作用

陆地的风化剥蚀产物总的趋势是移向海洋，海洋是物质的最终沉积场所。从本质上说，沉积作用是海洋地质作用的主要方式，这就是海洋沉积物数量巨大的原因。

海洋沉积物主要来源于大陆，其次是生源物质、火山物质和宇宙物质。全球每年由河流输入海洋的碎屑物质约为13.5 Gt，溶解物质约5.0 Gt。风每年将约0.1 Gt的细小碎屑物质带到海洋中沉积。在两极地区，冰川每年也向海洋提供0.1～1.0 Gt的碎屑物质。被带到海洋中的这些物质，由于在海水中的机械动能减小，化学平衡发生变化以及生物条件影响，分别在不同的海洋环境沉积下来。

(一)滨海带的沉积作用

滨海带具有十分强烈的水动力。除在个别特殊的环境下引起化学沉积外，滨海带几乎均为机械沉积。陆源大颗粒物总是沉积在滨海带。在滨海带中生长的动物往往是厚壳动物和钻孔动物，它们死亡后，在强大的水动力作用下，遗体很难完整保存，常以碎片残存于沉积物之中。

(二)浅海带的沉积作用

浅海是最重要的沉积区。绝大多数沉积岩都属于浅海沉积。浅海水深小于200 m，海底平坦，海水动力作用由海岸向外海不断减弱。在波浪和潮流的搅动下，海水中氧气丰富，盐度较稳定，加之阳光充足，从大陆或上升洋流带来的营养物质丰富，因而浅海成为生物繁殖的理想地带，90%以上的海洋生物集中在浅海区。

源于大陆和海水剥蚀海岸的物质，经滨海带后，大部分沉积在浅海区，浅海的机械、化学和生物沉积作用都十分显著。仅有极细小的悬浮物质和部分化学物质被带到深海区沉积，但由于海水动力条件、深度、离岸距离和陆源物质的性质与供给量的差异，各个地区的浅海沉积物分布和类型也有差异。

四、深海沉积物

深海为水深大于 2 km 的广阔水域，距离大陆较远，受陆地因素的影响小。

深海沉积物可分为生源沉积物和非生源沉积物。

生源沉积物统称生物软泥，指含生物遗体超过 30%的沉积物，主要有两种：

(1)钙质软泥，为钙质生物组分大于 30%的软泥，生物组分以碳酸钙为主，包括有孔虫软泥和抱球虫软泥、白垩软泥(颗石藻软泥)和翼足类软泥。

(2)硅质软泥，为硅质生物组分大于 30%的软泥，生物组分以非晶质二氧化硅为主，包括硅藻软泥和放射虫软泥。

非生源沉积物主要有：①深海黏土；②自生沉积物；③火山沉积物；④浊流沉积物；⑤滑坡沉积物；⑥冰川沉积物；⑦风成沉积物。

有些学者常把深海的各种生物软泥和褐黏土称为远洋沉积物。

(一)深海各种沉积物的分布

深海中大面积分布以某种成分为主的沉积物，而且有明显的分布特征。大洋中部以钙质软泥、硅质软泥和深海黏土为主；陆源碎屑主要分布在大陆边缘；冰川沉积物主要分布在极地海区，如南极附近海区和北冰洋的一些海区。深海沉积物的分布如图 2.6.1 所示。

1. 钙质软泥

钙质软泥覆盖大洋面积的约 45.6%，主要分布在大西洋、印度洋与南太平洋的海岭和高地上，平均水深约为 3.6 km，以有孔虫软泥分布最广，颗石藻软泥次之。翼足类软泥主要由文石组成，易于溶解，分布很窄，主要存在于大西洋热带水深小于 2.5 km 的地方。

钙质软泥分布在水深小于碳酸盐补偿线(CCD)的海区，太平洋约占 36.3%。不同海域的 CCD 深度不同，太平洋 CCD 深度不超过 4500 m。水深大于 CCD 的海域不存在钙质软泥。从图 2.6.1 中可以看出，太平洋钙质软泥主要分布在赤道以南的东南太平洋中部和西南太平洋中部。

2. 硅质软泥

硅质软泥覆盖大洋面积的约 10.9%。硅质软泥主要分布在南、北半球高纬度海区，南大洋与北太平洋，以南大洋为主，平均水深约 3.9 km。放射虫软泥主要分布在赤道附近海域，平均水深约为 5.3 km。在北太平洋的阿拉斯加湾、白令海、鄂霍次克海、日本海等部分海域有硅质软泥分布。

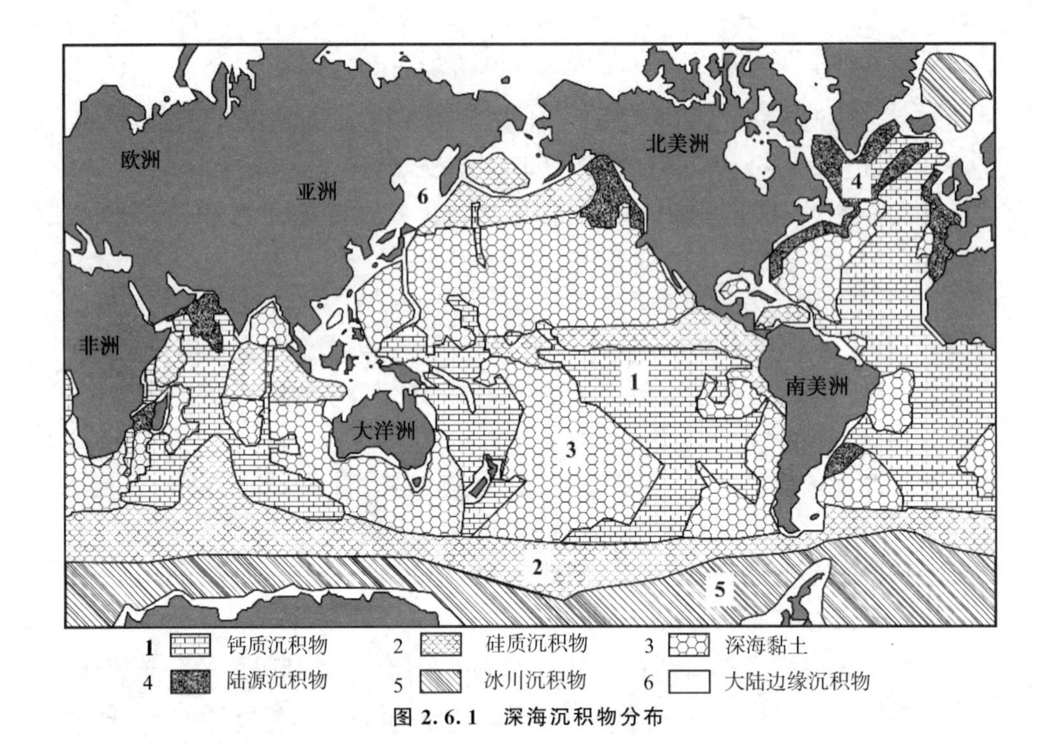

图 2.6.1 深海沉积物分布

3. 深海黏土

深海黏土也称红黏土或褐黏土，为生源物质含量小于30%的黏土物质。深海黏土分布在低沉积速率、低生产力和水深大于CCD的深海盆地，这3个条件下，陆源输入低，硅藻生物沉积少，钙质生物在到达海底之前被溶解掉。深海黏土因含铁矿物遭受氧化而呈现褐色或红色。其在大洋中所占面积约为30.9%，主要分布在北太平洋、印度洋中部与大西洋深水海区，平均分布水深为5.4 km。由于分布水深较大，生源物质大部分被溶解，因此非生源组分占优势。主要成分是陆源黏土矿物，此外还有自生沉积物（如深海沉积氟石、锰结核等）、风成沉积物、火山碎屑、部分未被溶解的生物残体、宇宙尘埃等。

4. 其他沉积物

除以上3种主要成分外，深海中还有自生矿物、火山沉积、浊流沉积、滑坡沉积、冰碛物和风成沉积。

海水中由化学作用形成的各种物质，主要有锰结核、蒙脱石、氟石等。锰结核的分布十分广泛，但其成分随地域而异。蒙脱石和氟石在太平洋与印度洋比较丰富，大西洋稀少。

火山沉积物来自火山活动，散布在各地并在火山带附近富集，主要分布在太平洋和印度洋东北部、墨西哥湾与地中海等地。

由浊流作用形成的沉积物，常呈陆源砂和粉砂层夹于细粒深海沉积物中，主要分布在大陆坡麓附近，浊流沉积物分布在洋盆周围，在太平洋北部和印度洋周围较发育。

由海底滑移或崩塌形成的物质，主要分布在大洋盆地的边缘及一些地形较陡的海域。

大陆冰川前端断落于海中形成的浮冰挟带着来自陆地和浅水区的碎屑物质，可达远离大陆的深海地区。当浮冰融化，碎屑物质沉落海底，便形成冰川沉积物，主要分布在南极大陆周围和格陵兰东部海域。

风力搬运入海的沉积物主要分布在太平洋和大西洋 30°S 和 30°N 附近的干燥气候带及印度洋西北海区。

此外，在深海沉积物中经常发现的宇宙尘埃，因其数量较少，一般不单独列为一种沉积类型。但是深海宇宙尘埃的研究具有重要的价值。

（二）影响深海沉积物分布的因素

影响和控制深海沉积的因素除物质来源外，搬运营力和沉积作用也有重要影响。

在深海区，搬运沉积物的营力主要有大洋环流、浊流、深海底层流等。在局部海域，风与浮冰的搬运也有重要作用。环流将细的陆源悬浮物与生源物质带至深海，在底层流活动强烈的大洋边缘，常顺流向形成窄长的沉积体。在底层流活动弱的地区，沉积物均一地覆盖于海底。

洋盆中由于生物、物理和化学条件的不同，各类沉积物的影响因素也不同。影响钙质沉积物的主要因素有生物的供应、水深、深水循环状况等。虽然钙质生物死亡后在下沉过程中大部分被溶解，但生产力越高，在海底堆积的生物残体的绝对量就越多，所以钙质软泥主要分布在热带和温带生产力高的海域。此外，CCD 深度对钙质沉积物的分布有重要影响。影响硅质沉积物分布的主要因素是硅质生物的供应量、硅质骨骼的溶解程度等。例如，在南、北两极附近海水中含有丰富的硅藻，因此硅藻沉积物广布于高纬度海域。

深海沉积物的沉积速率极其缓慢，一般为 0.1～10.0 cm/ka。由于受陆源物质的影响，从洋盆边缘到中心，沉积速率由大变小。另外，不同的沉积类型，甚至不同的洋底部位上，其沉积速率也有很大的差别：钙质沉积物的沉积速率为 1～4 cm/ka；硅质沉积物的沉积速率为 0.1～2.0 cm/ka；深海黏土的沉积速率最低，小于 0.4 cm/ka。

五、海洋矿物

海洋中的地质、化学、生物学和生物地球化学过程会形成矿物和矿藏。重要的海底矿物有铁锰矿物、热液矿物、磷灰石，及天然气、天然气水合物和石油。海洋矿物形成过程反映海洋环境条件。

（一）锰结核和锰结壳

海洋铁锰结核和结壳，多称锰结核和锰结壳，化学组成与性质极为相似，主要由铁和锰的氧化物及氢氧化物组成，并富含铜、镍、钴、钼和其他微量元素。铁锰结核和结壳一般呈褐色、土黑色和绿黑色，由多孔的细粒结晶集合体、胶状颗粒和隐晶质物质组成，广泛分布于深海底表层。

铁锰结核常为球形、椭球形、圆盘状、葡萄状和多面状；个体大小悬殊，小的直径不足 1 mm，大的直径可达几十厘米，甚至 1 m 以上，常见的为 0.5～25.0 cm 大小。大部分结核都有一个或多个核心，核心的成分可以是岩石或矿物碎屑，也可以是生物遗骸，围绕核心形成同心状壳层结构。

铁锰结核主要分布在太平洋，其次是印度洋和大西洋的洋盆和部分深海盆地。铁锰结核赋存于海底沉积物表面，根据深海探测资料，在沉积物的内部很少有铁锰结核的存在。铁锰结核生长速率比沉积物的累积速率低 3 个量级，但没有被沉积物埋葬，被认为是结核不断翻转(turn over)的结果。

铁锰结壳大多呈层壳状，少数包裹岩块、砾石，呈不规则球状、块状、盘状、板状和瘤壳状。结壳厚度一般在几厘米，厚的可达二十几厘米。内部的平行纹层构造反映结壳生长过程中的环境变化。钴是战略物资，备受世界各国的重视。一些结壳中的钴含量高，可高达 2%，比结核中钴的平均含量高 3～5 倍，所以常看到文献关于富钴结壳的说法。

海洋铁锰结壳生长在海底基岩上，产于海山、海岭和海底台地的顶部和上部斜坡区，通常在坡度不大、基岩长期裸露、缺乏沉积物或沉积层很薄的部位富集，以中太平洋海山区最富集，在印度洋和大西洋局部海区也有发现。

人们利用铁锰结核和结壳研究新生代的海洋环境变化。

（二）热液硫化物

海底热液活动多发生在地质构造不稳定的区域，像洋中脊、热点、弧后盆地等(杜同军等，2002；吴世迎，2000)，以洋中脊研究为多。在这些海域，岩石圈存在裂隙，海水顺着地壳裂隙下渗至地壳深部被加热，流动过程中，沥取岩层中的金、银、铜、铁、锌、铅等金属后从热液口喷出。进入上覆水，热液中的这些元素与海水进一步反应，形成化合物，沉积在附近的海底，形成海底矿床——热液多金属矿物。在热液研究过程中发现，以上过程可以形成许多矿物，如金属硫化物、硫酸盐、氧化物、氢氧化物、碳酸盐、硅酸盐等。但目前的研究认为，最有价值和开发远景的是硫化物（通常称为热液硫化物）。

研究发现热液沉积过程有一定的规律，矿物依一定的次序逐步沉积下来，最先沉积出来的是硫化物，包括闪锌矿、黄铜矿、黄铁矿、白铁矿、方铅矿等，其次是硅酸铁，最后是氧化铁和氧化锰。所以不同热液矿物沉积物代表着矿化溶液演化的不同阶段（杜同军等，2002），硫化物沉积物发生于演化阶段的早期，铁锰氧化物形成于晚期。

利用热液硫化物的记录可以研究海洋热液活动过程。

（三）磷灰石

陆地和海底赋存大量磷灰岩。磷灰石是一种复杂的磷酸盐岩，以碳氟磷灰石[$Ca_{10}(P,C)_6(O,F)_{26}$]为主要成分，还含有氯磷灰石[$Ca_5(PO)_3Cl$]、羟基磷灰石[$Ca_{10}(PO_4)_6(OH)_2$]和氟磷灰石[$Ca_5F(PO_4)_3$]（刘晖等，2014）。磷灰石类矿物中 P_2O_5 的含量变化较大，由百分之几至百分之十几，很少超过 30%。

海洋磷灰岩可以分为大陆边缘型和海山型。大陆边缘型磷灰岩主要产于大陆架浅海区，可能与沿岸上升流、西边界流有关，主要分布于非洲西岸、北美东岸、美洲西岸等陆架及陆坡区；海山型磷灰岩主要产于西太平洋海山区，少量分布于西南太平洋和印度洋东部海山区。另外，一些岛屿上也有以鸟粪石形式存在的磷灰岩，如太平洋的瑙鲁岛、大洋岛、马塔伊瓦岛和印度洋的圣诞岛等。

（四）天然气、天然气水合物和石油

很多研究认为天然气、天然气水合物和石油是生物成因的，而且是可以成功开采的矿藏。这些矿藏的发现，说明海洋存在长期的生物和化学地质作用过程，指示海洋环境的变化。海洋天然气、天然气水合物和石油形成过程反映海洋环境变化过程，涉及水圈、生物圈和岩石圈过程。

参考文献

边兆祥,李德本,1993. 火山[M]//中国大百科全书:地质学.北京:中国大百科全书出版社:300-301.

柴东浩,陈廷愚,2001. 新地球观:从大陆漂移到板块构造[M]. 太原:山西科学技术出版社:193.

陈颙,史培军,2012. 自然灾害:修订版[M]. 北京:北京师范大学出版社:424.

杜同军,翟世奎,任建国,2002. 海底热液活动与海洋科学研究[J]. 青岛海洋大学学报,32(4):597-602.

杜远生,童金南,2009. 古生物地史学[M]. 武汉:中国地质大学出版社:267.

谷合稔. 2016. 地球生命:138 亿年的进化[M]. 梁容,译. 北京:电子工业出版社:258.

郭正堂,2017. 黄土高原见证季风和荒漠的由来[J].中国科学:地球科学,47(4):421-437.

李永植,1983. 陆壳大洋化[J]. 海洋科学,7(2):53-54.

刘东升,2006. 走向"地球系统"的科学:地球系统科学的雏形及我们的机遇[J]. 中国科学基金,(5):266-271.

刘晖,卢正权,梅燕雄,等. 2014. 海洋磷块岩形成环境与资源分布[J]. 海洋地质与第四纪地质,34(3):49-56.

钱维宏,1999. 地壳形成和大陆漂移的一种解释[J]. 地质力学学报,5(3):47-52.

任明达,王乃梁,1981. 现代沉积环境概论[M].北京:科学出版社:231.

魏柏林,2011. 地震与海啸[M]. 广州:广东出版集团:121.

吴泰然,何国琦,2003. 普通地质学[M]. 北京:北京大学出版社:345.

吴世迎,2000. 世界海底热液流化物资源[M]. 北京:海洋出版社:326.

吴时国,喻普之,2006. 海底构造学导论[M]. 北京:科学出版社:306.

杨景春,李有利,2001. 地貌学原理[M]. 北京:北京大学出版社:230.

ALBERT P G, GIACCIO B, ISAIA R, et al., 2019. Evidence for a large-magnitude eruption from Campi Flegrei caldera (Italy) at 29 ka[J]. Geology, 47: https://doi .org /10 .1130 /G45805. 1.

BEHR W, 2019. Earth's evolution explored[J]. Nature, 570:38-39.

CARLSON R W, 1996. Where has all the old crust gone? [J]. Nature, 379:

581-582.

FROUDE D O, IRELAND T R, KINNY P D, et al., 1983. Ion microprobe identification of 4100-4200 Myr-old terrestrial zircons[J]. Nature, 304: 616-618.

GERYA T V, STERN R J, BAES M, et al., 2015. Plate tectonics on the Earth triggered by plume-induced subduction initiation[J]. Nature, 527:221-225.

HAWKESWORTH C J, KEMP A I S, 2006. Evolution of the continental crust [J]. Nature, 443:811-817.

HOYT D V, SCHATTEN K H, 1997. The role of the Sun in climate change [M]. New York: Oxford University Press:279.

JACOBSEN S B, DYMEK R F, 1988. Nd and Sr isotope systematics of clastic metasediments from Isua, West Greenland: identification of pre-3.8 Ga differentiated crustal components[J]. Journal of geophysical research, 93(B1): 338-354.

KOEBERL C, 2019. When Earth got pummeled[J]. Science, 363(6424): 224-225.

KUMP L R, KASTING J F, CRANE R G, 2011. 地球系统[M].张晶,戴永久,译. 北京:高等教育出版社:491.

LARSEN H C, MOHN G, NIRRENGARTEN M, et al., 2018. Rapid transition from continental breakup to igneous oceanic crust in the South China Sea[J]. Nature geoscience, https://doi.org/10.1038/s41561-018-0198-1.

LUTGENS F K, TARBUCK E J, 2017. 地球科学导论[M]. 徐学纯,梁琛岳,郑琦,等译. 北京:电子工业出版社:487.

MANN A, 2018. Cataclysm's end[J]. Nature, 553:393-395.

MAZROUEI S, GHENT R R, BOTTKE W F, et al., 2019. Earth and Moon impact flux increased at the end of the Paleozoic[J]. Science, 363(6424): 253-257.

MILANKOVIĆ M, 1998. Canon of insolation and the ice-age problem[M]. Beograd: Zavod za Udžbenike i nastavna sredstva:634.

ROGERS J J W, NOVITSKY-EVANS J M, 1977. Evolution from oceanic to continental crust in northwestern USA[J]. Geophysical research letters, 4(8): 347-350.

RUDNICK R L, 1995. Making continental crust[J]. Nature, 378:571-577.

SAMUEL A, BOWRING S A, KING J E, et al., 1989. Neodymium and lead isotope evidence for enriched early Archaean crust in North America[J]. Nature, 340:222-225.

SHARMA M, BASU A R, RAY S L, 1994. Sm-Nd isotopic and geochemical study of the Archean Tonalite-Amphibolite association from the eastern Indian Craton[J]. Contributions to mineralogy and petrology, 117(1): 45-55.

SOBOLEV S V, BROWN M, 2019. Surface erosion events controlled the evolution of plate tectonics on Earth[J]. Nature, 570:52-57.

TUREKIAN K K, 1996. Global environmental change: past, present, and future[M]. Upper Saddle River NJ: Prentice Hall:200.

VERVOORT J D, PATCHETT P J, GEHRELS G E, et al., 1996. Constraints on early Earth differentiation from hafnium and neodymium isotopes[J]. Nature, 379:624-627.

YORK D, FARQUHAR R M, 1972. The Earth's age and geochronology[M]. Oxford: Pergamon Press:178.

第三章　陆地水圈的变化

水圈(hydrosphere)是地球最为活跃的一个圈层,也是一个不规则的连续圈层。它与大气圈、生物圈和岩石圈的相互作用,直接关系到影响人类活动的表层系统的演化。水圈也是外动力地质作用的主要介质,是塑造地球表面最重要的角色。水圈的变化主要表现为物态、形态和水中溶解组分的变化,以及各储库容量和水输运过程的变化。

海洋方面的内容将在第四章介绍,本章论述陆地水圈的变化。

第一节　地球水的起源与水循环过程

地球是太阳系八大行星之中唯一被液态水所覆盖的星球。地球上的水,包括海水、地表水、土壤水、地下水、冰水、大气水、生物水等,它们构成水圈的各个库。

一、地球水的起源

研究认为原始地球上没有液态水存在(侯谓和谢鸿森,1996)。地球上水的起源在学术上存在很大的分歧,有几十种不同的水形成学说。有观点认为在地球形成初期,原始大气中的氢、氧化合成水,水蒸气逐步凝结下来并形成海洋;也有观点认为,形成地球的星云物质中原先就存在水的成分;还有观点认为,被地球吸引的彗星和陨石是地球上水的主要来源,甚至地球上的水还在不停增加。以下是地球水起源的一种论述。

(一)大气中水汽来源

地球是由从太阳星云分化出来的星际物质聚合而成的,它的基本组成有氢气和氦气以及一些尘埃。地球刚刚诞生的时候,固体尘埃聚集形成地球的内核,外面围绕着大量气体,结构松散,质量不大,引力也小,温度很低。后来,由于地球体积和密度不断增大，放射性物质产生能量，致使地球温度不断升高，有些物质慢慢变热熔化，较重的物质，如铁、镍等向地心聚集形成地核，轻物质则浮于地表。随着地球表面温度逐渐降低，地表开始形成坚硬的地壳，没有河流，也没有海洋，更没有生命，它的表面是干燥的，大气层中也很少有水分。之后，随着地球内部温度继续升高，岩浆活动更加激烈，火山爆发十分频繁，地壳也不断发生变化，有些地方隆起形成山峰，有些地方下陷形成低地与山谷。

组成原始地球的固体尘埃，实际上就是衰老了的星球爆炸而成的大量碎片，这些碎片多是无机盐结晶水合物，它们内部蕴藏着许多水分子。结晶水合物里面的结晶水在地球内部高温作用下离析出来就变成了水蒸气，随火山喷发与其他气体一起喷发出来。

（二）地表水的形成

在空气中的水蒸气很快达到饱和，由于地表温度高，近地表气温也高，高空气温低，因此大气形成强烈上下对流，高空中水汽冷却成云，变成雨，降落到地面上，聚集在低洼处，逐渐积累成湖泊和河流，最后汇集到地表低洼区域形成海洋。

地球上的水在开始形成时，不论是湖泊还是海洋，其水量不是很多，随着地球内部产生的水蒸气不断被送入大气层，地面水量也不断增加，经历几十亿年的地球演变过程，最后终于形成我们现在看到的江河湖海。研究认为始太古（3.8—3.6 GaBP）地球已存在液态水，新太古代（2.8—2.5 GaBP）海洋的体积已颇具规模。

二、冰冻圈

冰冻圈由陆地冰盖、冰川、海冰、积雪和冻土构成，系指地球表层每年至少部分时间温度在 0 ℃以下的各种类型积雪、冰川、河流和湖泊的冰、海冰、地下冰和永久冻土。表 3.1.1 列出了全球冰冻圈的构成。

冰冻圈的变化指冰雪（包括海冰）和冻土面积与水储量的变化。地质时期，冰冻圈发生过巨大变化。冰冻圈既影响气候，也受气候影响，同时影响海平面变化，在生态系统变化中起重要作用。

表 3.1.1　冰冻圈的构成

形　式	质量/10^{15} kg	份额/%	分布面积/10^{6} km^{2}	占地表面积比例/%
大陆冰盖与冰川	24000	97.75	16	11(陆地)
冻土	500	2.01	32	25(陆地)
海洋冰山	80	0.03	64	19(海洋)
海冰	50	0.16	26	7(海洋)
雪盖	10	0.04	72	14(陆地)
大气中的冰	2.4	0.01		
总计	24642.4	100		

(一)大陆冰盖与冰川

冰盖是陆地上连续的大冰体,冰川是由积雪形成并能运动的冰体。地球大陆冰盖与冰川面积约为 16.4×10^{6} km^{2}。南极冰盖和格陵兰冰盖是目前地球上最大的两个冰盖,总冰量占全球总冰量的 95%以上。冰川主要分布在高山与高原,总面积不超过 0.5×10^{6} km^{2}。高山冰川是某些河流的源头,影响高原气候和生态系统。

(二)冻　土

冻土是低温下的产物,可分为多年冻土和季节性冻土。保持在 0 ℃以下连续两年以上的称为多年冻土。多年冻土由干燥的或含大量冰的岩石碎屑和土壤组成。由于夏季融化、冬季发生,因此北极地区永久冻土与湿润的土壤相联系。据报道,俄罗斯西伯利亚的玛克河附近的多年冻土厚度达 1500 m,加拿大北极地区的冻土厚度达 700 m。

(三)海　冰

海洋上的冰统称为海冰。海冰占海洋面积的 13%。根据运动状态,海冰可分为固定冰和浮冰。固定冰与海岸、岛屿或海底冻结在一起,称为冰架。浮冰可随风、浪和海流漂动。海冰的含盐量为 0.1%～1.5%。据 1953—1984 年资料的估算,北半球海冰面积为 11.4×10^{6} km^{2},南半球为 12.1×10^{6} km^{2}。

9 月南极邻近海区海冰面积最大,可达 18.95×10^{6} km^{2};最小在 2 月,只有 3.55×10^{6} km^{2}。北极海冰的面积多年平均值为 7.78×10^{6} km^{2},中心厚度 3～4 m。北极海冰是不连续的,在大气和海流作用下不断移动,在移动过程中可能堆积形成冰山。

三、水循环过程

地球表面各种形式的水体是不断相互转化的，水以气态、液态、固态的形式在陆地、海洋和大气间不断运动的过程就是水循环(hydrolic cycle)。形成水循环的内因是水在气态、液态和固态之间易于转化的特性；太阳辐射和重力作用为水循环提供了水的物理状态变化和运动能量，是外因。水循环是生态系统最重要的循环。

水循环是多环节的自然过程，蒸发、水汽输运、降水和径流是水循环过程的4个最主要环节。这四者构成的水循环途径，决定着全球的水量平衡，也决定着一个地区的水资源总量。

(一)蒸　发

全球尺度的水循环可分为垂直输运和水平输运两种途径。

水分的垂直输运主要有3种情况：一是太阳辐射的热力作用使水面及土壤表层的水分蒸发；二是植物根系吸收的大量水分经叶面蒸腾；三是空中的水汽遇冷凝结，以降水的形式回到地面。

蒸发是水循环中最重要的环节，由蒸发产生的水汽进入大气并随大气向远方输运。大气中的水汽主要来自海洋，一部分还来自陆地表面的蒸发和植物叶面蒸腾。

在全球范围内，海面的蒸发量大于降水量，一部分水降到大陆；陆地的降水量大于蒸发量和蒸腾量的和，多余的水经地表和地下径流输运返回海洋。每年海洋表层水蒸发量约为4.25×10^{14} m^3，由此推算出海水的更新周期大约为3100 a。陆地表面蒸发量为0.71×10^{14} m^3/a。

(二)水汽输运

地球上的水圈是一个动态系统。在太阳辐射和地球引力的推动下，水在水圈各库之间不停地运动着，构成全球范围的水循环，把各种水库连接起来，使各种水体能够长期存在。海洋和陆地之间的水交换是这个循环的主线，意义最重大。在太阳能的作用下，海洋表面的水蒸发到大气中形成水汽，水汽随大气环流运动，一部分进入陆地上空，在一定条件下形成降水。

大气中的水汽虽然只占地球总水量的极小一部分，但是全球水循环的重要一环。大气中的水分随气流从一个地区输运到另一个地区或由低空输运到高空，叫水汽输运。

无论是海洋还是陆地，降水量和蒸发量的地理分布都是不均匀的，这种差异最明显的就是不同纬度的差异。全球不同纬度带水汽输运过程如图3.1.1所示。赤道附近的10°N至10°S之间为水汽辐合带，是水汽的汇，该地区降水量大于蒸发量；约在10°～35°N和10°～40°S地区为水汽辐散区，是水汽的源地，该地区蒸发量大于降水量；35°N以北地区和40°S以南地区为水汽辐合区，降水量大于蒸发量。

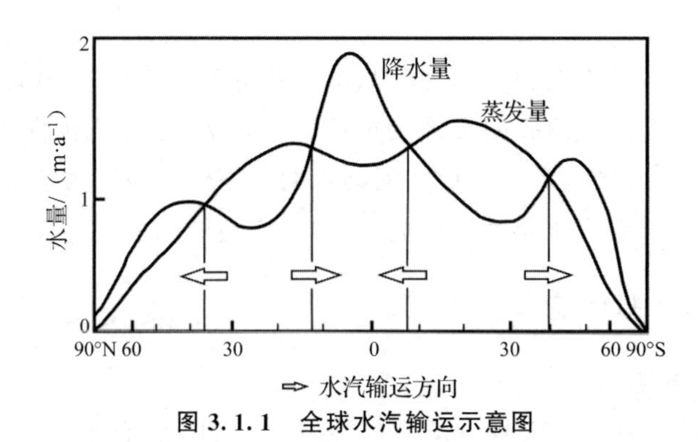

图3.1.1　全球水汽输运示意图

中国大陆有太平洋、印度洋、南海、鄂霍次克海及内陆5个水汽源地，它们分别是中国东南、西南、华南、东北及西北内陆的水汽来源。西北内陆地区还有盛行西风和气旋东移带来的少量大西洋水汽。

（三）降　水

海洋的降水直接落在海水表面。

陆地上的降水大部分直达地面，小部分被植被截留后蒸发或间接落到地面。到达地面的降水多形成径流。对于裸露的地面，较大的降雨和径流能破坏土壤，冲走营养物质。但对于有植被覆盖的地面，富含腐殖质的土壤持水量较大，会截留大量降水。

从大空间尺度而言，水汽被输送到某地上空凝结降水，称为外来水汽降水；该地蒸发水汽凝结形成的降水，称内部水汽降水。一地总降水量与外来水汽降水量的比值称该地的水分循环系数。

海洋表面蒸发水中约有3.85×10^5 km^{3}又以降水的形式回到海洋中，其余部分构成大陆降水。大陆每年降水总量为1.11×10^5 km^3，其中4×10^4 km^{3}形成径流，约占1/3。

（四）径　流

径流表现为液态水在重力作用下自高处向低处的流动，即河流。径流是一个地区（流域）的降水量与蒸发量的差值。

陆地上(或一个流域内)发生的水循环是“降水　地表和地下径流　蒸发”的复杂过程。陆地上的大气降水、地表径流及地下径流之间的交换又称三水转化。流域径流是陆地水循环中最重要的环节之一。

大气降水到达地面后转化为地表径流、土壤水和地下水,地表径流和地下径流最终又回到海洋。径流是陆源物质进入海洋的主要途径。

(五)地下水

地下水的运动主要与分子力、热力、重力及空隙性质有关,其运动是多维的,通过土壤、植被的蒸发、蒸腾向上运动成为大气水分;通过入渗向下运动可补给地下水;通过水平方向运动又可成为河湖水的一部分。地下水储量虽然很大,但是经过长年累月甚至上千年蓄积而成的,水量交换周期很长,循环极其缓慢。

四、影响水循环的因素

(一)自然因素

在通常环境条件下,水具有可在气态、液态、固态之间转化的特性,太阳辐射和重力作用为水循环提供了水的物理状态变化和运动的能量。地球上的水分布广泛,储量巨大,是水循环的物质基础。由于地球上太阳辐射的强度不均匀,不同地区的水循环的情况也就不相同。例如,赤道地区太阳辐射强度大,降水量一般比中纬地区多,尤其比高纬地区多。影响水循环的自然因素还有气象条件,包括大气环流、风向、风速、温度、湿度等;地理条件,如地形、地势、土壤、植被等,也是影响水循环的因素。

(二)人类活动的影响

人类活动不断改变着自然环境,越来越强烈地影响水循环过程。人类构筑水库,开凿运河、渠道、河网,以及大量开发利用地下水等,改变了自然水的径流路线,引起水的分布和水的运动状况的变化。农业的发展、森林的破坏,引起蒸发、径流、下渗等过程的变化。城市和工矿区建设也改变了本地区的水循环状况。

五、水循环的作用

水在大气圈、生物圈和岩石圈之间腾挪,组成了地球上各种形式的物质交换系统,形成千姿百态的地理环境。水循环的作用主要表现在以下几个方面:

(1)输运水体到全球。结果是水体在全球范围分布,维持了全球水的动态平衡,使全球形成不同形式的水体,并使各种水体处于不断更新状态。

通过水循环，海洋不断向陆地输送淡水，补充和更新陆地上的淡水资源，从而使水成了可再生的资源。

(2)雕塑地貌，搬运物质。很多情况下，水是不同地形地貌的建筑师，同时水体会将不同地质与生物作用形成的溶解态物质和碎屑物质搬运到远方。

地表径流通过侵蚀、搬运和堆积，塑造了地形地貌。峡谷、冲积扇、冲积平原、三角洲等都是水力作用的结果。

环境中许多物质的交换和运动依靠水循环来实现。陆地上每年有 4×10^4 km^3 的水流入海洋，这些水把约 3.6 Gt 的溶解物质带入海洋。

(3)影响气候和生态环境。水在循环过程中不断释放或吸收热能，调节着地球上各圈层的能量，从而影响气候和生态系统。水循环使地球上发生复杂的天气变化。海洋和大气的水量交换，导致热量与能量频繁交换，交换过程对各地天气变化影响极大。生物圈中的生物受洪涝、干旱影响很大，生物的种群分布和聚落形成也与水的时空分布有极密切的关系。生物群落随水的丰缺而不断交替、繁殖和死亡。大量植物的蒸腾作用也促进了水分的循环。

(4)污染物的载体。人类生产和消费活动排出的污染物通过不同的途径进入水循环。矿物燃料燃烧产生并排入大气的二氧化硫和氮氧化物，能形成酸雨，从而把大气污染转变为地表水和土壤的污染。大气中的颗粒物也可通过降水等过程返回地面。土壤和固体废物受降水的冲洗、淋溶等作用，其中的有害物质通过径流、渗透等途径，参加水循环并迁移扩散。人类排放的工业废水和生活污水，使地表水或地下水受到污染，最终会使海洋受到污染。

在水循环过程中，水挟带的各种有害物质，由于水的稀释扩散，浓度降低而无害化，这是水的自净作用。但也可能由于水的输运，造成其他地区或更大范围的污染。

(5)营养物质的载体。水循环是维持生命的关键过程。生物利用的营养物质也是以水作为中间介质进行的。液态水是可溶性营养物质的重要载体，在生态系统中起着输运能量和物质的作用。

第二节　冰期与冰盖

冰期(glacial age，ice age)是地球表面覆盖有大规模冰川，或称具有强烈冰川作用的地质时期，又称为冰川时期。两次冰期之间相对温暖的时期，称为间冰期(interglacial age)。冰期有大冰期、冰期和小冰期之分。地球在40多亿年的历史中,曾多次显著降温变冷,形成冰期。元古代、古生代和新生代的冰期都是持续时间很长的地质事件,通常称为大冰期。大冰期的时间尺度至少数百万年。大冰期内又有多次气候冷暖交替和冰盖规模的扩展或退缩时期,这种扩展和退缩时期即为冰期和间冰期。

地球冰川扩张或退缩使水在海洋与陆地之间进行空间上的重新分布,在不同相态间转化,所以冰期与间冰期循环是水圈过程。目前人们研究较多的是冰期旋回与气候变化的关系。

大冰期和冰期是冰川作用过程留下的证据,如冰碛物定义的,所以很不完整,每一次冰期的发生时间和持续时间也不准确。海洋有孔虫氧同位素和冰芯记录为冰期发生和持续时间提供了证据。

一、冰期的概念

大冰期指地球上气候寒冷,极地冰盖增厚,中高纬度冰川广布,低纬度地区有时也有冰川作用的地质时期。大冰期中气候较寒冷的时期称冰期,较温暖的时期称间冰期。大冰期或冰期和间冰期都是依据气候划分的。大冰期的持续时间相当于地质年代单位的世或大于世,两个大冰期之间的时间间隔可以是几亿年。冰期、间冰期的持续时间在10～100 ka时间尺度。

冰川活动过的地区,遗留下来的冰碛物是冰川研究的主要对象。第四纪冰期冰碛层保存最完整,分布最广,研究也最详尽。在第四纪内,依冰川覆盖面积的变化,可划分为几个冰期和间冰期,冰盖地区约分别占陆地表面积的30%和10%。但各大陆冰期的冰川发育程度有很大差别,如欧洲大陆冰盖曾达48°N,而亚洲只达到60°N。由于气候随地区的差异和研究方法的不同而变化,因而各地冰期的划分有所不同。

二、冰期标志

冰期最重要的标志是全球性大幅度变冷,在中、高纬度地区形成大面积冰盖,在高山区广泛形成大面积冰川。由于水分由海洋向冰盖区转移,大陆冰盖不断扩大增厚,引起海平面大幅度下降。气候带、大气环流和洋流模式都发生变化,直接影响动植物生长、演化和分布。

第四纪冰期以后,约1万年以来的时期叫冰后期。这段时期气候仍有过多次低量级的冷暖波动,如距今4000～6000 a期间曾出现的较明显的寒冷期,使全球冰川一度前进,被称为新冰期。

最近一次较明显的小规模的冰川出现在13—14世纪至20世纪初,有的文献认为在16—19世纪,约在18世纪中至19世纪中期达到最盛,通称为小冰期或末次小冰期。

三、冰期成因

关于冰期的成因,学者们提出过种种解释,但至今没有得到令人满意的答案。归纳起来,主要以下几种说法。

(一)宇宙成因

许多研究者认为冰期可能与太阳系在银河系的运行有关,认为太阳运行到银河系的一些区段时的光度变小,使行星变冷而形成地球上的大冰期;有的研究认为银河系中物质分布不均,太阳通过星际物质密度较大的区域时,到达地球的太阳辐射减少,从而形成地球上的大冰期。

(二)太阳活动影响

太阳活动弱时,辐射量少,地球接受的太阳辐射少,地球变冷,乃至出现冰期气候。

(三)天文学成因说

天文学成因说主要考虑太阳与地球之间的几何关系。米兰科维奇理论认为,地球接受的太阳辐射量受地球运行轨道和地轴倾角变化影响,在某个条件下地球接受太阳辐射少或分布变化,导致冰期发生。影响地球接受的太阳辐射量的主要影响因素有偏心率、黄赤交角和岁差。偏心率是指地球绕太阳公转椭圆轨道焦距与长轴的比值。黄赤交角指黄道面与赤道面的交角,当黄赤交角大时,冬夏差别增大,年平均日照率小,使高纬地区处于寒冷时期,有利于冰川生成。米兰科维奇理论得出,以上3个参数变化使地球气候呈周期性变化,周期分别为400 ka、100 ka、40 ka、19 ka和23 ka。

(四)地球物理学成因说

地球物理学成因说影响因素较多,有大气物理方面的,也有地质方面的。①大气透明度的影响。频繁的火山活动等使大气含火山灰,透明度低,减少了到达地表的太阳辐射量,导致地球变冷。②构造运动的影响。构造运动造成陆地升降,陆块位移,改变了海陆分布和环流形式,可使地球变冷。③云量、蒸发和冰雪反射的反馈作用,进一步使地球变冷,促使冰期来临。④大气中二氧化碳的屏蔽作用。二氧化碳能阻止或减低地表热量的损失。如果大气中二氧化碳含量增加到今天的2～3倍,则极地气温将上升8～9 ℃;如果今日大气中的二氧化碳含量减少55%～60%，则中纬地区气温将下降4～5 ℃。在地质时期，火山活动和生物活动使大气圈中二氧化碳含量有很大变化，当二氧化碳屏蔽作用减少到一定程度时，则可能出现冰期。

(五)气候成因

冰川学界认为"冰川是气候的产物"，气候变化是地球系统的变化在大气圈中的反映。冰冻圈是地球系统的一部分，所以又说"气候的一部分是冰川的产物"。当然，气候主要是地圈(包括壳、幔、核)的产物，因为地圈占地球系统总质量的99.9%。冰川与气候的关系紧密，它们同时受地圈变化的制约，甚至可以说冰川和气候都是地圈变化的产物。地圈的变化又受宇宙因素的制约，有人认为宇宙磁场与地核磁流体的电磁耦合作用，可能是地球表层各系统变化的根本原因，也是冰川与气候变化的根本原因。

四、冰期确认

新生代以前的大冰期因时代古老，可辨认的冰川遗迹零散残缺，研究程度也较低，依据多是地层中所含带冰川擦痕的混碛岩、页岩中的燧石结核、带冰川擦痕的基岩底盘等。新生代大冰期的冰川遗迹保存普遍较为完整，尤以晚新生代冰期的研究较为深入。连续性好的深海沉积物岩芯、黄土等，能较完整地记录全球气候和环境的变化。20世纪70年代以来，学者用氧同位素分析、放射性年代测定、古地磁等方法力图恢复和重建晚新生代的全球气候变化和沉积环境，作为划分冰期的重要依据。此外，包含海洋生物、哺乳动物、植物孢粉化石的生物地层学、地貌分析，沉积岩以及古土壤分析等结果也常作为研究晚新生代环境和冰期划分的依据。

五、历史上的大冰期

在地球发展史上，冰期的时间只占整个地球历史的1/10左右，而绝大部分时间处于温暖期。已被确认的大冰期有以下几次。

(一)古元古代大冰期(Paleo-Proterozoic great ice age)

古元古代大冰期是地球上已知最早的大冰期，也称为太古代—元古代过渡期大冰期、休伦(Huronian)冰期或戈甘达(Gowganda)冰期。以加拿大南部和美国大湖区西部的休伦群戈甘达组冰碛层为代表，地层年代为2.7—2.3 GaBP，或认为2.4—2.1 GaBP。另外，在南非、澳大利亚西部、印度都有这次冰期的产物。这次大冰期持续200～300 Ma。

（二）新元古代大冰期（Neo-Proterozoic great ice age）

新元古代大冰期是发生在950—615 MaBP的一次影响广泛的大冰期，或称为前寒武纪大冰期。其遗迹除南极大陆尚未发现外，全球各大陆的许多地方都有保存，并多被非冰川沉积岩层隔开，表明该冰期是多阶段性的。最早发现于苏格兰、挪威，此后在中国、澳大利亚、非洲各国、丹麦格陵兰和北美相继发现，以挪威北部芬马克的冰碛岩为其代表。它又分为新元古Ⅲ、新元古Ⅱ、新元古Ⅰ冰期，分别处于950—810 MaBP、740—700 MaBP、650—600 MaBP。新元古Ⅰ又称为马里诺（Marinoan）冰期；新元古Ⅱ又称为斯图特（Sturtian）冰期，与中国的震旦纪大冰期[Sinian period great ice age，又称为南华大冰期（Nanhua great ice age）]相对应，在中国带擦痕的冰碛层主要分布在长江中下游等处。中国学者仍在进行这方面的研究（Zhou et al.，2019）。

（三）早古生代大冰期（Early Paleozoic great ice age）

早古生代大冰期是发生在奥陶纪晚期至志留纪早期的大冰期，470—410 MaBP间，有人认为可能延续到泥盆纪晚[illegible]）。冰碛岩见于法国、西班牙、加拿大、俄罗斯（新地岛），以及南[illegible]该冰期时非洲北部撒哈拉中部为冰盖。北非的冰碛岩露头极[illegible]冰川地貌的遗迹，如保存极好的冰蘖构造、鼓丘、蛇形丘、砂楔[illegible]

（四）晚古生代大冰期（Late Paleozoic great [illegible]

晚古生代大冰期也称石炭纪—二叠纪冰期（Permo-Carboniferous glaciation），发生在320—235 MaBP之间，持续时间长达80 Ma，是地球历史上影响最为深远的一次大冰期。当时全球气温普遍下降，形成大面积的冰盖与冰川，印迹见于印度、澳大利亚及南美洲、非洲及南极大陆的边缘。在该次冰期，澳大利亚冰盖发展经历3个阶段：①晚石炭纪在岛屿与高地上发育山地冰川；②二叠纪初占据了大陆一半地域；③中晚二叠纪冰盖消退。澳大利亚东南部和塔斯马尼亚岛是这次大冰期冰川作用最强的地区。在南美，这个大冰期的冰盖覆盖了南部大部分地区。该次大冰期在俄罗斯中西北部有5次进退。

（五）晚新生代大冰期（Late Cenozoic great ice age）

晚新生代大冰期是地球历史上最近的一次大冰期。第三纪出现冰期与间冰期交替，一直延续至今。早在渐新世南极就开始出现冰盖，中新世中期冰盖已具规模，是最早进入冰期的地区。第四纪大冰期波及全球，中期达到最盛，所以晚新生代大冰期主要指第四纪冰期。当时，北半球有两个大冰盖，即斯堪的纳维亚冰盖和北美劳伦冰盖，前者的南界到达50°N，后者达38°N附近。此外，在中、低纬度的一些高山区还发育了山麓冰川或小冰帽。在15—10 kaBP，全球又普遍转暖，大量冰川和冰盖消失或收缩，地球进入冰后期。但是，大陆的冰川和冰盖并未完全消失。

六、冰期影响

研究表明冰盖的形成过程十分缓慢，而融化退缩过程却比较快。冰期对全球的影响是显著的。

(1)大面积冰盖的存在改变了地表水体的分布。晚新生代大冰期的末次冰盛期，水圈水分大量聚集于陆地，使全球海平面大约下降了120 m。如果现今地表冰体全部融化，则全球海平面将会上升80～90 m，世界上众多大城市和低地将被淹没。

(2)冰期时的大冰盖厚达数千米，使地壳的局部承受着巨大压力而缓慢下降，有的地区沉降100～200 m。当前南极大陆有些岩石地表在海平面以下。随着第四纪冰盖的消失，北欧地壳缓慢上升，这种地壳均衡运动至今仍在继续着。

(3)在一些大冰期，地球两极冰盖充分发展，范围可到30°纬度。一些学者甚至认为，在一些冰期，整个地球被冰雪覆盖，形成所谓的雪球(snowball)(Archer，2003；Bodiselitsch et al.，2005；Kerr，2005)。

(4)冰期改变了全球气候带的分布，导致大量喜暖性动植物种灭绝。

第三节　第四纪冰期与冰盖

现在全球冰川覆盖面积为14.9×10^6 km^2，其中南半球12.62×10^6 km^2，北半球2.28×10^6 km^2。第四纪冰期冰川面积最大可达44.38×10^6 km^2，其中南半球14.71×10^6 km^2，北半球29.67×10^6 km^2。由此人们认为第四纪冰川变化主要是北半球的进退。

一、第四纪冰期的划分

(一)国外的划分

1901—1909年，德国的彭克和布吕克纳陆续发表3卷《冰川时期的阿尔卑斯山》，书中根据欧洲阿尔卑斯山北麓多瑙河上游几级砂砾阶地的发育，提出该山区有4次冰期和3次间冰期，由老到新分别命名为恭兹(Günz)、民德(Mindel)、里斯(Riss)和维尔姆(Würm，又称玉木、武木)冰期，恭兹—民德、民德—里斯和里斯—维尔姆间冰期。后来，艾伯尔和谢弗又补充了较老的多瑙(Donau)冰期和更老的比伯(Biber，又称拜伯)冰期。几十年来，阿尔卑斯冰期系统(表3.3.1的中欧系统)广为流传，为世界许多科学家所采用，并作为典型冰期模式与世界各地对比。

20世纪20年代，一些学者根据北欧斯堪的纳维亚冰盖边缘活动位置，将丹麦、荷兰、德国北部和波兰的终碛系列划出4次冰期和3次间冰期，自老到新为艾尔斯特(Elster)、萨勒(Saale)、瓦什(Warthe)、维塞尔(Weichsel)冰期，克罗默(Cromer)、霍尔斯坦(Holstein)和埃姆(Eem)间冰期。北美的冰期系列主要是按照北欧冰期划分方法确定的，根据冰碛物和终碛的位置由近及远划分出威斯康辛、伊利诺伊、堪萨斯和内布拉斯加4个冰期及桑加蒙、雅莫斯和阿夫顿3个间冰期。世界其他一些地区也划分了本地区的第四纪冰期系列。后来，米兰科维奇理论建立的百万年以来太阳辐射变化曲线表明，第四纪至少可分出14个冰期轮回，即阿尔卑斯冰期系列中的每个冰期几乎都包含着2～3个冰期轮回。50年代发展起来的深海沉积物岩芯氧同位素记录，相当完整地记录了至今最为精确的更新世气候与环境变化资料，几乎不受岩芯地理位置的影响，其连续性和在全球的广泛性是唯一可以与其他气候地层学系统资料做对比和验证的。据太平洋深海岩芯^{18}O记录，大约900 kaBP以来可以划分出23个^{18}O阶段和10个完整的冰川周期，在时间序列上可与阿尔卑斯冰期系统相对比。

(二)中国的划分和表现形式

中国西部高山地区的冰期划分已为人们所公认，以研究较好的喜马拉雅山区北坡为例，第四纪冰期划分为：①依据希夏邦马峰北坡附近的老冰碛平台确立的早更新世的希夏邦马冰期；②依据珠穆朗玛峰西侧聂聂雄拉高平台的冰水—冰碛沉积确立的中更新世的聂聂雄拉冰期；③在绒布河谷中基隆寺附近的残破漂砾群及上游绒布寺的终碛垅分别代表晚更新世早期的基隆寺阶段和较晚期的绒布寺阶段，这两个阶段构成了晚更新世的珠穆朗玛冰期，也有的学者将这两个阶段划为两个独立的冰期。

关于中国东部第四纪冰期的问题，仍在争论中。1944年，李四光以庐山为样板，将中国东部第四纪冰期由老到新划分出鄱阳、大姑、庐山冰期，再加上1937年费师孟提出的末次冰期——大理冰期，建立了中国东部第四纪冰期系列。

表 3.3.1　晚新生代世界主要地区冰期

（地球科学大辞典，2006；赵井东等，2011；张威等，2013；Lisiecki and Raymo，2005）

中国 东部	中国 西部	中欧 阿尔卑斯山北麓	北欧 德国北部	北美	BP	MIS
大理 冰期	绒布寺 冰期	维尔姆冰期 （Würm）	维塞尔冰期 （Weichselian） 瓦什冰期 （Warthe）	威斯康星冰期 （Wisconsin） Cochrane 沃尔德斯冰期 （Valders） Mankato Cary Lowan	80—11 ka 末次冰期	2-3-4
庐山—大 理间冰期		里斯-维尔姆 间冰期	埃姆间冰期 （Eemian）	桑加蒙间冰期 （Sangamon）	130—80 ka 末次间冰期	5
庐山 冰期	珠穆朗玛 冰期	里斯冰期 （Riss）	萨勒冰期 （Saalian）	伊利诺伊冰期 （Illinoian）	200—150 ka	6
大姑—庐 山间冰期		民德-里斯 间冰期	霍尔斯坦间冰期 （Holsteinian）	雅莫斯间冰期 （Yarmouth）		
大姑 冰期	中梁赣 冰期	民德冰期 （Mindel）	艾尔斯特冰期 （Elsterian）	堪萨斯冰期 （Kansan）	500—400 ka	11-12-13
鄱阳—大 姑间冰期		恭兹—民德 间冰期	克罗默间冰期 （Cromerian）	阿夫顿间冰期 （Aftonian）		13-14-15
鄱阳 冰期	昆仑 冰期	恭兹冰期 （Günz） 多瑙—恭兹间冰期 （Donau）	梅纳帕冰期 （Menapian） 沃林间冰期 （Oling）		700—600 ka 800 ka	15-16-17 20
	聂聂雄拉 冰期	多瑙冰期 （Donau） 比伯—多瑙 间冰期	艾普龙冰期 （Eburonian） 蒂格利间冰期 （Tiglian）	内布拉斯加冰期 （Nebraskan）	1.5—1.3 Ma	40～50
	希夏邦马 冰期	比伯冰期 （Biber）	前蒂格利冰期 （Pretiglian）		3 Ma	G20

对此，一些中外学者一直持有不同意见。20世纪80年代初，施雅风等提出除太白山、长白山主峰区及台湾中央山脉等海拔3500 m以上的高山存在第四纪冰川遗迹外，长江中下游山地、广西桂林、湖北神农架、北京西山、东北大兴安岭等都缺乏可靠的古冰川证据；中国东部和西部在第四纪冰期时的表现形式是不一样的，东部地区不具备发育成山岳冰川的水、热和地形条件，只是处于一个气候较寒冷的时期，李四光所确认的东部古冰川遗迹实非冰川成因，是把泥石流堆积误认为冰碛物；东部地区第四纪冰期系列，除大理冰期外，其他冰期均缺乏根据。

二、冰　盖

南极冰盖和格陵兰冰盖是现在地球上存在的大冰盖。研究发现在第四纪地质历史上曾存在北美冰盖和斯堪的纳维亚冰盖。

（一）南极冰盖

南极的面积为14×10^6 km²。南极冰盖始于渐新世末，至少在5 MaBP就达到目前规模。冰盖绝大部分在南极圈内，直径约4500 km，面积约13.9×10^6 km²，约占南极大陆面积的98%；平均厚度为2000～2500 m，最大厚度达4000 m多。冰盖的总体积约24.50×10^6 km³，占世界陆地冰量的90%，淡水总量的70%。人们从南极冰盖采集冰芯，释读出丰富的1 MaBP以来的全球气候变化信息（Crosta，2007）。

多数研究认为南极冰盖的形成是由于塔斯马尼亚海路和德雷克海峡打开，形成绕极流，南极被热孤立。也有研究认为是大气中二氧化碳浓度降低造成的，因为渐新世开始了大气二氧化碳的低浓度。当然也许是两方面共同作用的结果。

（二）格陵兰冰盖

格陵兰岛面积2.17×10^6 km²，目前全岛84%的面积被冰雪覆盖，冰盖平均厚度为1500 m，中部厚度达3400 m，冰总体积为2.6×10^6 km³。第三纪末开始冰川广泛发育。格陵兰冰芯与南极冰芯具有同样的气候变化记录（Crosta，2007）。

（三）北美冰盖

北美冰盖是复合冰盖，在晚威斯康星期，由劳伦泰德（Laurentide）、科迪勒拉（Cordilleran）和因纽特（Innuitian）三大冰盖组成。劳伦泰德冰盖中心位于加拿大地盾，并跨过北美平原向南扩展。科迪勒拉冰盖覆盖美国西北部和白令陆桥之间的山区。因纽特冰盖覆盖 75°N 以北加拿大北极群岛。在某些时期，冰盖覆盖加拿大纽芬兰等沿海省，所以又称为阿巴拉契冰盖。末次冰盛期，劳伦泰德冰盖、因纽特冰盖和格陵兰冰盖汇合在一起，形成特大冰原。北美冰盖曾经历 4 次进退，冰厚可达 3300 m，最大面积达 15×10^{6} km^{2}，加上格陵兰冰盖，总面积达 17.4×10^{6} km^{2}，如图 3.3.1 所示。海洋同位素记录认为北美冰盖始于 120 kaBP，在 115 kaBP、70 kaBP 和 20 kaBP 达到极大面积。

末次冰期，北美冰盖的进退能解释海平面变化的 3/4。

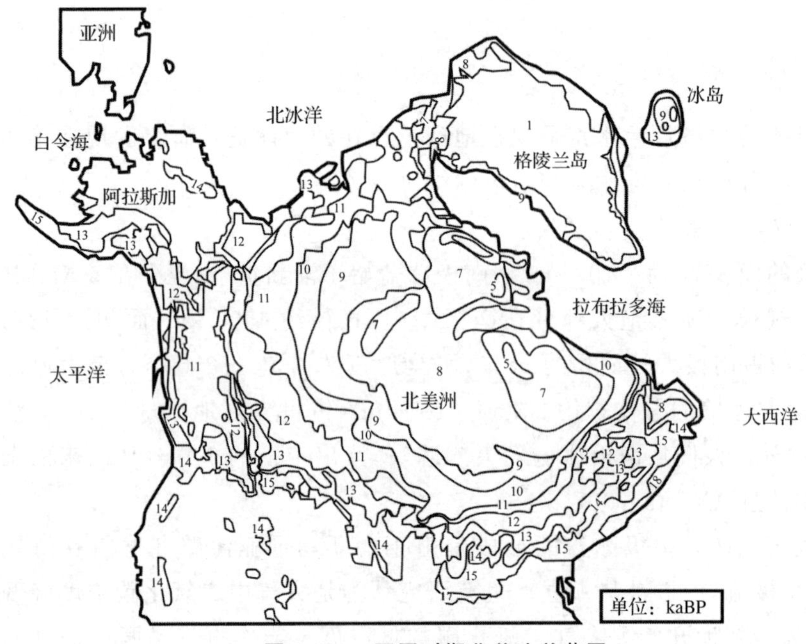

图 3.3.1 不同时期北美冰盖范围

(四)斯堪的纳维亚冰盖

斯堪的纳维亚冰盖在第四纪进退很多次。挪威海沉积物中的冰碛物(IRD)记录显示，斯堪的纳维亚冰盖形成于 2.7 MaBP，在 1.1 MaBP 达到极大面积，为 4.1×10^{6} km^{2}。大范围时南沿曾到达德国、波兰和乌克兰，东到西伯利亚，东北边与巴伦支海——喀拉海海冰汇合在一起，到达俄罗斯的亚马尔半岛，北边扩展到挪威海斯匹次卑尔根，西南面与不列颠冰盖合并在一起。冰盛期冰盖中心厚度可达 3000 m，平均厚度 1900 m，如图 3.3.2 所示。在阿尔卑斯冰盛期，欧洲大陆除了冰川就是多年冻土区。

在末次冰期，斯堪的纳维亚冰盖也有多次进退，晚维塞尔期(末次冰期)冰

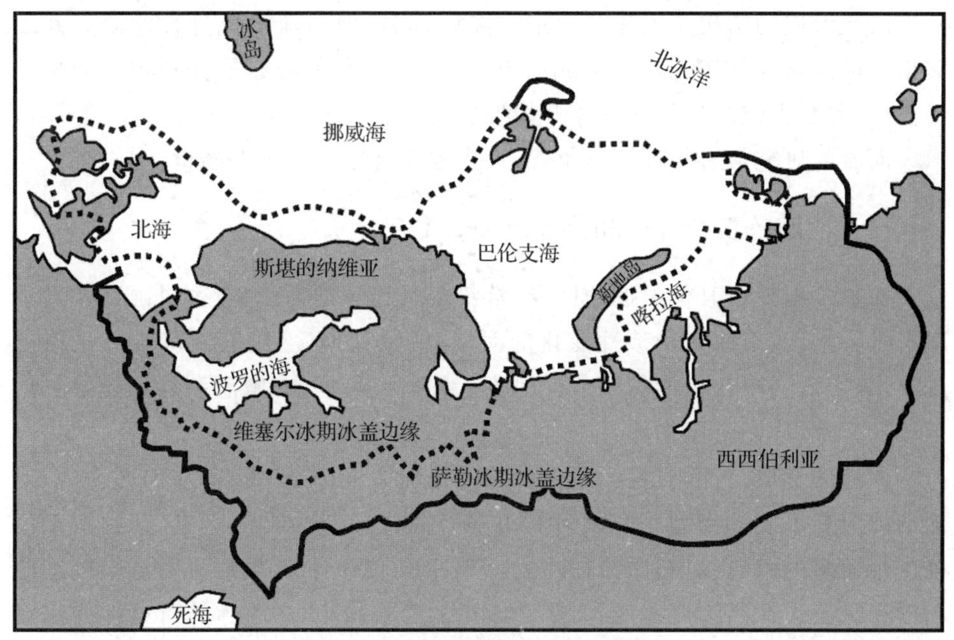

图 3.3.2　斯堪的纳维亚冰盖范围

实线为萨勒(Saalian)冰期冰盖范围,虚线为维塞尔(Weichselian)冰期(末次冰期)冰盖范围

盖比早期大。强大的冰川作用,将老的冰期和间冰期沉积物清除,改变陆地地貌,形成"U"形山谷和峡湾,特别是在挪威海西部,峡谷深度可达 1900 m。

第四节　河流的变化

对局地或区域环境来说,河流是极为重要的。人类大多在河谷地带逐水而居,河流的演化在很大程度上反映气候变化。

河流的变化包括流量、水化学性质、悬浮物浓度、砂石携带量、对堤岸的冲刷、下切与阶地形成诸方面。变化原因与流域环境变化密切相关,主要包括气候变化和生态系统演替。

现存的古河道和河流阶地,保存的河流沉积物,为研究提供了方法,可以根据这些证据来重建河流变化,并推测流域盆地的环境状况。根据保存的河流沉积物可以推测当时搬运这些沉积物时的河流流速;如果能找到合适的古河道横断面,则原则上可估计当时的流量。用同样的方法,可以推测河流形态,或者说曲流形态。

河流形成的历史是河流变化最重要的部分，但河流形成过程的研究并不突出。可以认为构造过程是形成河流的开始，如青藏高原抬升到相当的构造形态后，源于青藏高原的河流才开始形成。

河流的研究最多拓展到新生代，大多限于晚第四纪或全新世。

一、河流的变化（Williams et al.，1997）

在热带雨林及其他湿润地区，有常年水量充沛的河流；在季风雨区及春季融雪水补给区，有水量季节性变化的河流；在荒芜地区，则有在降水时迅速出现洪水，之后又很快干涸的季节性河流。任何一种河流，常态和洪水能导致河道改变、河岸冲刷甚至崩塌，形成冲积平原。

河流的形成是冲刷过程，不像沉积过程能留下记录。在不同的环境中，河流的河道有不同的类型。辫状河流由多条互相沟通的小河组成，这类河水往往携带较多的碎屑物质；曲流往往发育于冲积平原上，这类河流常携带较细的粉砂和黏土。在高纬度地区，河流受冰川的影响较大，冬季冰体可以促使河岸改变；山地冰雪融水常携带大量冰碛物，并堆积于冰川出口处，或很快就把下游的河谷填满。因此，从高山到平原地区，河流带下来的沉积物依粒度分选堆积。在有大潮的河口，大潮可以顺河道向上游影响到内陆 100 km 处，受潮汐影响一些河口的水位变化可以达到 5 m 或更高。

在构造活动强烈的地区，多数情况下河流下切，老的河床抬升，高出现有的河水面而形成阶地；相反，在构造稳定或构造活动较小的地区，河道变化速度缓慢。

河流形态及动力过程的改变称为河流变态作用。

冲积作用使曲流型河向辫状河道发展。北美墨西哥湾滨海平原上既有一些低曲度的以搬运砾石为主的河流，也有曲流型的以搬运砂和粉砂为主的河流。这些不同河流形态所反映的河流变态作用，被认为是晚第四纪气候由干旱向湿润转变所造成的河流丰水或丰沙状态变化的结果。印度中北部的宋河(Son River)(Williams and Royce，1982；Williams and Clarke，1984)沉积物中介壳、木炭和碳酸盐，经^{14}C测年建立的时间序列，显示冰后期河流由较宽的、季节性变化较大的低曲流型河道形态向较窄的、季节性变化较小而曲度较大的、携带较细沉积物的河道的转变历史。随着全新世的气候变得较湿润，宋河在更新世冲积平原上下切约 30 m。这种河流形态的形成可以用冰期干冷条件下流域植被稀疏向全新世暖湿条件下植被增加引起的沉积物减少来解释。

二、影响河流环境的因素

影响河流的主要因素包括海平面变化、流域水平衡和地质条件等。河流变化的研究更多的是研究流域环境变化。很多情况下以上影响因素对应于河流的下游、中游和上游河段的环境变化。

(一)海平面变化

海平面变化主要影响外流河下游和河口。第四纪的一个重要特点就是冰期—间冰期旋回引起海平面升降,全球海平面升降超过 120 m。在冰期,海平面下降,大陆架变宽,河口区河流长度增加,侵蚀作用加强,出露的大陆架地区遭受强烈下切而形成大峡谷。位于墨西哥湾陆架上的密西西比河口大峡谷,也称密西西比海沟,即由此形成。当海平面下降时,对大多数内陆盆地来说,影响也会逐渐表现出来。由于侵蚀而下降,河床下切,形成新河道,老河床抬升,成为河流阶地,不少河流具有多级阶地,记载了过去的河流演变历史。当然也可能是构造抬升引起的河流下切,使下游河谷抬升,从而引起溯源侵蚀。

在冰消期,海平面上升,出现与上述相反的过程,大陆架上的峡谷被重新淹没,下游的河床被海水占据,河流搬运沉积物的能力减弱,河口区将逐渐为沉积物所充填。这些沉积物在下次低海平面时又会被冲刷走。这种过程在第四纪重复出现,河流下游的沉积地层因而也复杂多变,包含了不同年代的沉积物。在大陆架及峡谷以下的大陆坡上,沉积地层序列以同样复杂的形式出现。

(二)流域水平衡

第四纪世界各地的气温和降水曾发生大的波动,流域的水平衡也发生周期性变化。这种变化的格局无疑是比较复杂的,蒸发量和降水量变化的不同组合,导致不同时间内、不同地区水储量不等。在一些区域内,降水的季节分配也发生改变。气温和降水变化必然改变地表植被状况,从而改变土壤侵蚀状况,受冲刷进入河流的沉积物类型及数量亦发生变化。冰期时,植被保护相对较差的坡地有可能提供更多的砂砾物质。

间冰期发育的河道,当气候变冷时,形态及功能也随之发生改变。间冰期过渡到冰期时,曲流状河流会向辫状河流的形态发展;冰期向间冰期过渡时,则向相反的方向演化。冰期时河流携带大量较粗的沉积物,河床或许会变得宽而浅,弯曲的程度也会慢慢减小。冰期时,水量季节性变化较大的河流,旱季河床底部暴露,沉积物会在一定情况下被风吹扬,在河道地区形成沙丘。

源于第四纪大冰盖外围融冰水的河流,其流量及沉积物搬运量都会随冰期—间冰期旋回发生显著变化。尤其在冰消期早期,大量沉积物会进入河流中。在劳伦冰盖退缩过程中,北美的密西西比河水系就处于这种冰盖外围的环境,密西西比河中部由于有大量砂砾的进入而变为宽阔的辫状河道。

(三)流域地质条件

在冰期早期,流域中较裸露的坡地上先前形成的土壤及风化物质将遭受冲刷侵蚀,带入河道;当沉积物负荷超过河流携带能力时,沉积物沉积在河道中,使河床不断升高。流域下游的河道由于多余物质的堆积,沉积物可达到很大的厚度。然而,当流域坡地的风化物质被全部冲刷掉后,从流域上游裸露的地区汇集起来的沉积物负荷减小,水流又会冲刷下游河道中先前形成的沉积物。这样,我们将会看到老的河床的残留物在新切出的河道旁边形成阶地。这种阶地的形成过程大约发生在气候条件转入冰期后的一段时间内。

(四)人类活动的影响

工业革命前,人类活动对河流的影响主要是航运驱动的,包括河道改造和开挖运河。工业革命以来,由于对能源的需求,特别是电的发明并被利用,人们在河道上建立了大量水电站,同时,城市人口增加,为解决水源,人们建造水库,引水入城。Grill 等(2019)的研究表明,全球约有 1/3 的河流已不再自然流动。当然,人们对河流的改造是为了人类更好地利用河流,如中国的三峡工程,就具有发电、调洪和提升航运能力的巨大功能。

三、第四纪河流环境变化实例

全球范围的大河中,北非的尼罗河、南美的亚马孙河、北美的密西西比河和科罗拉多河、亚洲的长江和恒河的变化均有典型意义。

(一)尼罗河水系

尼罗河属外流河,有很长一段河道流过干旱地带。尼罗河水系有 3 条主要支流——源于乌干达南部的白尼罗河,源于埃塞俄比亚北部和中部高原的青尼罗河,以及源于埃塞俄比亚北部的阿特巴拉河,其中青尼罗河和阿特巴拉河流域是尼罗河下游沉积物的主要源区,而白尼罗河对维持干燥冬季尼罗河基流至关重要。从赤道以南的白尼罗河源头到地中海,尼罗河总长约7000 km,跨越纬度 35°。尼罗河的性状变化与跨越多个气候带(从热带到极端干旱区)密切相关。可以估计,位于埃及的尼罗河中下游所发生的河流变态作用与遥远的埃塞俄比亚高原的环境变化有关。

现在已查明,尼罗河在晚更新世时期有两个主要沉积物堆积期。但实际上可能还不止两个，只不过由于后来的侵蚀作用和更新的沉积物的覆盖，一些沉积环境的证据不是那么清晰，以至于无法确认每一个堆积期了。这种堆积期反映了第四纪冷期埃塞俄比亚高原的环境条件。在冷期，高海拔区从草地变得荒芜或岩石裸露，并伴有地表冰冻及冰缘过程；而低海拔区，乔木和灌木被草地取代。最冷的时期森林线可能降低了 1000 m。降温的同时，虽然仍可维持有雨季，但雨量比现在要少，于是，注入河流的水量较小。同时由于地表覆盖度的降低，河水携带的沉积物量增加，颗粒变粗。由于河流携带沉积物的能力降低，流域提供的沉积物量相对增加，整个尼罗河进入沉积物堆积期。

晚更新世时在尼罗河中游，在 20—12.5 kaBP 发生沉积物堆积，大致和末次冰盛期吻合。对沿河沉积物的研究表明，当时河流的变态作用主要是向辫状河道发展，沙质漫滩上只有一条比现今水量小得多的水流，也许宽度只有现在的 10%～20%。在沉积物堆积期，从上游冲刷下来的物质使冲积平原不断累积。当时地中海海平面比现在低 130 m，但在最北部的下切或堆积作用可能几乎没有受海平面变化的影响。在冷期，尼罗河河谷以外的地区极端干旱，河谷地区成为人类和动物的重要栖居地。即便是河谷内，也因气候的干旱而发育了大面积的沙丘，因而也是一个比较荒凉的环境。

在 15—5 kaBP 期间，气候变暖，降雨量增加，尼罗河上游地区植被恢复，流域的沉积物的来源明显减少，遭受侵蚀的物质只限于细粒物质。这些物质在洪水后沿河谷堆积下来，反映了当时河流变态作用朝着以搬运悬浮物为主、河道弯曲度加大的方向发展。

在冰期，白尼罗河上游湖泊水位要低很多，不像现在这样会溢出。而白尼罗河本身则可能被沙丘阻塞，在这种情况下，尼罗河下游不仅水量小，而且沉积物也不再反映白尼罗河源区的地质情况。在间冰期时，随着白尼罗河水流的出现，尼罗河下游的搬运物质也发生相应变化。

对尼罗河三角洲沉积物的钻孔分析（Foucault and Stanley，1989）表明，在最近 40 ka 以来，白尼罗河与青尼罗河流域指示的重矿物组成有明显变化。在 20—10 kaBP 期间，矿物组成与埃塞俄比亚高原一致；在此之前的物质成分则显示与白尼罗河一致，白尼罗河在 40—20 kaBP 期间是很活跃的，与尼罗河河谷中发现的化石及已有的尼罗河演化模式是一致的。

地中海东部钻孔岩芯中包含富含有机质的黑色泥层，即所谓的腐泥层（sapropel），反映海水出现成层现象，垂直对流的减弱使有机质未能氧化。地中海东部发现的两层腐泥，分别形成于 11.8—10.4 aBP 及 9.0—8.0 kaBP

(Rossignol-Strick et al., 1982)。这些腐泥层的形成可能与冰后期气候转暖后尼罗河出现的大洪水有关。洪水期大量淡水入海,因比重小浮于海表层,导致水体层化。腐泥层形成时期,尼罗河的洪水应该有相当规模,当时的降雨量要比现在高,白尼罗河源头的水量很大,湖泊也屡有溢出现象。事实上,当时的赤道地区有丰富的降雨,由于尼罗河跨越了如此宽的纬度带,以至于洪水影响了整个下游地区直到遥远的地中海。据计算,在洪水期间,尼罗河的流量可能比今天高250%,这种现象只要持续15年,尼罗河入海的淡水足可以形成一个25 m厚的水层覆盖于整个地中海表面(Rossignol-Strick et al., 1982)。

赤道非洲一个短暂的干旱期就可以使尼罗河洪水期间断,从而形成两个分开的腐泥层。

(二)亚马孙河水系

南美的亚马孙河长6400 km,流域面积7×10^6 km^{2}以上,跨越秘鲁、圭亚那、巴西等国。亚马孙河水系位于赤道南侧,大致为由西向东走向的河流,从秘鲁山地到大西洋,总共跨越经度33°、纬度12°。整个流域位于热带,年平均降水量达2300 mm。亚马孙河的水量惊人,平均流量达1.75×10^5 m^3/s,约占世界全部河流入海流量的20%;长度仅次于尼罗河,整个中下游河段坡度平缓。因其源头安第斯地区岩石裸露,水量丰沛,亚马孙河悬浮物搬运量为世界第三,仅次于黄河和恒河—布拉马普特拉河。据估计,它每年的悬浮物搬运量达9×10^8 t。

亚马孙盆地是全球最大的热带雨林,占全球热带雨林面积的一半,生物多样性全球第一,每年吸收大量二氧化碳,贡献全球20%的氧,被喻为"地球之肺",是对地球影响最大的陆地生态系。

亚马孙河的部分沉积物穿过大西洋的大陆架,并从大陆坡一泻千里进入大洋,形成一个巨大的沉积体,即所谓的亚马孙锥。其组成物质表明它仅形成于最近几百万年,大致始于中新世末。白垩纪,南美洲地势东高西低,河流向西流入太平洋。进入新生代,安第斯山隆升,分水岭西移;到渐新世,形成两支河流,一支向北流入加勒比海,另一支即亚马孙河的前身,流入大西洋。之后,安第斯山继续隆起,现代亚马孙河逐渐形成。

现代亚马孙河流域包括复杂多样的环境,有每年被洪水淹没的低洼森林区——泛滥平原,和洪水不会淹没的高地。在泛滥平原地区,亚马孙河及其支流蜿蜒游荡,在不少地带可看到阶地分布于高出河面约90 m的地方。第三纪沉积物甚至形成更高的台地,高出河面达180 m。

泛滥平原中沉积物大部分的年代是全新世。在冰期低海平面时，亚马孙河河谷下切并穿过大陆架。冰后期的海侵淹没深切的河谷，沉积物开始堆积。有证据表明，在距河口 1000 km 的全新世前的内陆河段现在可能仍在不断充填。在亚马孙河一些支流的流域内，由于缺乏高地，河水只携带很少量的物质，被称为“清水河”，区别于像亚马孙河干流那样混浊而含大量泥砂的“浑水河”。

亚马孙河的阶地与第四纪冰期—间冰期旋回中侵蚀面的波动有关。亚马孙河流域的不少地区海拔极低，许多地方在 100 m 以下。在距海 1500 km 的内格罗河（Rio Negro）河口，枯水期水位只有海拔 15 m，即使在伊基托斯（Iquitos），枯水期水位也只有海拔 100 m。如果海平面比现在降低 100 m，那么很长距离的河谷比降将增加一倍，增加出露的大陆架部分，会使下切能力大大增强。但是，在如此巨大的流域盆地内形成阶地，需要很长时间才能使海平面变化的效应向内陆传递。

亚马孙河阶地的形成与气候变化对流域条件的改变有关。干旱引起河流沉积物超载而在下游发生堆积；气候变湿润后，又引起河流下切而形成阶地。有孢粉证据表明，亚马孙河流域内确有过周期性的干旱环境出现（Colinvaux，1989）。Damuth 等（1970；1975）通过对亚马孙锥及相邻地区沉积物的研究认为，沉积物的矿物组成与赤道南美洲大部分地区在末次冰期存在干旱—半干旱条件的说法是一致的。

（三）长江水系

长江全长 6300 km 多，是世界第三长河，长度仅次于非洲的尼罗河与南美洲的亚马孙河，水量也仅次于亚马孙河以及非洲的刚果河，位居世界第三。长江流域东西长 3219 km，南北宽 966 km，面积 1.80×10^{6} km^{2}。

长江发源于青藏高原唐古拉山的主峰各拉丹冬雪峰，经 11 个省、自治区、直辖市，在上海市崇明岛入海。在“长江”这一总名称下，各江段又有它自己的名称。源头至当曲称沱沱河，长 358 km。当曲至青海省玉树的巴塘，称通天河，长 813 km。巴塘至四川省宜宾，称金沙江，长 2308 km。宜宾至入海口，长约 2800 km，通称长江，其中宜宾至湖北省宜昌南津关，称川江，长度为 1033 km；奉节至宜昌间的三峡河段又称峡江；湖北省宜昌至湖南省城陵矶间称荆江，长度为 337 km；江苏省扬州、镇江以下又称扬子江，英文常用词 Yangtze River。

1. 长江的形成过程

长江连接了地球上最大的高原和最大的海洋，从板块构造角度观之，长江跨越多个构造单元。进入新生代，这些构造单元进入全新的地质演化阶段，表现出强烈的差异隆升与沉降，西部岩石圈挤压增厚隆升，东部岩石圈在中生代基础上持续伸展减薄，形成断陷盆地和西太平洋边缘海盆地，造就了现今的亚洲东部构造格局(汪品先，1998)，为贯通东流的长江提供了必要的地质条件。

长江宜宾以上河段为维持枯水期下游提供基流，但人们推测，在地质历史上，金沙江以上河流曾经并未进入现代意义上的长江。长江贯通之前，中下游江汉盆地、苏北盆地各自发育内流河系，盆地之间没有连通。川江西段西流与古金沙江在石鼓汇合南流，沿龙川河和红河南流入海。研究认为，长江东流格局形成，就是长江形成，有两个关键节点：一个是金沙江转向，另一个是三峡贯通。

对现代长江东流水系形成于何时，有前第三纪、中新世、更新世等多种观点(郑洪波等，2017)。也就是说，长江形成现在的流向格局至少有百万年的历史了。而对金沙江转向北流和三峡贯通的先后却很少研究。

2. 长江形成的沉积学证据

分布于青藏高原东南缘的新近纪盆地，记录了本区内广泛发育的古河流系统的演变历史。研究发现，石鼓及周边地区广泛分布新生代始新世沉积地层。研究表明，古河流流向南或者南东，暗示其发源于西北方向，也就是青藏高原东南缘；如果为大型远源河流，就意味着其源头应该上溯到青藏高原。

长江三峡的切穿，被认为是长江贯通东流的另一个关键节点。也正是如此，百余年来对长江演化历史的研究多集中于三峡地区。Li 等(2001)对三峡地区的阶地进行了调查，对阶地上保存的沉积物进行了热释光/光释光和电子自旋共振(electron spin resonance, ESR)测年。基于测年结果，他们认为三峡地区最老的阶地年龄为约 2 Ma，据此推断三峡的初始下切，也就是三峡贯通，或者长江的贯通东流，开始于早更新世.

Richardson 等(2010)进行了四川盆地和三峡地区的低温热年代学研究，发现在 40—45 MaBP 三峡地区有一次明显的冷却事件，认为是三峡被切穿的结果。他们还认为，这个下切时间与四川盆地的大规模侵蚀作用，开始的时间相吻合。如果三峡被切穿，四川盆地被强烈侵蚀，沉积物首先会被输送到江汉盆地形成碎屑沉积。所以，江汉盆地应该有这些侵蚀和沉积事件的记录。江汉盆地自晚白垩纪开始发育断陷型盆地，在古近纪时期沉积了数千米的蒸发岩，这些蒸发岩与玄武岩互层，有可靠的年龄约束（戴世昭，1997）。大规模蒸发岩的沉积表明当时江汉盆地属于内陆咸化盆地，不可能存在大型的贯穿型河流。古近纪末期（渐新世），江汉盆地的构造类型发生了根本性转换，从原来的断陷型转变为凹陷性。在盆地凹陷阶段，也就是新近纪时期，沉积相以大型河流砂砾为主并呈盖层状分布，覆盖整个江汉—苏北盆地，表明长江中下游盆地在新近纪被大河流系连通，这便是贯通东流的现代长江水系（Zheng et al.，2011）。

在长江中下游地区沿江两岸的狭长地带，广泛分布着一套砂砾石层，呈半固结状，分选和磨圆良好，成分单一，砾石以燧石和花岗岩居多，为典型河流相沉积体系。杨怀仁等（1995）指出，长江中下游广泛发育的这套砾石层，指示了长江历史演化中的一个重要事件，因此形象地称之为“长江的成砾时代”，其沉积时代为更新世。南京地区的“长江砾石层”，就是著名的“雨花台组”，分布广泛，露头良好，生物化石丰富，盛产著名的雨花石，因此有较多研究。但学术界对于其年代地层划分一直存在争论，认为其沉积时代可能跨越中新世到更新世，也有认为是更新世（李立文，1979；张祥云等，2004）。

郑洪波等（2017）对南京地区的“长江砾石层”开展了系统的年代学与细颗粒沉积物物源分析。由于“雨花台组”砾石层常常被玄武岩覆盖，或者含有玄武岩夹层，为约束砾石层的沉积时代提供了重要的机遇。他们同时对玄武岩开展 $^{40}Ar/^{39}Ar$测年，确定其沉积时代为早中新世甚至更老；对其中的碎屑锆石开展基于 U-Pb 年龄谱的物源分析，并与现代长江沉积尤其是上游特征锆石年龄谱进行对比，发现在渐新世或者最晚在渐新世/中新世之交，长江上游的沉积物就已经到达苏北盆地的西南缘（Zheng et al.，2013）。换句话说，贯通东流的长江水系在这个时期已经建立，这与上游金沙江改道东流的时间相吻合，也与江汉盆地的沉积记录一致。

第五节 湖泊的变化

湖泊是地球上暂时存在的地质体。湖泊形成必须具备两个最基本条件：一是能集水的洼地，即湖盆；二是能提供足够的水量使盆地积水。

湖泊从形成到消失经历青年期、壮年期和老年期 3 个发育阶段。湖泊演化过程中，地质、物理、化学和生物学过程相互作用，表现出地域特色。

湖泊变化研究包括三方面的内容:湖泊自身的变化、湖泊所在地区的环境变化和湖泊与周边环境的相互作用。有很多利用湖泊沉积物记录进行环境变化研究的报道。

湖泊的变化局限于第四纪,大量的研究集中在全新世。

一、湖泊分类

湖泊及其他非流动水体在成因上与地质环境有关。人们按成因将湖泊进行分类(沈吉等,2010)。

第一类湖泊是冰川湖。世界上一些大湖泊源于冰川侵蚀所形成的洼地。这类湖泊普遍较深,深度常超过 100 m。一些发育于山地冰川谷地,阿尔卑斯山脉中许多湖泊即属此类。一些发育于冰川退缩后的洼地中,如北美的劳伦冰盖退缩后形成的五大湖。大多数湖盆的沉积记录时间跨度一般不足 18 ka。冰川形成的沉积物中的冰碛物是最后一次冰川退缩留下的。

第二类湖泊是构造湖,发育于大型断陷盆地中,如澳大利亚的艾尔湖、青藏高原北部的青海湖、西亚的咸海、俄罗斯的贝加尔湖、东非的坦噶尼喀湖等都是构造湖。构造湖的寿命可达几百万年。

全球大湖均属以上两种类型,但还有其他类型的湖泊,如火山湖、人工湖等。

环境变化研究中有两类湖是特别重要的,它们可能是古气候研究中最理想的湖泊。它们是由降水直接补给的湖泊和主要由地下水补给的湖泊。前一类湖泊可能为陨石坑,更多为火山湖。正常情况下,这些湖泊就像一个巨大的雨量器,因为主要水量来源于湖泊上部降水,一般没有地下水或河流进入这类湖泊。后一类湖泊被称为“地下水窗口”,主要由地下水补给。多数发育于干旱—半干旱区,因那里蒸发量大于降水量,如果地下水位接近地表,则会因地下水渗出而形成湖泊。事实上,这类湖泊的水位是区域环境条件变化的指标(proxy),它可以反映进入湖盆汇水区的水量。大部分“地下水窗口”型湖泊因过量蒸发或湖底沉积物中的孔隙水溶解了沉积物中的可溶性矿物而成为咸水湖。

还有一类小湖在喀斯特发育区,由当地的岩石如石灰岩、石膏或砖红壤遭受溶蚀形成,有些有时间跨度较长的沉积物记录。这些湖泊与前述湖泊相比,虽然汇水面积较小,但记录常被后期湖滨的溶解过程扰动,导致记录状况不佳。同样,发育于海滨沙丘间浅洼地(<5 m)的湖泊或风蚀形成的沙丘间的小

湖,其汇水面积亦很小,由于频繁的岸线变化和沙丘活动,记录的时间跨度也较短。

汇水面积巨大的湖泊虽然常常具有提供大区域的乃至洲际水文和气候变化信息的能力,然而,大湖泊通常只能准确记录主要的事件,而小事件和小变化在小湖泊中往往有较好的反映,因为小湖泊对微弱的水文变化有迅速的响应和完整的记录。

有一些较小的湖泊,如小水泊、牛轭湖、人工湖、水库等,其沉积物时间跨度较短,但可提供一些附近的反映人类活动与环境相互作用的信息。这些小水体及其沉积物也可提供一些气候变化的高分辨率信息,根据沉积物记录来恢复小范围、短时间尺度,如季节或更短时间的气候变化。相比之下,大湖泊或海洋很难提供短时间尺度的环境变化记录。

二、湖泊的变化

湖泊一旦形成,就受到外部自然因素和内部各种过程的持续作用而不断演变。湖泊自身的变化包括水位、水体理化性质、湖水中及周边生物、湖泊沉积物等的变化。

(一)湖泊水位变化

入湖河流携带的大量泥沙和生物残骸在湖内沉积,湖盆逐渐淤浅,变成陆地,或随着沿岸带水生植物的发展,逐渐变成沼泽。干燥气候条件下,冰雪融水减少、地下水位下降等,补给水量不足以补偿蒸发损耗,往往引起湖面退缩干涸,或盐类物质在湖盆内积聚浓缩,湖水日益盐化,最终变成干盐湖。某些湖泊因出口下切、湖水流出而干涸。此外,由于地壳升降、气候变迁和其他因素的变化,湖泊会经历缩小和扩大的反复过程。不论通过哪种方式的演变,结果都是湖泊终将消亡。

湖泊水位变化分为周期性和非周期性两种,周期性的变化主要取决于湖水的补给。降水补给的湖泊,雨季水位高,旱季低;冰雪融水补给为主的高原湖泊,高水位在夏季,低水位在冬季;地下水补给的湖泊,水位变动一般不大。有些湖泊因风力、暴雨、海潮、冻结、冰雪消融等影响产生周期性的日变化,非洲维多利亚湖因风力作用,多年平均水位日间高于夜间 9.9 cm。风、气压、暴雨等可造成湖泊水位非周期性的变化,中国太湖在持续强劲的东北风作用下能使迎风岸水位上升 1.1 m,背风岸水位下降 0.75 m。此外,地壳变动、湖口河床下切、灌溉发电等人类活动也可使水位发生非周期性变化。

为重建湖泊的演化历史，获得指示湖面变化的特征是非常必要的。因为某个地区水文状况的变化，经常表现为降水与蒸发比例关系的改变，从而引起湖水体积的变化，这种变化有时是非常剧烈的。如果某个湖泊在几个世纪间一直保持有较大的水量，则称之为永久性湖泊；如果湖泊在大部分时间内水量极少，只有少量时间内才有水注入，可能成为间歇性湖泊。

水平衡状况的变化可同时引起湖水化学成分和水生生物种类数量的改变。

研究发现，并非所有的湖泊在同一时期处在同一状态，即使对同一大陆来说也是如此。在某个时期，一些地区记录了高湖面，而另一些地区则相反。这个现象的产生是由于降水的空间变化造成的。例如，正常年，南美洲西海岸东南信风很强，因此秘鲁近海形成上升流，受其影响的沃克环流在西太平洋为上升气流，澳大利亚北部降水丰沛，使澳大利亚中部呈现高湖面；而在美国西部，气候则十分干旱，湖水呈现低湖面。事实上，是赤道太平洋的盛行风场，成为太平洋两侧降水方式不同的主导因素。在厄尔尼诺年，出现与上述相反的现象。

(二)湖水理化性质变化

湖水的化学成分取决于湖周围乃至整个流域的岩石特性，岩石风化时易溶组分最终流入湖泊，因此湖水的化学成分受环湖岸上岩石性质影响。湖水的化学成分由两大类离子组成：一类是阴离子，在湖水可溶组分演化的最早期，主要是重碳酸根离子；另一类是阳离子，以二价阳离子钙或镁为主。在湖水受到持续蒸发时，一些常见矿物如碳酸盐将首先沉淀，方解石是碳酸盐中最常见的矿物，它常常与一些其他离子一起先期沉淀，从而使另外的一些离子在湖水中成为主导成分。当方解石沉淀时(通常称为方解石分叉点)，湖水的化学成分将循两条途径之一发生变化：一条途径是湖水演化成富含重碳酸根但短缺二价阳离子(钙、镁离子)的水体，另一条途径是重碳酸根离子短缺而钙、镁离子中的一种或两种富集。富含重碳酸根离子的湖水在进一步浓缩时，最终将有其他碳酸盐矿物沉淀。随着盐度的继续增高，将沉淀出石膏($CaSO_4 \cdot 2H_2O$)。后一种化学演化途径同海水蒸发时一样，水体中的离子比例也是相似的。湖水的化学成分与盐度对生物的种类具有重要作用，因此沉积物中的水生生物遗骸可用来反演湖水化学成分和盐度。从盐度水平估计出蒸发与降水的比例关系，可用来重建古气候。也可以根据水化学的演化，来推断流域面积的变化。

（三）水生生物

从很浅的间歇性干涸的池塘到高度盐化的湖泊，几乎都有生物存在。有的生物通过在淤泥中挖掘洞穴，在干涸的湖底生存，或者通过生产抗干旱的卵在一个长期干化的湖泊中生存下来，而有的生物只能在永久性湖泊中生存和繁衍后代。通过识别某些在特定生存环境才能生存的物种，古生态学家可以由此重建湖泊生态变化历史，推断物理化学特征变化，并把这些变化直接同水文与气候变化相联系。有许多水生生物种类只能生存于特定的水化学环境中，因此可以根据不同时期生物遗迹组合推断湖泊的化学演化途径。

水深且面积大的湖泊生物种类较丰富，生物死后的壳体可在湖底保存下来，同时，其化学组成及无机沉积物亦可以得到保存。有些湖泊，由于水深，溶解氧的量非常少，因此在某个深度下，动物不能生存。水体缺氧的结果是湖水产生分层现象。湖水分层使水底缺乏水生生物，从而使湖底沉积不受扰动，保存了具有纹层的沉积记录。

重建湖水的化学变化过程时，最常见到的水生生物中，硅藻具硅质介壳；无脊椎动物，介形类、腹足类、具双壳的软体动物等的外壳均由碳酸钙组成。所有这些生物常能在淡水湖和咸水湖中找到，理化条件控制和影响着这些生物在湖泊中的存在与数量的多少。可研究的物理化学条件包括水温、pH 值、盐度、溶解氧及营养水平。

可在湖泊中生长并且其遗骸可在湖泊中保存下来并用其重建湖泊演化历史的生物包括：水生昆虫（包括幼体和成虫）；脊椎动物（鱼、青蛙）；单细胞生物，如有壳变形类的遗骸；一些由鸟类带到湖泊中的有孔虫，这些有孔虫在类似于海水盐度和水化学条件的湖泊中也能生长繁衍；甲壳类，如蟹；十足类和等足类动物。常用的则是枝角类（俗称为水蚤、轮虫卵）以及藻类的遗骸，一些藻类甚至可以按色泽的差异从沉积物中分离出来。

花粉、孢子和种子在重建湖泊历史和确定湖泊状况中具有重要的意义。显然，孢粉可从湖区的外围地区由风搬运而来，由此可用来重建地区的气候变化。

三、湖泊环境变化研究方法

可用多种研究方法获得大型湖泊的湖面变化记录。第一种是用古岸线方法，用于确定历史湖面的高度。大湖往往有湖岸沙滩沉积，由粗颗粒物质组成，并常常接受过改造。当湖面退缩时，先期沉积的湖岸沙滩物质将保存下来，形成一种独特的景观，并可作为研究湖面变动的证据。湖岸线的地貌特征是非常明显且分布很广的，可以从航空照片判读出来，有的甚至可用卫星照片确定，尤其是那些巨大的湖相沉积系统。但是只有在湖泊收缩时才可能在地表景观留下湖岸的痕迹。湖泊水位上升时，往往会将古岸线改造，只有湖泊水体最大的那条岸线才得以保留下来。

对大湖进行沉积学和古生物学研究是重建湖面涨落的另一种方法。不同的矿物学、沉积化学特征、动植物遗骸组成都与湖面变化有关。另外，水体化学演化途径与介形类的钙质介壳以及硅藻壳组合之间的关系亦有助于反演湖水化学成分随时间的演变，从而将化学变化与气候变化联系起来。

研究海洋环境变化的沉积物中微体化石和地球化学方法已成功地应用到湖泊研究中。因为湖泊中往往缺少有孔虫，所以各种不同的生物，尤其是介形类、腹足类和双壳类的软体动物的钙质介壳常用来进行湖泊地球化学研究。微体化石钙质介壳的碳氧同位素分析可用来确定湖泊的物理化学参数，如古温度和古湖水组成。

湖泊沉积物的纹层是通过颜色和成分区分的，它们通常是由落入湖底的生物遗体，如藻类的硅质介壳组成。湖水表面藻类繁盛可引起表层水化学成分的改变，从而形成无机矿物沉积，最常见的有方解石、文石等。这些矿物一般很小，只有几微米大小，通常沉积在藻类的硅质遗体之上，因而出现微纹层的湖底沉积物。微纹层的沉积物通常呈灰黑深浅相间的颜色变化，在重建古气候时，如果是季节性或年际变化纹层，可得到高分辨率的环境变化记录。

当湖水收缩，湖底大面积暴露后，在干旱多风的时期，湖底表面沉积物连同生物遗迹将被吹扬，被搬运离开湖泊，可能会搬运得很远，但是大部分较粗颗粒留在原地而形成沙丘。形成于湖泊下风口的新月形沙丘是典型的例子。随着湖面的进一步降低，盐度持续增高，水生动、植物种类减少，到最后阶段在湖底仅存一个盐壳。这种盐壳的形成将使湖底物质不受吹扬。在低湖面时期或湖泊干涸后，高湖面时期形成的沉积特征将受到全部或部分破坏，这些破坏过程包括风力吹扬、生物扰动或机械过程形成的泥裂等。

四、湖泊环境变化研究举例

(一)苏黎世湖

Lister(1988)从苏黎世湖采集岩芯，结合有机体的同位素组成和介形类与双壳类软体动物化石的分析，得到年平均气温和湖泊生物生产力的历史变化。

在12.8 kaBP,双壳类生物介壳的$\delta^{18}O$曲线向正值漂移(图3.5.1),Lister解释为是冰川融水突然注入的结果。在8.5 kaBP前后,氧同位素组成($\delta^{18}O$)有一个幅度较小的变化,被认为是当时气温稍有变暖。自那以后,气候出现持续改善。

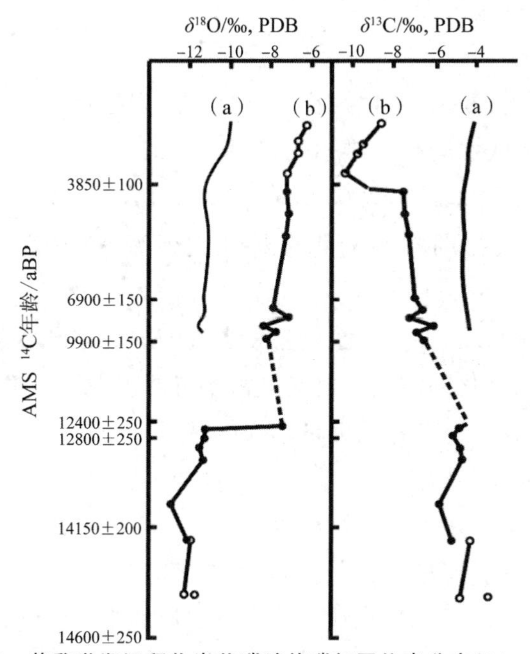

图3.5.1　苏黎世湖沉积物岩芯碳酸盐碳氧同位素分布(Lister, 1988)

湖泊沉积物生物成因碳酸盐的碳同位素组成可用来解释湖泊古产力的变化。全新世开始以前出现的$\delta^{13}C$偏向负值这个事件,被认为是湖泊表面生物产力大量增加所致。苏黎世湖在全新世其他时期所出现的一些$\delta^{13}C$偏负与偏正的变化均记录了生物生产力的增减事件。在3.85 kaBP前后,$\delta^{13}C$的突然变化可能是由于湖泊透光性的变化,由此引起到达湖泊底层的有机质过量增加。

(二)伊利湖

气候变化影响伊利湖的水文状况,水文状况的变化可以由生物成因的碳酸盐的同位素组分变化反映出来。Fritz等(Williams et al.,1997)在北美伊利湖(Lake Erie)钻取一个岩芯,他们对这个岩芯里介形类、双足类和腹足类软体动物化石的同位素组成进行了分析,研究伊利湖和大湖区古气候变化。他们发现有两次主要的气候改变事件:一次发生在13—12 kaBP之间,另一次在

10—8 kaBP之间。前一事件与北大西洋同位素记录的新仙女木事件时间相近。

(三)大盐湖

大盐湖(Great Salt Lake)位于美国犹他州西北部,是北美洲最大的内陆盐湖,西半球最大的咸水湖。

1. 大盐湖概况

大盐湖东面是洛基山,西面是沙漠,四周群山常年积雪。大盐湖为更新世大冰期大盆地内大淡水湖邦纳维尔湖(Lake Bonneville)的残迹湖。大盐湖西北—东南向延伸,长120 km,宽63 km,深4.6～15.0 m,面积3525 km^2。湖面海拔约 1280 m。大盐湖湖水的化学特征类似海水,盐度更高,达 150‰～288‰,湖中盐储量达 6 Gt。

大盐湖是个死水湖,没有泄水口。湖水流失主要靠自然蒸发,湖水的补充则主要来自降雨和融化的雪水。盛夏时雪水将高山上和沙漠中的矿物质冲刷到湖泊中,造成盐湖中的矿物质含量越来越高。

2. 大盐湖的演变

约在 1 MaBP,邦纳维尔湖面积达 52000 km^2。在其后的冰期中,大量淡水注入湖盆,经斯内克河汇入哥伦比亚河,最后注入太平洋。更新世末期,气候变干,蒸发加强,邦维尔湖水面降低,与外流河的水流隔绝,变成内陆湖。

18 世纪绘制的地图上已标明大盐湖的位置。1847 年有摩门教徒在湖畔定居。1869 年兴建的美国第一条横贯大陆的铁路经过湖的东北岸。1890 年美国地质调查所在此进行了科学考察。由于周围被大片沙丘、盐碱地和沼泽包围,大盐湖至今与附近的城市和村镇仍处于隔绝状态。

在第四纪高湖面期时,邦纳维尔湖的湖面曾达到 1600 m 的高程,而现在大盐湖湖面的高程只有 1270 m。湖面下降 330 m 用了 2 ka 左右的时间,平均每年下降 16.5 cm。湖面最高的时期出现在 16 kaBP 前后,当时北美的冰川已开始消融。

由于蒸发量和河水流量的变动,历史上大盐湖的面积变化极大,1873 年面积为 6200 km^2,1963 年只有 2460 km^2,70 年代初期约为 4000 km^2。

(四)青海湖

青海湖地处青藏高原的东北部、西宁市的西北部,99°36′—100°47′E,36°32′—37°15′N,是中国最大的内陆咸水湖。

1. 青海湖概况

青海湖湖面海拔 3196 m，长 105 km，宽 63 km，环湖周长 360 km 多，面积达 4456 km^2。湖的四周被高山环抱，北面是大通山，东面是日月山，西南面是青海南山。这 3 座山海拔在 3600～5000 m 之间。青海湖平均水深约 21 m，最大水深为 32.8 m，蓄水量达 105 km^3。湖区有大小河流近30 条。湖水平均矿化度 12.32 g/L，盐度 12.5‰。

青海湖具有高原大陆性气候，光照充足，日照强烈；冬寒夏凉，暖季短暂，冷季漫长，春季多大风和沙暴；雨量偏少，雨热同季，干湿季分明。

2. 青海湖的演变

青海湖是构造断陷湖，湖盆边缘多以断裂与周围山相接。它 2.0—0.2 MaBP成湖，初期是淡水湖，与黄河水系相通，那时气候温和多雨，湖水通过东南部的倒淌河泄入黄河，是一个外流湖。由于新构造运动，周围山地强烈隆起，从上新世末，湖东部的日月山、野牛山隆升，至 130 kaBP，使原来注入黄河的倒淌河西流入青海湖。由于外泄通道堵塞，青海湖遂演变成了闭塞湖，加上气候变干，也由淡水湖逐渐变成咸水湖。

北魏时青海湖的周长号称千里，唐代为 400 km，清乾隆时减为 350 km。在布哈河三角洲前缘约 20 km 处有古湖堤遗址；距湖东岸 25 km 处的察汉城（建于汉代），原在湖滨。

1908 年，俄国人柯兹洛夫推测当时湖面水位 3205 m，面积为 4800 km^2；20 世纪 50 年代的测绘资料显示，面积为 4568 km^2；70 年代出版的地形图量得湖水位 3195 m 左右，面积为 4473 km^2；1988 年，水位 3193.59 m，湖面积为 4282 km^2；2000 年，通过遥感卫星数据分析，青海湖的面积是 4256 km^2 多；2013 年 8 月，青海湖面积为 4337.48 km^2。

3. 沉积物记录的地区环境变化

碳酸盐含量是封闭湖泊出入湖水量，进而是湖泊流域有效降水的反映，因此可以用来反演地区环境变化。图 3.5.2 所示是张家武等（2004）给出的青海湖沉积物岩芯碳酸盐含量变化，由图看出不同采样区的 4 个岩芯中碳酸盐含量具有相同的变化模式，且具有周期性，可推算出约 200 a 的变化周期。

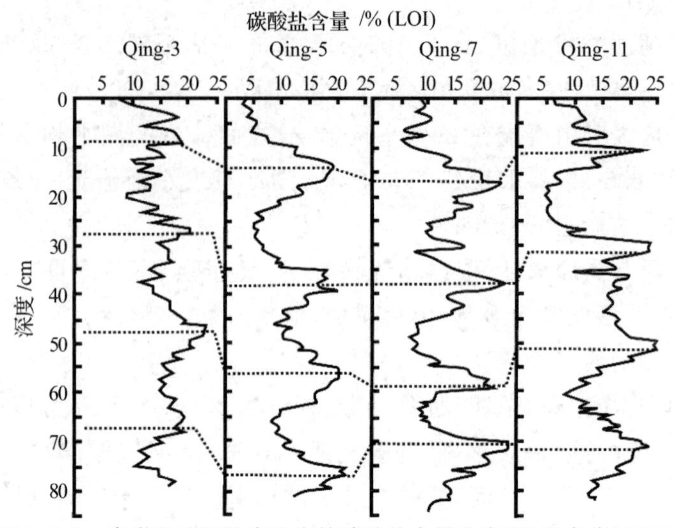

图 3.5.2　青海湖沉积物岩芯中的碳酸盐含量分布(张家武等,2004)

(五)凯拉比特火山湖

研究发现,生物骨骼微量元素 Mg 和 Sr 可用来指示湖泊的物理化学性质变化。这两种元素可取代介形虫壳体方解石晶格中的 Ca 原子,它们同 Ca 含量的比值可用来指示水体温度、离子组成和盐度。Chivas 等(1986a,b)通过测定澳大利亚东南部凯拉比特(Kellabete)火山口湖全新世沉积物中单个介形虫的 Sr/Ca(表示 Sr 原子和 Ca 原子的质量比,以下"Mg/Ca"同)的变化,恢复了这个湖泊的古盐度变化(图 3.5.3)。在一个流域范围完全确定的湖泊,湖水盐度的变化与蒸发量密切联系,蒸发量增加使湖泊溶解物质浓度增加,而不会使湖水的化学物质比例,如 Sr/Ca 改变。但是,在凯拉比特湖,介形虫壳体的 Sr/Ca 出现了变化,可解释为该湖当时二价碳酸根离子达到了过饱和,一些碳酸盐常常沉积在湖泊中。

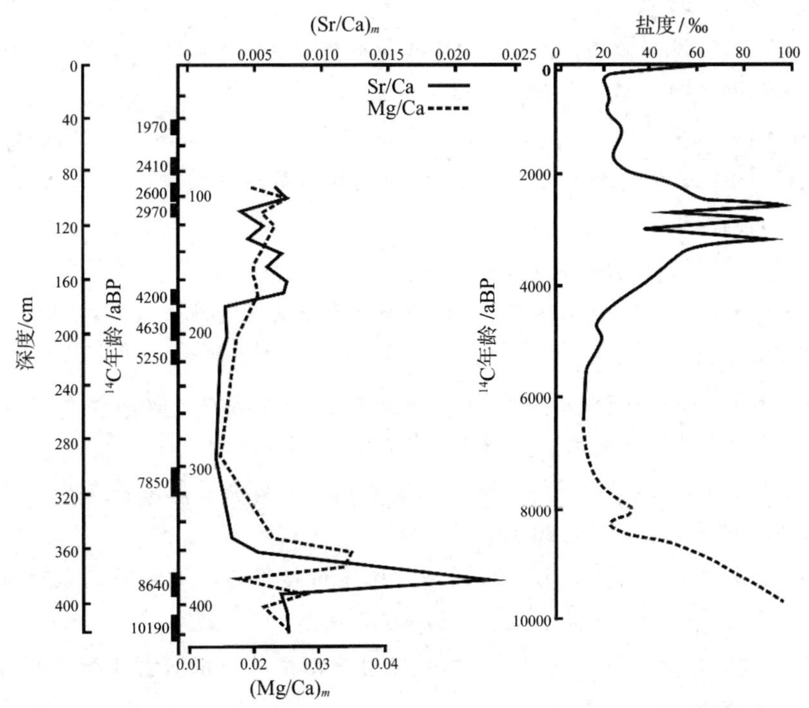

图 3.5.3　凯拉比特火山湖岩芯介形虫壳体 Sr/Ca 比、Mg/Ca 比和盐度变化

(Chivas et al.，1986a，b)

参考文献

戴世昭，1997. 江汉盐湖盆地石油地质[M]. 北京：石油工业出版社:57-93.

地球科学大辞典,2006. 基础科学卷[M]. 北京:科学出版社:1173.

丁仲礼,刘东升,刘秀铭,等,1989. 250 万年来的 37 个气候旋回[J]. 科学通报,(19):1494-1496.

丁仲礼,刘东生,1990. 1.8 Ma 以来黄土—深海古气候记录对比[J]. 科学通报,(18):1401-1403.

侯谓,谢鸿森,1996. 试论地球演化历史中水的总体行为[J]. 地球科学进展,11(4)：350-355.

黄恩清,田军,2008. 末次冰消期冰融水事件与气候突变[J]. 科学通报,53(12):1437-1447.

李立文，1979. 南京附近古砾石层的两个问题[J]. 南京师范学院学报(自然科学版），2(1)：23-30.

刘秀明，王世杰，欧阳自远，2002. 大气圈和水圈物质组成的演化及其对表生地质作用的制约[J]. 第四纪研究，22(6)：568-577.

沈吉，薛滨，吴敬禄，等，2010. 湖泊沉积与环境演化[M]. 北京：科学出版社：473.

汪品先，1998. 亚洲形变与全球变冷：探索气候与构造的关系[J]. 第四纪研究，18(3)：213-221

熊治平，2011. 河流概论[M]. 北京：中国水利出版社：172.

杨怀仁，徐馨，杨达源，等，1995. 长江中下游环境变迁与地生态系统[M]. 南京：河海大学出版社：193.

张家武，金明，陈发虎，等，2004. 青海湖沉积岩芯记录的青藏高原东北部过去800年以来的降水变化[J]. 科学通报. 49(1)：10-14.

张祥云，刘志平，范迪富，等，2004. 南京—仪征地区新近纪地层层序及时代讨论[J]. 中国地质，31：180-185.

张威，刘蓓蓓，崔之久，等，2013. 中国第四纪冰川作用与深海氧同位素阶段的对比和厘定[J]. 地理研究，32(4)：628-637.

赵井东，施雅风，王杰，2011. 中国第四纪冰川演化序列与MIS对比研究的新进展[J]. 地理学报，66(7)：867-884.

郑洪波，魏晓椿，王平，等，2017. 长江的前世今生[J]. 中国科学：地球科学，47：385-393.

ARCHER D，2003. Who threw that snowball? [J]. Science，302：791-792.

BODISELITSCH B，KOEBERL C，MASTER S，et al.，2005. Estimating duration and intensity of Neoproterozoic snowball glaciations from Ir anomalies[J]. Science，308：239-242.

CHIVAS A R，DE DECKKER P，SHELLEY J M G，1986a. Magnesium and strontium in non-marine ostracodshells as indicators of palaeosalinity and palaeotemperature[J]. Hydrobiology，143：135-142.

CHIVAS A R，TORGERSEN T，BOWLER J M，1986b. Palaeoenvironments of salt lake[J]. Palaeogeography，palaeoclimatology，palaeoecology，54：1-328.

COLINVAUX P A，1989. The past and future Amazon[J]. Scientific American，260(5)：68-74.

CROSTA X，2007. Late quarternary Antarctic sea-ice history：evidence from deep-sea sediment records[J]. Pages news，15(2)：13-14.

DAMUTH J E, FAIRBRIDGE R W, 1970. Equatorial Atlantic deep-sea arkosic sands and ice-age aridity in tropical South America[J]. Bulletin of the Geological Society of America, 81:189-206.

DAMUTH J E, KUMAR N, 1975. Amazon cone: morphology, sediments, age, and growth pattern [J]. Bulletin of the Geological Society of America, 86:863-878.

EVARISTO J, MCDONNELL J J, 2019. Global analysis of streamflow response to forest management[J]. Nature, 570:455-461.

FAN Y, LI H, MIGUEZ-MACHO G, 2013. Global patterns of groundwater table depth[J]. Science, 339:940-943.

FOUCAULT L A, STANLEY D J, 1989. Late quaternary palaeoclimatic oscillations in East Africa recorded by heavy minerals in the Nile delta[J]. Nature, 339:44-46.

GRILL G, LEHNER B, THIEME M, 2019. Mapping the world's free-flowing rivers[J]. Nature, 569:215-221.

KERR R, 2005. Cosmic dust supports a snowball Earth[J]. Science, 308:181.

LI J, XIE S, KUANG M, 2001. Geomorphic evolution of the Yangtze Gorges and the time of their formation[J]. Geomorphology, 41:125-135.

LISIECKI L E, RAYMO M E, 2005. A Pliocene-Pleistocene stack of 57 globally distributed benthic δ^{18}O records[Z]. Paleoceanography, 20PA1003, doi:10. 1029/2004PA001071.

LISTER G S, 1988. Stable isotopes from lacustrine ostracoda as tracers for continental palaeoenvironments[M]//DE DECKKER P, COLIN J P, PEYPOUQUET J P. Ostracoda in the earth science. Amsterdam: Elsevier:201-218.

RICHARDSON N J, DENSMORE A L, SEWARD D, et al., 2010. Did incision of the Three Gorges begin in the Eocene? [J]. Geology, 38:551-554.

ROSSIGNOL-STRICK M, NESTEROFF W, OLIVE P, et al., 1982. After the deluge: Mediterranean stagnation and sapropel formation[J]. Nature, 295:105-110.

WILLIAMS M A J, CLARKE M F, 1984. Late quaternary environments in the north-central Indian[J]. Nature, 308:633-635.

WILLIAMS M A J, DUNKERLEY D L, DECKKER P D, et al.,1997. 第四世

环境[M].刘东升,等编译.北京:科学出版社:304.

WILLIAMS M A J, ROYCE K, 1982. Quaternary geology of the Middle Son Valley, north India: implications for prehistoric archaeology[J]. Palaeogeography, palaeoclimatology, palaeoecology, 38:139-162.

ZHENG H, JIA D, CHEN J, et al., 2011. Did incision of the Three Gorges begin in the Eocene? [J]. Comment. Geology, 39:e244-e244.

ZHENG H, CLIFT P D, WANG P, et al., 2013. Pre-Miocene birth of the Yangtze River[J]. Proceedings of the National Academy of Sciences of USA, 110:7556-7561.

ZHOU C, HUYSKENS M H, LANG X, et al., 2019. Calibrating the terminations of Cryogenian global glaciations[J]. Geology, 251:251-254.

第四章　海洋环境变化

海洋(ocean and sea)是地球上广大连续的咸水水体。地球表面积约 $5.11\times10^8\ km^2$,海洋面积约 $3.62\times10^8\ km^2$,占地表面积的71%;全球陆地面积为 $1.48\times10^8\ km^2$,占地表面积的29%。海洋中心主体部分称为洋(ocean),边缘附属部分称为海(sea)。

地质时期的海洋环境变化是古海洋学的研究内容。人们从深海沉积物岩芯中释读出丰富的海洋环境和全球气候变化信息。

海洋是地表水的主要储库。陆地边界和海底地形界定了海水的分布,地球地表水大量出现后形成海洋,所谓海洋环境变化就是陆地边界变化和海水物理、化学和生物学性质的变化。海洋环境变化,特别是大洋环流和海水温度变化与气候变化密切相关。

第一节　大洋环流与上升流

一、大洋环流(ocean circulation)

海流是指一段较长时间内具有大体一致方向与速率的较大规模海水的运动。迄今人们研究较为详尽的是大洋上层环流。如图4.1.1所示,太平洋和大西洋的上层环流极为相似,主要表现在南、北各有一个反气旋环流,两个环流之间是赤道流。南印度洋也是一反气旋式环流,但北印度洋、北冰洋和南大洋环流有各自的特征。

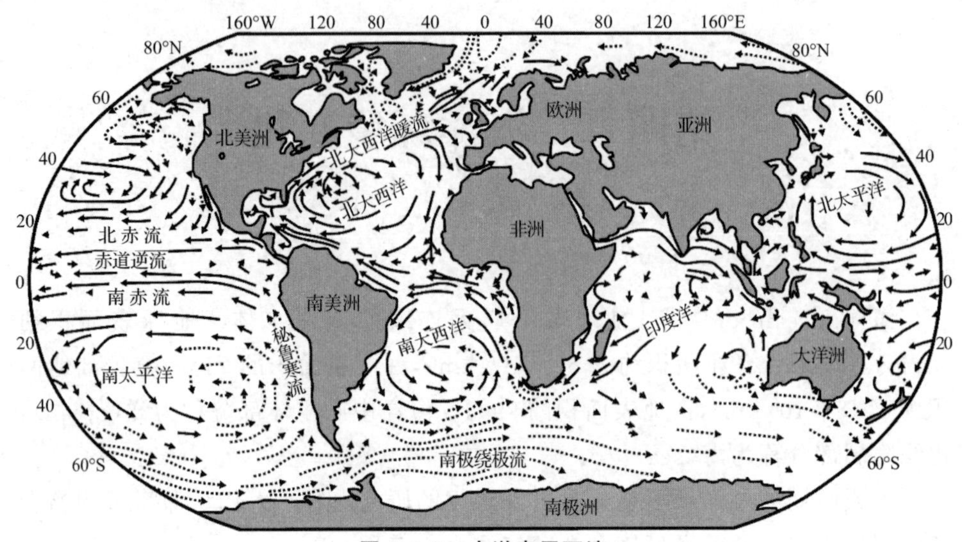

图 4.1.1 大洋表层环流

研究认为大洋深层水和底层水具有以下环流模式，如图 4.1.2 所示。在北大西洋，表层水下沉形成深层水，在 1500～4000 m 深度，北大西洋深层水向南流向南大洋，在南大洋汇入绕极流；在南太平洋和南印度洋，深层水分支向北进入太平洋和印度洋；在南极威德尔海和罗斯海，南极陆架水下沉形成南极底层水，分别在三大洋底层向北输运。

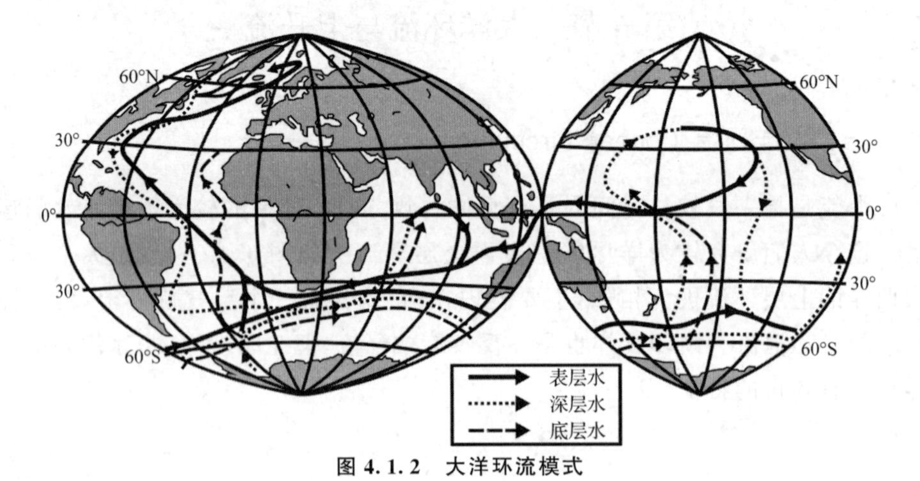

图 4.1.2 大洋环流模式

二、上升流

海洋深层水向上流动称为上升流。与之相对应，上层水向下流动称为下降流。如果直达海洋表层，上升流伴随表层水辐散，下降流伴随表层水辐聚。上升流与下降流的速度极慢，在 m/d 量级。上升流具有低温、高密度、高营养盐特征，会刺激初级生产力。上升流区可用低温和高叶绿素浓度识别。由于高营养盐和高初级生产力，上升流区通常是渔场。据统计，占全球 5% 的上升流海区的渔获量占全球海洋产量的 25%。上升流主要由风和科里奥利力共同作用形成，洋流沿海底斜坡爬升也产生上升流。按海区分，上升流主要有沿岸上升流、赤道上升流和南大洋上升流。

（一）沿岸上升流

沿岸上升流是人们最熟悉的上升流，也与人类活动密切相关，因为它是支持渔业生产的重要因素。

科里奥利力使得风生流在北半球向右偏转，南半球向左偏转。例如，在北半球，当风沿着大洋东部海岸向南吹，或者沿着西部海岸向北吹时，表面海水会向离岸方向输送（即埃克曼输送），深层海水会上升补充。

秘鲁沿海、智利、阿拉伯海、南非西部、非洲西北部、新西兰东部、巴西东南部和美国加州海岸都是上升流区域（图 4.1.3）。秘鲁沿海上升流海区是世界著名的渔场。中国沿海，比如琼东、雷州半岛东部、粤东、台湾东北部和西南部、福建和浙江沿海、山东半岛和辽东半岛，存在沿岸上升流。

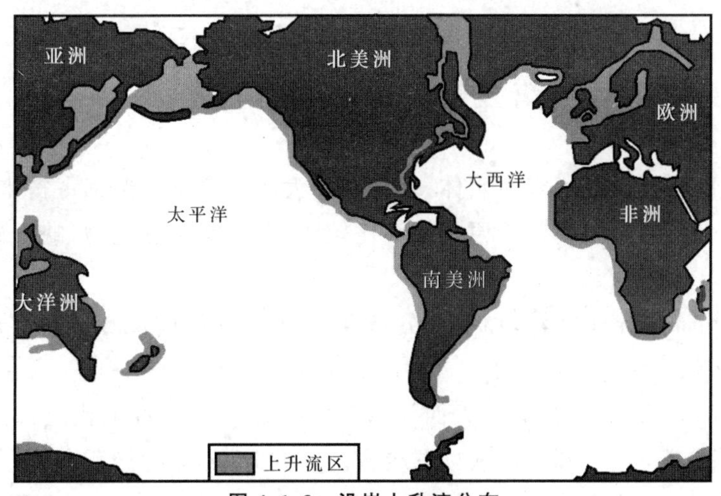

图 4.1.3　沿岸上升流分布

（二）赤道上升流

赤道海区存在上升流。富含营养盐的下层海水涌向海表面，形成上升流，引起表层海水辐散。从太空可以观察到太平洋赤道海域有一条很宽的浮游植物密集带。一些海洋环流模型显示出，大尺度上升流发生在热带。

（三）南大洋上升流

南大洋中存在大尺度上升流（图 4.1.4）。南大洋强烈的西风，使得大量海水向北输送，形成上升流。在许多数值模式和观测结论中，南大洋上升流是深层高营养盐海水被带入表层的主要方式。

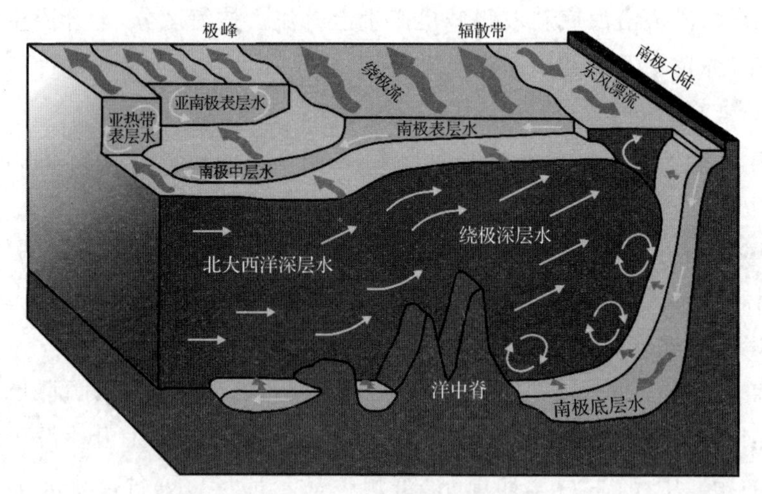

图 4.1.4　南大洋上升流

第二节　五大洋的形成

自从地球上出现了宏大水体，就开始了大洋的演化。到冥古宙末，地球很大一部分表面被海洋覆盖。原始海洋比较浅，海水富含氯化物，缺乏硫酸盐和自由氧。

陆地分布界定了海洋，而陆地分布、海底地形地貌以及海洋通道开关受板块运动控制。

目前的大洋包括太平洋、大西洋、印度洋、北冰洋。古生代过渡到中生代时，全球大陆汇聚在一起，形成新联合古陆。同时期，除特提斯海外，只有一个大洋——泛太平洋。从 250 MaBP 起，随着新联合古陆分裂，大陆漂移，各大陆逐渐到达现在的位置，各大洋也同时形成。

一个大洋的张开往往伴随着其他大洋的关闭或缩小，海水从关闭或缩小的大洋中流入新开张的大洋。大西洋和印度洋的形成过程就伴随着太平洋的缩小过程。

一、大洋发展过程——威尔逊旋回

理论认为，一个具体的洋盆要经历张开和关闭的旋回——威尔逊旋回。威尔逊将大洋发展过程分为生长阶段和衰退阶段，每个阶段又分为3期，见表4.2.1。

表4.2.1　大洋发展阶段(柴东浩和陈廷愚，2001)

阶段	期	实例	主导运动	形态特征	沉积物	火成岩	变质作用
生长阶段	①胚胎期	东非大裂谷	抬升	断块隆起	很少	拉斑玄武岩溢流，碱性玄武岩中心	甚轻
	②幼年期	红海，亚丁湾	扩张	断块隆起	陆架沉积蒸发岩	拉斑玄武岩洋底，碱性玄武岩岛屿	甚轻
	③壮年期	大西洋	扩张	洋中脊	陆架沉积蒸发岩	拉斑玄武岩溢流，碱性玄武岩岛屿	轻
衰退阶段	④衰老期	太平洋	收缩	岛屿海沟	岛弧沉积物	安山岩，大陆边缘为安山岩及花岗闪长岩	局部规模大
	⑤终结期	地中海	收缩与抬升	年青山脉	蒸发岩，红层碎屑岩，岩楔	安山岩，大陆边缘为安山岩及花岗闪长岩	局部规模大
	⑥残痕期	喜马拉雅山缝合线	收缩与抬升	年青山脉	红层	很少	大规模

胚胎期的典型代表是东非大裂谷，它已日渐张开，裂谷中心已形成，但还没有生成洋壳。红海、亚丁湾和加利福尼亚湾处于海洋的幼年期。深海钻探证实2.4 Ma以来红海以0.9 cm/a的速率在扩张，且已出现新生洋壳。挪威海和巴芬湾也处于海洋幼年期。大西洋、印度洋和南大洋正处于海洋的壮年期，太平洋正处于衰老期。地中海是终结期的代表，它被认为是古特提斯海的残余；黑海和里海也处于海洋的终结期。印度河、雅鲁藏布江是印度板块与欧

亚板之间的大洋封闭后的缝合线，喜马拉雅山是海洋的残痕。

二、太平洋

太平洋是一个古老的大洋，现在的太平洋是泛古大洋缩小的产物，正处于衰老期。大西洋的扩张导致美洲大陆向西漂移；印度洋的扩张导致澳大利亚向北推进，致使太平洋缩小。太平洋周边发育岛弧—海沟构造，尽管太平洋中脊不断生长，但不足以弥补周边俯冲缩减的量，所以太平洋是逐渐缩小的。

太平洋最老的洋壳在西北部，为侏罗纪—白垩纪生成的洋壳。根据海底磁异常，中生代太平洋由 4 个古板块组成——太平洋板块、库拉板块、法拉隆板块和菲尼克斯板块，它们被 5 条扩张脊和 2 个三联点分开。太平洋板块曾处于南半球。中生代以来，库拉板块向北俯冲于日本群岛、千岛群岛和阿留申群岛之下；法拉隆板块和菲尼克斯板块潜没于美洲西边缘之下。随着 3 个板块的消减，整个板块逐渐向北推移。到晚白垩纪至古新世时期，塔斯曼海张开，澳大利亚向北运动，使太平洋缩小，印度洋扩张。

太平洋的环流格局继承古大洋的模式。晚中生代太平洋的表层环流可能与现在类似，两半球各有两个大环流，分别为亚热带环流和亚极地环流；赤道太平洋经过中美洲海路与大西洋相通；由于澳大利亚在目前位置的南边，向西的太平洋赤道环流可以从太平洋进入印度洋北部。随着大西洋扩张，北美向西推进，到晚白垩纪，北冰洋与太平洋之间的交通受阻，寒冷的太平洋底层水只能来源于南部。

三、大西洋

大西洋正处在壮年期。大西洋在侏罗纪—白垩纪开始张开，发育至现在已具有大洋的所有特征，中部为洋中脊，脊轴中部有裂谷，不断溢出枕状和绳状拉斑玄武岩。

侏罗纪期间，连接在一起的北美东缘和非洲西北缘张开，北大西洋首先形成，太平洋和特提斯海之间有海槛分隔，如图 4.2.1 所示。早期的北大西洋狭窄细长，到晚侏罗纪北大西洋与特提斯海之间的水道逐渐形成；到白垩纪北大西洋形成洋盆，东边是特提斯海，西南是加勒比海，形成了沟通东西的赤道环流，使特提斯海的生物广泛分布。在北大西洋存在一个右旋环流。

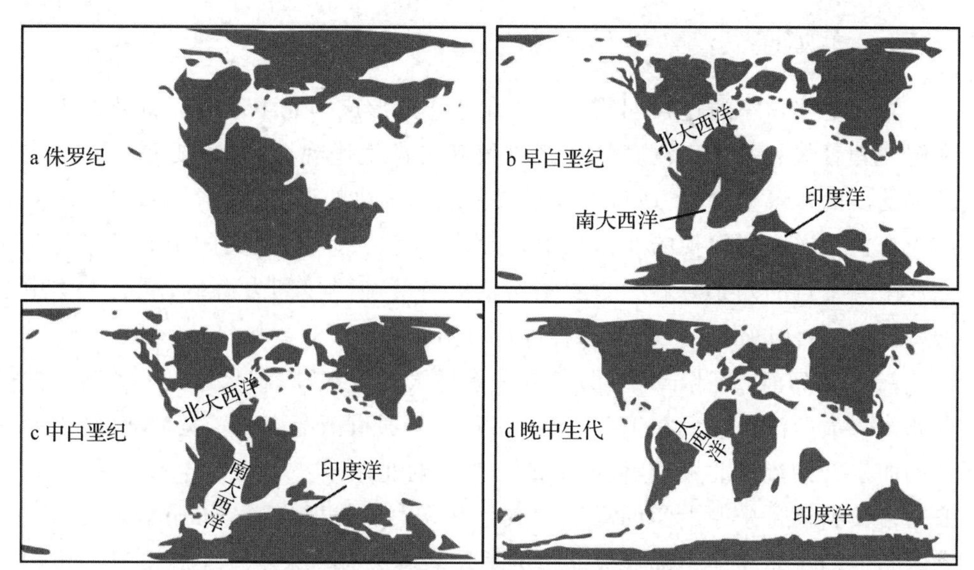

图 4.2.1 侏罗纪与白垩纪大西洋与印度洋形成示意(阴影为陆地)

南大西洋的张开可追溯到中侏罗纪(180 MaBP),但洋底的扩张要晚到早白垩纪才开始。早白垩纪南大西洋狭窄,北端封闭,南端尚开。到中白垩纪,南、北大西洋沟通,但中大西洋海岭将其分为两个海盆,而南北伸展的大西洋中脊又将其分为东、西海盆,这样在大西洋就形成 4 个海盆。但北部与格陵兰海、挪威海之间的水路仍未打通。中生代末,大西洋已达数千千米宽,深度达 5000 m。

四、印度洋

印度洋正处在壮年期,形成于中生代冈瓦纳古陆的破裂,位于冈瓦纳古陆分解的 4 个碎块——非洲、印度、澳大利亚和南极洲之间。

晚三叠纪至早侏罗纪,西冈瓦纳(包括南美洲和非洲)和东冈瓦纳(包括澳大利亚、印度和南极洲)分裂。之后,印度与澳大利亚—南极之间形成狭窄的洋盆。在中白垩纪(约 90 MaBP),印度与澳大利亚—南极之间的扩张轴调整为东西向,随着印度向北方漂移,北面的特提斯海逐渐缩小,南面的印度洋扩张展宽,最后印度板块与欧亚板块碰撞(55 MaBP)。到 53 MaBP,澳大利亚与南极分离并向北漂移,形成印度洋中脊东南支,印度洋基本形成。

印度洋形成的同时印度板块北上与欧亚板块碰撞,使特提斯海关闭,环赤道流被阻断。

五、北冰洋

海洋地质学家通过长期研究认为北冰洋的形成与北半球劳亚古陆的破裂和解体有着很大关系。洋底的扩张过程起自古生代晚期，而主要是在新生代完成的。以北极为中心，通过亚欧板块和北美板块的洋底扩张运动，产生了北冰洋海盆。洋底所发现的北冰洋中脊就是产生北冰洋底地壳的中心线。与北冰洋中脊平行的两条海岭——罗蒙诺索夫海岭和门捷列夫海岭，是老大洋中脊，说明北冰洋的海底扩张运动曾进行过不止一次。

20 MaBP 前，北冰洋最多只算是一个巨大的淡水湖，湖水通过一条狭窄的通路流入大西洋。然后在 18.2 Ma 前，狭窄的通道渐渐变成较宽的海峡，大西洋的海水开始流进北极圈，慢慢形成了今天的北冰洋。

瑞典斯德哥尔摩大学的马丁·杰克逊等人发表报告说(Jakobsson et al.，2007)，他们从北冰洋中部靠近北极的罗蒙诺索夫海岭采集了 428 m 长的沉积物岩芯，其中长 5.6 m 的一段具有特别重要的意义。这段岩芯形成于 18.20—17.50 MaBP，分成颜色不同的 3 段，最下层是黑色沉积物，其中含有很多没有分解的有机物，这说明当时北冰洋底无法获得足够的氧来进行降解。杰克逊说，从 18.20 Ma 前开始，连接北冰洋和大西洋在格陵兰岛与斯瓦尔巴群岛之间的费雷姆海峡开始变宽，淡水从北极水面流出，而较重的海水则从下面流入，这些缺氧的海水导致了黑色沉淀物的形成。

随着费雷姆海峡的扩张，海水开始从水面涌入北冰洋，吸收氧气后才沉入水底，这样水底开始出现氧气和海洋生物，对应的沉积物也变成了灰色。最后，北冰洋的淡水换成了海水，在海底开始出现氧化铁、氧化锰以及海洋生物化石。

六、南大洋

南大洋包括南太平洋、南大西洋和南印度洋，如图 4.2.2 所示。南大洋具有全球最宏大的水流，流量高达 100～150 Sv(斯维尔德鲁普，10^6 m^3/s)，称为南极绕极流。

南大洋正处在壮年期。南太平洋也是泛大洋的一部分。在大西洋和印度洋形成过程中，南大西洋和南印度洋逐渐形成。而随着塔斯马尼亚海道和德雷克海峡的打开，南极绕极流形成，南大洋才真正形成。

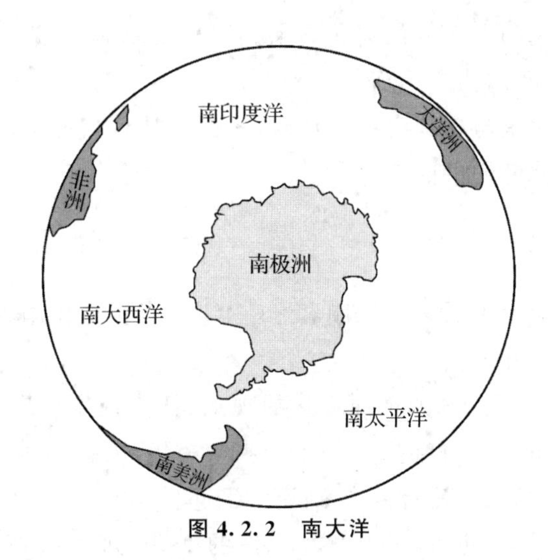

图 4.2.2　南大洋

深海钻探计划(DSDP)塔斯马尼亚航次发现,始新世与渐新世界面底层水快速降温 5～6 ℃,由此推论,约 33.5 MaBP 塔斯马尼亚海道和德雷克海峡打开,南极底层水形成,南极热独立,冰盖发育,全球开始冰室气候。

第三节　海平面变化

海平面变化有局地和全球变化之分。地质时期大陆与海洋分布格局的变化是影响海平面变化的主要因素。在大陆与海洋分布变化不大的时间尺度内,海平面的变化主要由气候控制。

一、海平面与海平面变化

海平面是海洋与大气的交界面,是陆地高程和海洋水深的起算面。通常意义上的海平面是平均海平面(mean sea level, MSL),是平均高潮位和平均低潮位的中位。

海水是运动的,海平面也在不断变化。海平面的短期变化,如日变动、季节性变动、年变动、偶发性变动等,主要与波浪、潮汐、大气压、海水温度及盐度、风暴、海啸等因素有关,其升降幅度小,且常是局部的。海平面的长期变化指地质时期的海平面变化,其变动幅度大,是大区域性的,甚至是全球性的。

长期海平面变动引起的最直接后果是海进或海退，导致海岸线移动，海陆变迁，改变海陆之间的物质平衡。

海平面的变化是与现代海平面比较而言的，比现代海平面高称高海平面，比现代海平面低称低海平面。

二、海平面变化的起因

海平面变化受多种因素的控制和影响，主要有构造作用、冰期和间冰期更替和压力均衡作用几方面。

20世纪初提出了全球海平面变化的观点，认为地质历史上主要的海进和海退是由洋盆容积变化引起的。20世纪30年代，人们对冰川消长引起的海平面升降值做了估算，提出冰川控制说。20世纪60年代，板块构造说提出，认为板块扩张速率变动可导致洋盆容积的变化，进而控制海平面的升降。20世纪70年代，一些学者把地壳和水体当成统一的平衡体系，用地球流变观点研究地球各区域之间海平面升降的关系。全球变化思想的提出再次使海平面变化成为地学界关注的焦点。全球变化理论强调人为因素引起气候变暖，引起海平面升高，也引起各国政府和科学界的普遍关注。一系列国际合作计划先后出现，重点研究海平面变化的起因与未来发展的趋势。

（一）构造运动

岩石圈不同部分在海洋和陆地分布状况不同，一些板块大部分被海水覆盖，如太平洋板块；一些板块大部分为陆地，如欧亚板块；一些板块一部分是陆地，另一部分被海水覆盖，如印度—澳大利亚板块。

构造运动从两方面改变海平面：其一是陆地抬升，其二是洋盆容积发生变化。陆地的抬升造成的海平面变化经常是局地的，而洋盆容积的变化引起的变化多是全球性的。

世界洋盆的总容积增大，导致海平面降低；相反，洋底抬升，某些洋盆消失，可使海平面升高；板块构造学说认为海平面变化与海底扩张速率有关。大洋中脊上增生的物质是热的，随着时间推移而逐渐冷却，变得致密，因而洋底岩石圈在横向扩张运移过程中随时间下沉。如果海底扩张速率很快，距洋中脊顶部一定距离的洋底没有足够时间冷却到“正常”程度，洋底就比正常情况下高，使洋盆容积减小，海平面会升高；相反，海底扩张速率很慢时，海平面降低。海底扩张速率变化引起的海平面变化，周期长达数百万年，变化幅度可达300～500 m。另外，还有人认为大洋中脊长度变化会影响洋盆的容积。在大陆分裂期大洋中脊发展，导致世界范围的海进；而在大陆汇聚形成超大陆时，则造成海退。

局部性的地壳升降运动，引起区域性的海平面变动。该变动不是海平面与地心之间的距离化，而是由于地壳升降引起的海面相对于陆面之间的距离变化。这种变动往往叠加在全球性海平面变动之上。

（二）冰期和间冰期更替

在气候寒冷的地质时期，陆地形成冰盖，海洋中的海水向陆地转移，海平面降低；当气候转暖时，冰盖融化，水流回大洋，海平面会升高。全球现代冰川体积在（20.00～34.75）$\times 10^6$ km^3，如果全部融化，不考虑因海水增多发生的海底均衡下沉，将使海面升高 50～85 m。按末次冰期冰盖的体积估算，当时的海平面比目前低 135 m。不同学者对这种海面升降幅度的估计不尽相同，主要看如何估计南极大陆的冰盖厚度。第四纪以来海平面变动主要是由冰川消长所引起的论点已得到认可。但是，与图 4.3.1 比较，在早古生代和晚古生代大冰期期间（第三章第二节）并不是低海平面。另外，冰期和间冰期的更替，使海水温度发生变化，引起海水密度发生变化。海水温度降低，密度变大，海水体积变小，海平面下降；反之，海水温度升高，海水密度变小，海水体积增大，海平面上升。

（三）重力均衡作用

1. 大地水准面变化引起的海平面变动

大地水准面受地球重力控制。地球内部物质分布不均匀，引起重力的变化，大地水准面也随之变化。这种海平面变动表现为有些海区海平面升高，另一些海区海平面降低，从而使全球各地海平面升降既不一致，也不规则。

2. 水压均衡作用

冰盖融化时，水回流入海，海底因水负载增加而下沉，直到新的平衡建立为止。有人估计近 7 ka 来因负载影响洋盆下沉了 8 m，大陆上升了 16 m。其对陆架区的影响更显著。

3. 冰川均衡作用

因岩石圈具有弹性，覆冰巨大冰盖的区域下伏，地壳下沉，下沉范围远超过覆冰区；而在冰前沉陷区外侧，地壳向上弹性隆起；当冰盖消融后，地壳又因弹性恢复到原来的状态。末次冰期以来，在斯堪的纳维亚地区均衡上升了约 300 m，现在仍以 1 cm/a 速度继续上升。

4. 流变均衡作用

地球流变论认为地壳和其上的水体处于多种因素的作用下,并不断调整以达到平衡状态。因此,冰川及水压的均衡影响不是局部性的,它波及全球,形成海面上升区和下降区。克拉克提出全新世以来全球海平面变化的数学模型,把世界大洋分为6个海面升降地带,指出由冰川作用引起的海平面变动在各地是不一样的。

三、显生宙海平面的变化

人们已标绘出寒武纪以来海平面的变化,如图4.3.1所示。大的趋势是寒武纪海平面是上升的,寒武纪与奥陶纪界面稍有下降。奥陶纪海平面继续上升,直到晚奥陶纪,海平面达到最高。在奥陶纪与志留纪界面,海平面开始下降,直到二叠纪末。二叠纪与三叠纪界面,海平面约与现在高度相当,之后又开始上升,直到晚白垩纪又达到最高水平。从晚白垩纪开始海平面快速下降,之后继续下降,直到渐新世。渐新世海平面在现在海平面水平附近波动;之后海平面又有上升,到中新世;中新世末,海平面下降到现在海平面水平之下,随后一直呈下降趋势,最低海平面可能比现在低120～150 m。在各个相邻纪过渡时期,海平面均达到极小值。海平面的上升和下降也并不平缓,而是在涨落中变化。

研究认为,三叠纪的低海平面与新联合古陆形成有关,陆地会聚,大洋联合,海底变老并下沉,大陆抬升,使相对海平面下降。

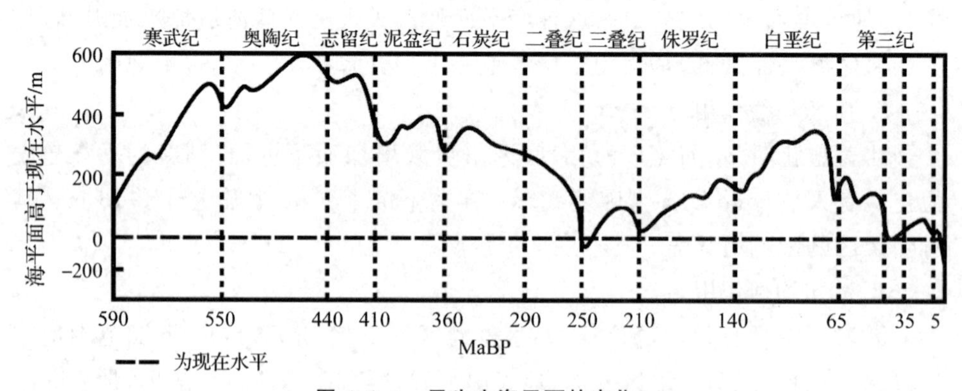

图4.3.1　显生宙海平面的变化

(Chappell, 2009; Haq et al., 1987; Hallam, 1992)

四、新生代海平面变化

人们用从地震方法得到的沿岸和近海沉积物的侵蚀面——不整合面、海洋沉积物有孔虫种群结构及氧同位素组成研究海进和海退，研究年代已追溯到白垩纪。Miller(2009)等综合这方面的研究成果，给出晚白垩纪以来海平面的变化(图 4.3.2)。与现在的海平面水平相比，中新世之前，全球处于高海平面；中中新世海平面在现在海平面水平附近，之后呈现在现在的海平面水平上下波动状态；中新世末，海平面下降到现在海平面水平之下。

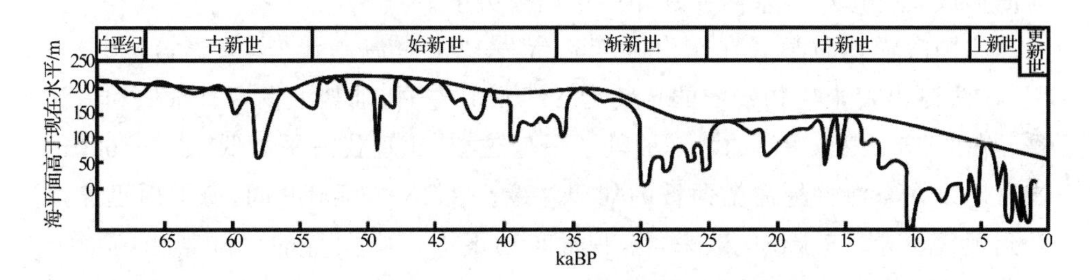

图 4.3.2　晚白垩纪以来海平面的变化(Miller, 2009, Haq et al., 1987)

五、第四纪的海平面变化

第四纪冰期为低海平面，间冰期为高海平面，但总体上为低海平面，如图 4.3.3 所示。

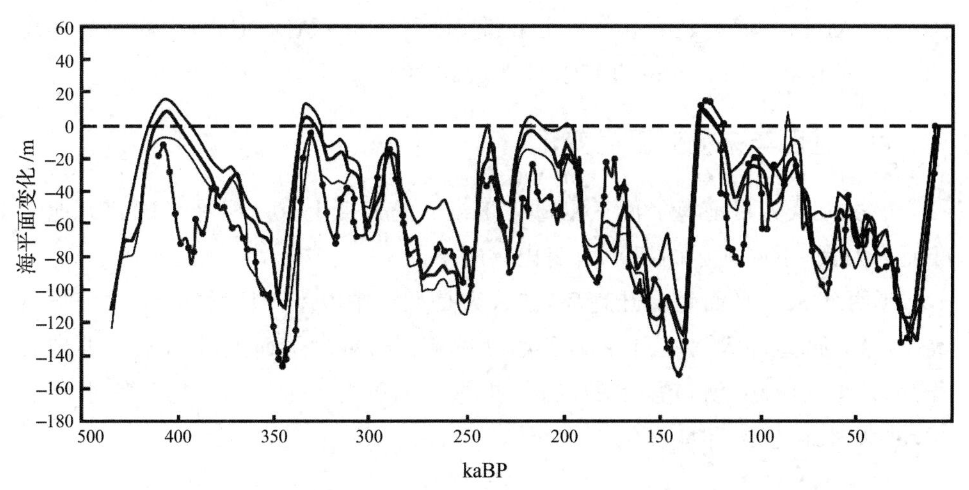

图 4.3.3　450 kaBP 以来海平面的变化(Labeyrie et al., 2003)

末次冰盛期(15—20 kaBP),海平面比现代海平面低130 m左右,随后上升;在15—5 kaBP,海平面迅速上升,之后缓慢上升到现代位置。在5—3 kaBP,海平面已升至现代位置,之后无大变动。

末次冰期低海平面时,大片陆架浅海出露成陆,从而使日本与中国、亚洲与美洲(沿白令海峡)、英国与欧洲大陆、澳大利亚与新几内亚等相互连接,这对植物群和动物群(包括古人类)的迁移有着深远的影响。距今1.5万年时,最后的冰期结束,海进造成多个近岸地区水浸,将以往的大陆分成岛屿,日本从亚洲大陆分开,西伯利亚与阿拉斯加分开,塔斯马尼亚与澳大利亚分开,爪哇岛形成,沙劳越、马来西亚及印度尼西亚分隔。

中国海洋地质学者在东海陆架边缘发现了古海岸线(李家彪等,2017),用^{14}C法测出其中生物残骸的年龄为15 kaBP左右,陆架上发现有阶地和古河谷。在约15 kaBP,东海的海平面处于最低位置,比现代海平面低130～160 m,古海岸线在东海冲绳海槽西坡的陆架外缘。在15—6 kaBP间,海平面迅速上升到现代位置。5 kaBP以来,海平面变动不大。中国海的大陆架由海面上升、滨海平原被海水淹没而形成。

在第四纪,冰川作用是海平面变化的主要影响因素。随间冰期、冰期的交替,海平面脉动升降。

人们对末次冰期各大冰盖消融对海平面上升的贡献进行了估算,北美冰盖贡献55%,欧亚大陆冰盖贡献20%,南极冰盖贡献15%,格陵兰等其余冰盖贡献5%(王绍武,2011)。冰融水大部分注入北大西洋,所以可能引起大西洋翻转流(Atlantic meridional overturning circulation, AMOC)或大洋热盐环流(thermohaline circulation, THC)停滞或转向。

六、近百年来的海平面变化

很多人认为目前海平面正以每年1 mm的速度上升。但是考虑到大地水准面等因素,不同地区的海平面变化有所不同。

近百年来海平面呈上升趋势,被认为是大气中温室气体增加、全球变暖所致,在沿海低地和大河三角洲地区尤为明显。相对海平面上升加剧了洪涝灾害、风暴潮的威胁;河口盐水的入侵,排洪、排涝、排污的难度加大,使水质变坏,供水困难,生态环境恶化。

七、地中海曾经干涸

地中海位于欧亚非大陆之间，面积 2.51×10^6 km^2，平均水深 1500 m，最大水深 5121 m，是世界最大的陆间海，西部通过直布罗陀海峡与大西洋连通，主要入海河流是尼罗河。

地中海冬季气候温暖湿润，夏季炎热干燥少雨，全年蒸发量大于降雨量。

地中海被认为是特提斯海的终结期，曾经连通印度洋。印度板块、阿拉伯板块和欧亚板块汇聚封闭了印度洋和地中海的海路。研究认为约 6 MaBP 前后，直布罗陀海峡关闭；也有研究认为是海平面下降造成地中海与大西洋交流中断。由于地中海河流输入和降水不能补充蒸发的水量，因而地中海逐渐干涸，大部分地区变成沙漠和盐湖。之后（约 5 MaBP）直布罗陀海路打开，大西洋水进入地中海，经过约 100 a，地中海又具有了海洋的特征。

20 世纪 70 年代的深海钻探计划实施，发现地中海海底沉积物中有硫酸盐，形成于晚中新世（6—5 MaBP）。这是所谓的地中海盐度危机——墨西拿事件。

八、海　啸

海洋中的具有超长波长和周期的行波，到达浅水区时，波速变小，振幅陡涨，骤然形成水墙，可达几十米高，称为海啸（trunami）。海啸侵入近海陆地，造成灾害。与一般波浪只在表层水中传播不同，海啸波在海水表层至海底的整个水层中传播，能量极大，而且大洋中海啸波传播速率很快，可达 800 km/h。

引起海啸的自然原因为深海底地震和火山喷发、海边或海底滑坡与崩塌，以及陨星坠落海洋。海啸大多数由深海地震引发，主要发生在太平洋地震带和地中海地震带上，而且主要在俯冲带上。

实际上，海底地震引发的海啸的概率较低，每 150 次 6 级以上的地震才有一次海啸发生。全球有记录的灾难性海啸有 260 多次，约每 6 年发生一次。

研究认为除必须在深水域外，地震海啸是由地震引发的滑坡或崩塌引起的。

海啸可能剧烈，影响的范围很大。1883 年巽它海峡喀拉喀托火山喷发引发的海啸，在大洋中急速奔驰，30 h 后绕过好望角，到达法国和英国海岸。2004 年 12 月 26 日印度尼西亚苏门答腊附近海域 9 级地震引发的海啸，除淹没附近的城镇外，在北印度洋沿岸十多个国家都发生海啸灾难，总计死亡人数达 25 万多。

海啸发生使人们重新认识了红树林。红树生长在半盐水的潮间带，大面积生长对风暴潮和海啸有阻滞降能作用，从而可以减小海啸灾害的影响。

第四节　大洋环流变化

海流是海洋的主要物理特征之一。存在各种规模的海流，对全球气候具有决定性影响。

在环境变化研究中，古大洋环流研究并不比其他方面更好，原因是尽管在20世纪30年代就有人提出大洋环流的设想，但直到半个世纪后地球化学海洋断面研究(Geochemical Ocean Sections Study，GEOSECS)计划的成果才确认了当前的大洋环流格局，如图4.1.2所示。

海陆分布和海路开关可能是影响10 Ma以上时间尺度和全球尺度洋流结构的主要因素。在全球海陆分布一定的条件下，风可能是影响海流的主要因素。除风外，其他气候因素也影响洋流消长。

一、影响大洋环流的因素

影响洋流的主要因素包括陆地分布、海底地形、风场和温盐过程。

(一)陆地分布和海底地形规范了洋流

洋流越不过高出海平面的陆地，浅海不能形成宏大的洋流。推测在形成新联合古陆的二叠纪和三叠纪，冈瓦纳古陆和劳亚古陆汇聚在一起形成从南极到北纬高纬度的南北走向大陆(图4.4.1)，全球仅一个大洋——泛大洋。

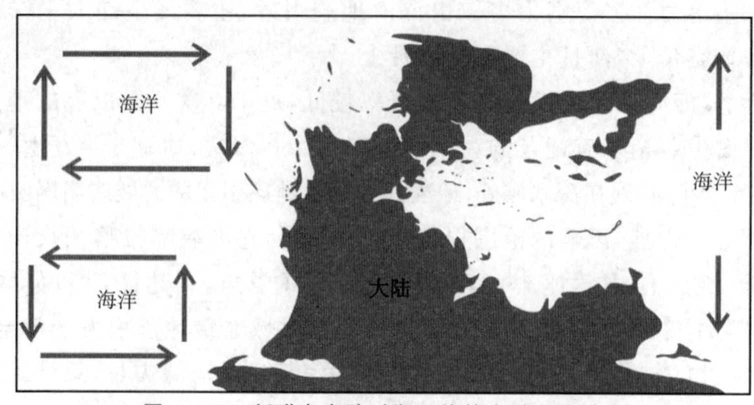

图4.4.1　新联合古陆时期可能的大洋环流模式

泛大洋期间，洋盆大，全球性海平面处于很低水平，泛大陆热带范围广，剥蚀作用强，陆源物质入海通量高。可能的大洋环流模式可能比较简单，南、北半球各有一个巨大且单一的环流，东西向海流强劲，南北向海流较弱；大洋西部较暖，东部较冷。在信风驱动下，赤道流占据除陆地以外的赤道全长的85%。

在深海，如图4.4.2所示，洋流只能沿海沟流动。

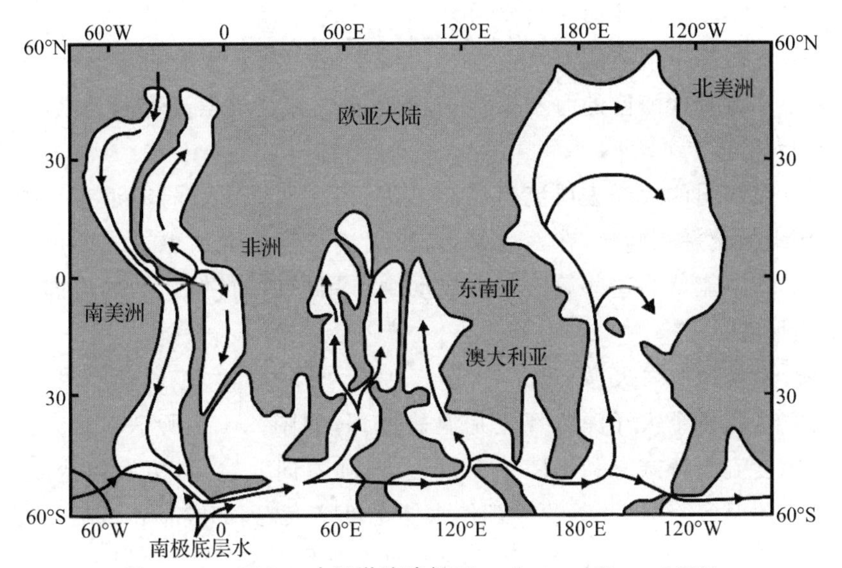

图 4.4.2　4000 m水深洋流路径(Broecker and Peng，1982)

(二)构造过程改变洋流

海路开关是洋流形成和消失的关键因素，如图4.4.3所示。

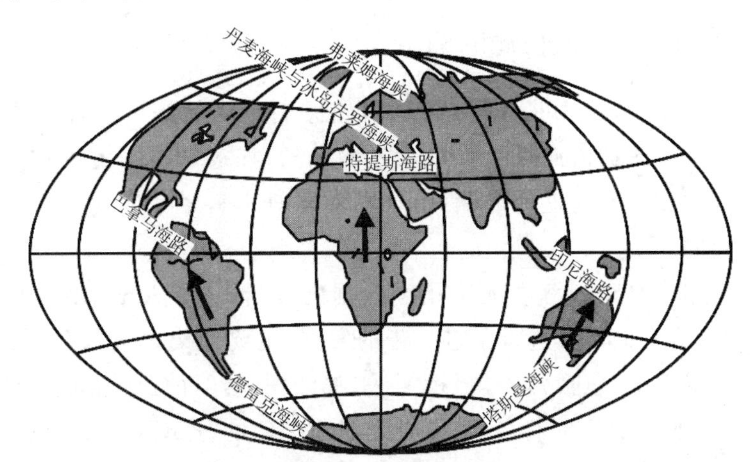

图 4.4.3　新生代影响大洋环流的海路开关(Frank，2002)

新联合古陆在二叠纪和三叠纪过渡期形成，之后开始分裂。到白垩纪，冈瓦纳古陆与劳亚古陆分裂，从墨西哥湾到直布罗陀海峡与特提斯海连在一起，形成环球赤道流。随后欧亚与非洲之间的特提斯海关闭，以及后来的南北美之间的巴拿马海路关闭，使环赤道流中断。中新世，塔斯曼海峡和德雷克海峡相继打开，形成南极绕极流。

（三）风场是表层流的主要驱动力

在风的作用下形成的海水流动称为风生流。由于海水的连续性，某海区水流失必定有其他海区的海水来补充，形成补偿流。补偿流可能是水平流，也可能是上升流。

很多东西向的大洋表层流与纬向风带一致，如赤道流与赤道东风方向一致；南极绕极流是东向流，在西风带上；黑潮流与湾流最后也进入西风带向东流去。尽管不能认为这些海流仅是风动力作用形成的，但它们的流向和风向一致是明确的。

（四）温盐过程与大洋环流

研究认为整个大洋深层环流是温盐过程，如图 4.1.2 所示。北大西洋暖流从中纬度流向挪威海和格陵兰海过程中，随着向北输运，蒸发使盐度升高，热量交换使温度降低，两种原因都使水体密度增大，到挪威海和格陵兰海下沉形成北大西洋深层水。该水体然后沿大西洋海盆向南流。

在南极的边缘海，威德尔海和罗斯海结冰使海水盐度增大、温度降低，形成高密度的低温高盐水，沿陆坡下滑进入南大洋深海沟，形成南极底层水。该水团分别在大西洋、太平洋和印度洋沿深海沟向北方输运。

二、当前大洋环流格局的确认

通过海上作业，特别是航海的经验，先民们很早就知道大洋表层流的流向。尽管一些洋流的流向是近代以来才确定的，如通过监测美国在马绍尔群岛的核试验释放的放射性物质随海流的移动，日本科学家发现北赤道流是与黑潮流衔接的。

基于对 GEOSECS 海洋地球化学数据的分析，Broecker（1991）提出大洋环流模式，之后人们对其进行了进一步的发展，主要框架如图 4.1.2 所示。很多地球化学示踪剂（包括营养盐）检测法，都证明大洋深层水和底层水的流向（图 4.4.4）。由于具有时标特性，三大洋水体^{14}C的分布除用来指示水团外，还可用来计算水体在不同海盆的停留时间（刘广山，2010，2016）。

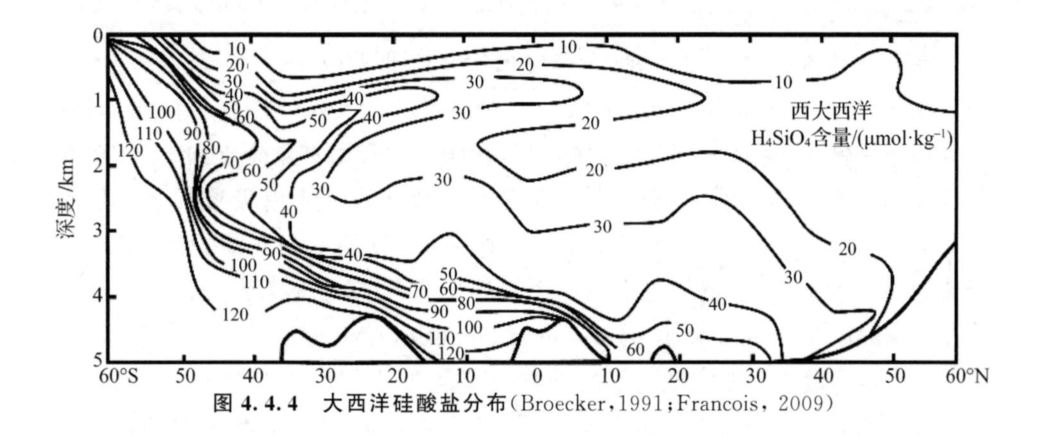

图 4.4.4　大西洋硅酸盐分布(Broecker,1991;Francois, 2009)

三、大洋环流变化

当前,全球最重要的海流是南极绕极流和北大西洋翻转流。古大洋环流相关的论文很多,以研究大西洋环流的论文最多。由于很多研究者认为大洋环流与气候变化相关联,所以可以看到很多大西洋径向流翻转、北大西洋深层水停止形成,与气候变化相结合研究的文章。

(一)南极绕极流

南极绕极流(Antarctic circumpolar current,ACC)是环绕南极洲由西向东的洋流,分布在 35°～65°S 之间,从表层到底层均为东向流,表层为西风漂流(west wind drift)。绕极流平均流速为 15 cm/s,在德雷克海峡曾测得 50～100 cm/s 的流速。

南极绕极流北界为亚热带锋(subtropical front),向南有亚南极锋(sub-Antarctic front),再南有极锋(polar front),接近南极大陆有微弱的西向流。

南极绕极流在德雷克海峡的总流量估计为 135 Sv 在塔斯曼尼亚南部的流量为 147 Sv,是全球最宏大的洋流系统。

德雷克海峡打开(约 30 MaBP),南极绕极流形成,彻底改变了大洋环流结构,最终发展成现在的大洋环流模式(Katz et al.,2011)。南极绕极流的形成对当前气候模式形成起关键作用。研究认为,绕极流的形成,加上西风带,阻止了低纬度暖气流到达南极大陆,南极大陆变冷,逐渐形成南极冰盖和当今的全球气候带分布。南极绕极流形成时间,包括德雷克海峡和塔斯马尼亚海路打开时间成了科学家关注的焦点(Scher et al.,2015),因为它们可能触发了晚新生代大冰期的发展。

（二）大西洋经向环流

在大洋环流模式中，南大西洋表层水向北经北大西洋（北大西洋暖流）到诺丁克海（挪威海和格陵兰海）下沉形成深层水。北大西洋深层水向南流，到南大西洋南部，主体加入绕极流，向东流，在印度洋和太平洋分支向北流，在北印度洋和北太平洋上涌，并通过上层流系回到南大洋。由南极形成的底层水向北流，到北大西洋上涌。在大西洋，3 种不同深度的水平洋流，加上极地下降流和高纬度上升流，就像是上下两个环的环流系统，被称为大西洋经向翻转环流（Atlantic meridional overturning circulation，AMOC）。

北大西洋暖流对西北欧气候的影响是明确的，人们也认为大洋环流对全球气候有强烈的影响和响应。如果大洋环流变缓或反向，也就是大西洋经向环流变缓或反向，全球气候系统将发生变化，比如西北欧可能变得冷干，甚至荒漠化。

近期的观察除发现北大西洋洋流存在年际变化外，2005—2014 年流量存在降低的趋势（Srokosz and Bryden，2015）。已有一些证据表明，地质历史上，大西洋经向环流强度和方向曾发生变化（Negre et al.，2010；Henry et al.，2016；Bradtmiller et al.，2014；Lippold et al.，2015；Rutberg et al.，2000）。研究认为，末次间冰期—冰期（140—15 kaBP）北半球气候振荡，像丹斯—奥什事件、海因里希事件、新仙女木事件等都是由大西洋经向环流变化和大气相作用引发的，并认为末次冰盛期大西洋翻转流减弱或发生逆转，深层水流向变为由南向北（Negre et al.，2010）。而当前的环流模式在全新世才又出现。

四、厄尔尼诺与南方涛动

厄尔尼诺和南方涛动是发生在赤道太平洋的海洋学问题和太平洋—印度洋及周边的气候学问题，已被广泛研究，但仍然存在疑问。

厄尔尼诺产生的后果主要可分为两个方面：对海洋生态系统的影响和太平洋及邻近地区气候的响应。

（一）厄尔尼诺、拉尼娜与南方涛动

赤道太平洋秘鲁近海存在向北寒流，是著名的秘鲁渔场。赤道逆流在接近中美洲时转向北上。在圣诞节前后，赤道逆流转向南下，该海域会出现向南暖流，持续时间 1～2 个月，其间渔民渔获量显著减少，人们将该暖流称为“厄尔尼诺”（El Niño）。

目前“厄尔尼诺”一词已大不同于以上含意。通常赤道西太平洋具有高温海水，称为西太平洋暖池。研究发现，有些年秘鲁沿岸的暖流持续时间特别长,可达数月到一年以上,而且海水增温范围从南美沿岸发展到赤道中太平洋,而西太平洋暖池水温降低,所以中东太平洋海水增温也可以说是西太平洋暖水东移。目前的“厄尔尼诺”一词指赤道中和东太平洋持续时间数月以上的海水增温现象,每隔数年发生一次,平均发生周期为7年。

与厄尔尼诺现象相对的,有时赤道中东太平洋海水温度变冷的现象,人们称其为“拉尼娜”。拉尼娜的影响比厄尔尼诺小,所以受到的关注也少一些。

东南太平洋和西太平洋—印度洋两个地区气压存在反相关关系——一个地区气压升高时,另一个地区气压会降低,为跷跷板关系,沃克将这种关系称为南方涛动(southern oscillation)。研究发现,厄尔尼诺期间,赤道中东太平洋海水温度升高,东南太平洋上空气压降低。同时,西太平洋水温降低,西太平洋—印度洋上空气压会升高。拉尼娜期间两个地区上空气压变化与之相反。

科学家将厄尔尼诺与南方涛动合称为恩索(El Niño and southern oscillation,ENSO)。有时将厄尔尼诺称为ENSO暖事件,将拉尼娜事件称为ENSO冷事件。

厄尔尼诺期间,赤道中东太平洋表层水温偏高1.5～2.5 ℃,次表层水温偏高3～6 ℃;拉尼娜期间赤道中东太平洋表层水温偏低1～2 ℃,次表层水温偏低2～4 ℃(翟盘茂等,2003)。

(二)厄尔尼诺对海洋生态系统的影响

厄尔尼诺对海洋生态系统的影响主要在东太平洋秘鲁渔场及邻近海域,可达海盆尺度。

赤道东太平洋是全球最大的上升流区,海水营养丰富,浮游植物大量生长,为高营养级海洋生物提供丰富的饵料,使秘鲁近海成为资源丰富的渔场,特别盛产鳀鱼。渔产丰富也为鸟类提供食物,所以该海域鸟类很多。厄尔尼诺期间,上升流减弱,水温上升,浮游植物生产力水平降低,食物链遭到破坏,大量原先适合生存的高营养级生物迁徙离开,或死亡,以鱼类为食的鸟类也迁走或死亡。在一些厄尔尼诺年,秘鲁近海到处是死亡海洋生物和鸟类的尸骸,海洋生态系统遭到破坏。也有报道,厄尔尼诺期间,一些喜暖性鱼类的渔获量相对增加。

(三)厄尔尼诺对太平洋东西部气候的影响

厄尔尼诺使赤道太平洋的沃克环流发生变化,对太平洋东岸和西部陆地产生剧烈影响,属海盆尺度,对气候的影响可能达半球尺度。

总体上,厄尔尼诺期间,赤道中东太平洋降雨增多,南美太平洋沿岸国家如厄瓜多尔、秘鲁、智利异常多雨，引发洪灾；巴西南部、巴拉圭、乌拉圭和阿根廷北部降雨也显著增多；西太平洋—印度洋国家，包括东南亚各国、澳大利亚和印度，甚至东部非洲出现干旱。

分析认为，全球很多地区气候与厄尔尼诺存在遥相关关系，如厄尔尼诺发生时，非洲南部、巴西东北部干旱，加拿大西南部和美国北部冬暖，美国南部潮湿多雨，中国多地和日本的降水发生变化，中国东北部和日本夏季出现低温等。

厄尔尼诺期间，西北太平洋和北大西洋的气旋会减少。

第五节　古海水温度

地质时期海水温度及分布曾发生过显著变化。古海水温度研究是古海洋学研究的基础，古海水温度研究为冰期、间冰期的研究提供了强有力的证据。

有孔虫(foraminifera，也记为 forams)是应用最多的研究古海洋环境变化的原生生物，在海洋中普遍存在。有孔虫有浮游类和底栖类，有硅质的，但大部分是钙质的。一些底栖有孔虫具有用海底上的碎片黏结而成的介壳，因此它们不同于钙质有孔虫。有大量应用有孔虫进行海洋环境和气候变化研究的论文。

一些种类的浮游有孔虫在个体发育过程中形成不同的房室旋卷方向，向左旋或向右旋。一些种群房室的旋卷方向存在于特定的温度范围，所以一些有孔虫房室旋卷方向可以用来指示海洋水温。最熟悉的例子是厚壁新方球虫(Neogloboquadrina pachyderma)，它在冷水中是左旋的，在年平均温度高于 9 ℃的海水中变成右旋的。

一些作者已将有孔虫的大小、形状、表面结构和其他形态特征与特定的温度范围和/或地理分带联系起来。所有这些特征也许和每一个有孔虫个体分泌介壳的能力有关，也就是说某些种类有孔虫在特定的温度下更容易生长。有孔虫介壳的钙化速度和化学成分也受温度控制。

底栖有孔虫形态反映它的生活方式。细长、锥形的有孔虫常是穴居的(内生群落)，扁平而宽的种类生活在表面(表生群落)。对底栖有孔虫形态和种属差异的观察可以提供有孔虫生活区之上海洋表面的生物生产力变化，因为有机物供应速率可以影响有孔虫的种类和生长速率。

一、转换函数方法

转换函数方法基于一定环境条件与形成的生物种群组合存在对应关系，所以生物种群组合可以用来反演古环境参数。通过建立现生种群组合与海洋环境参数的关系，多变量统计分析已成功地用于过去海洋环境参数的定量研究。对海水古温度研究，建立水温与岩芯顶部保存的动物种群组合关系后，一些研究小组已提供了适用于海区的"转换函数"(Williams et al.,1997)。

通常选用代表极地、亚极地、亚热带和热带地区的 4 种动物种群组合来建立方程或转换函数，并用于计算海面温度和冬夏温差。用于建立转换函数的化石种群主要是有孔虫，也包括放射虫、硅藻和颗石藻。转换函数方法在 CLIMAP(climate long-rang investigation mapping and prediction)计划进行期间得到广泛应用。图 4.5.1 上图是 CLIMAP 建立的末次冰盛期 8 月份的全球海水表面温度，与下图现代表层海水温度形成对比。

二、氧同位素组成指示的海水温度变化

借助于氧同位素组成的研究，已经成功地将有孔虫应用于古海洋学研究。原理是当介壳形成时生物体氧同位素组成($\delta^{18}O$)受控于海水温度和海水的氧同位素组成。最早建立的有孔虫氧同位素古温度方程为

$$T = 16.9 - 4.0(\delta_c - \delta_w) \tag{4.5.1}$$

式中，δ_c 和 δ_w 是 T 温度形成的有孔虫和海水的 $\delta^{18}O$ 值。该式说明，如果海水的氧同位素组成是一定的，当水温增高时碳酸盐介壳中的 $\delta^{18}O$ 值就减小，所以可以利用化石有孔虫的同位素组成来重建古海水温度。图 4.5.2 所示是用有孔虫组合变化估算得北大西洋表层水水温随年代的变化。有些研究者用二次式拟合温度 T 和氧同位素组成之间的关系，常数项和一次项系数差异较小。

$$T = 16.9 - 4.2(\delta_c - \delta_w) + 0.13(\delta_c - \delta_w)^2 \tag{4.5.2}$$

由于分馏作用，在水蒸发时含较轻同位素^{16}O 的水分子($H_2{}^{16}O$)首先逸出成为水汽，于是雨水的氧同位素比值比源区的海水轻($^{18}O/^{16}O$ 比值或 $\delta^{18}O$ 小)。

在末次冰期，海平面下降约 120 m，许多水被固定在冰盖和高山冰川里。这种以冰形式存在的水耗尽^{18}O，具有负的 $\delta^{18}O$ 值，于是海水的^{18}O 得以按一定比

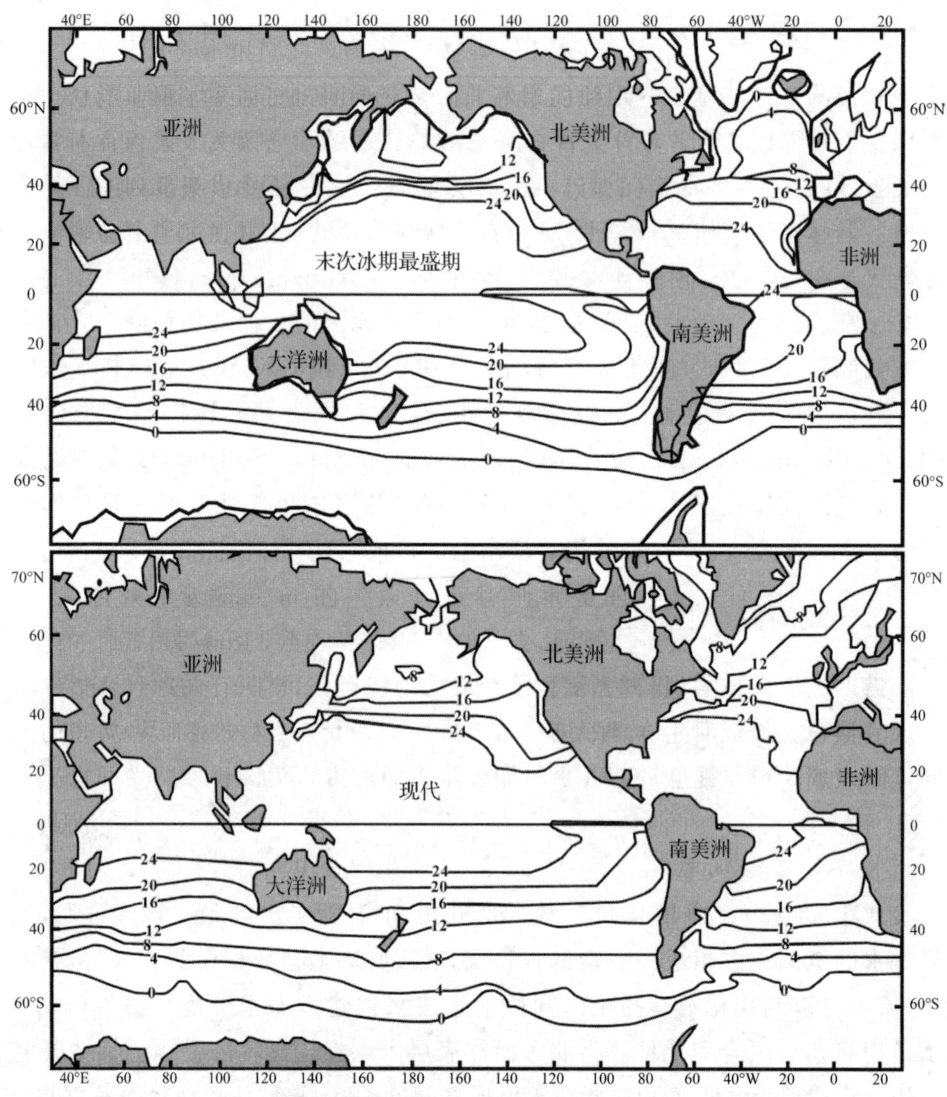

图 4.5.1　重建的 18 kaBP 冰盛期和现代 8 月海洋表面温度比较(Williams et al.,1997)

例增加,具有高 $\delta^{18}O$ 值。在浮游有孔虫碳酸盐介壳化石中 $\delta^{18}O$ 0.11‰的变化代表海平面有 10 m 的变化,可以估算得冰期海水氧同位素组成比现在重 1.20‰。

第四纪海洋沉积物岩芯的有孔虫氧同位素组成曲线反映了海水的同位素组成和温度变化。许多研究者选择热带海区采集的岩芯进行研究,他们认为在热带区冰期和间冰期时温度改变很小。热带地区的同位素组成变化记录几

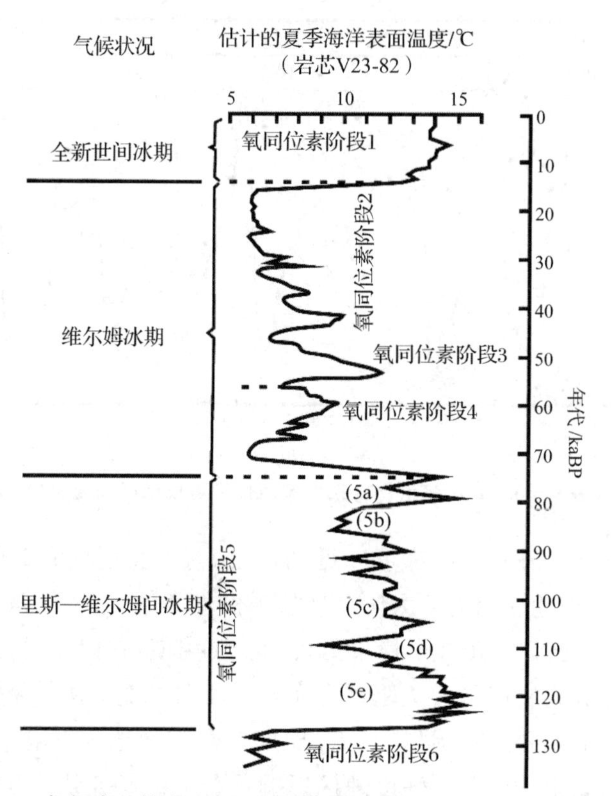

图 4.5.2 根据岩芯的有孔虫组合估算得西北大西洋表层海水温度(SST)

图中标注了氧同位素阶段，岩芯 V23-82(Williams et al.,1997;Bradley,1985)

乎全部被解释为全球冰量和由此引起的海平面变化的影响。在热带之外的海区，有孔虫同位素组成在岩芯中的变化取决于温度和冰量两者的变化。

有大量的海洋沉积物岩芯有孔虫氧同位素研究的报道，给出相当一致的氧同位素分布。图 4.5.3 所示是综合多个岩芯数据得到的 900 kaBP 以来的海洋沉积物有孔虫氧同位素组成数据，称为海洋氧同位素曲线(marine isotopic stage, marine oxygen isotope stage, MIS)。图中的低 $\delta^{18}O$ 值代表暖水温，以奇数标注；高 $\delta^{18}O$ 值代表冷水温，以偶数标注。

岩芯中 $\delta^{18}O$ 值的最后一次大的变化，表现为 ^{18}O 耗尽，通常被解释为大约 15 kaBP 以后冰盖消融后融冰水进入海洋的结果。这种变化通常指同位素阶段 2 向阶段 1 的突变。岩芯中同样明显的 $\delta^{18}O$ 值的突变出现在同位素偶数阶段向小 1 的奇数阶段之间的过渡。

第四纪浮游有孔虫的同位素组成变化具有某种明显的周期性。这种周期

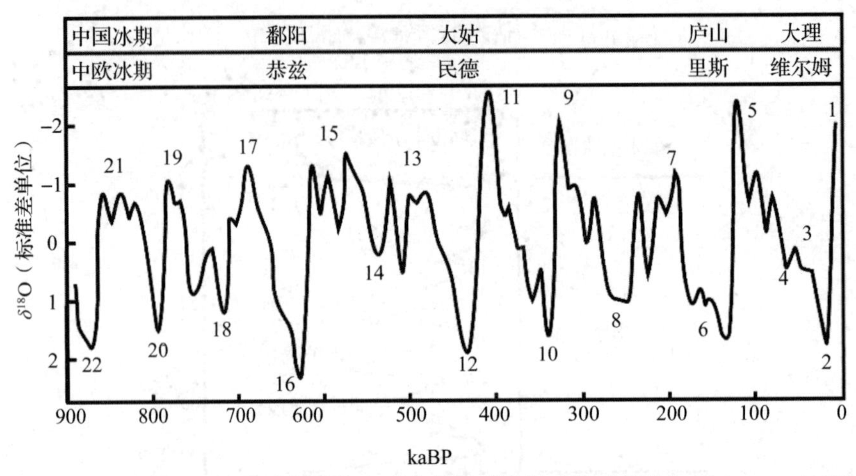

图 4.5.3　过去 900 ka 海洋沉积物有孔虫氧同位素组成随时间变化(Delaygue,2009)

性的变化在所有深海岩芯中都可以见到,它们与天文周期有关的看法也已被接受,后者受控于地球相对于太阳公转轨道的偏心率、地轴倾角和地球绕轴的进动。多个岩芯已识别出 3 个稳定出现的主要周期,它们分别为 100 ka、41 ka 和 23/19 ka。这些周期与天文驱动因子符合得非常好,但这种驱动作用的影响在不同纬度是不同的。例如,41 ka 周期在高纬度地区影响最明显;相比之下,19 ka 周期在中纬度到低纬度地区影响更普遍。研究认为 41 ka 周期是冰川区域变化的主要驱动力,而 100 ka 周期是北大西洋变化的主要驱动力。这些周期对气候变化的影响在整个第四纪并不总是一样的。例如,一般认为 100 ka 的周期仅在更新世大约最近 0.65 Ma 以来具有主导地位,然而 41 ka 的周期在 2.5—0.7 MaBP 的松山期(地磁极性)占主导。这些周期也已从海洋沉积物岩芯 $CaCO_3$ 总量的变化中释读出来。

三、Mg/Ca 指示的新生代大洋深层水温度变化

研究发现海洋生物骨骼 Mg 含量水平可以用来指示生物生活的水体温度,称为 Mg 温度计。Martin 等(2002)报道在 −1.1～18.0 ℃范围,似面包虫壳体 Mg/Ca 比值与水温 T 有以下关系:

$$\frac{Mg}{Ca}=1.22(\pm 0.08)\,e^{0.109(\pm 0.007)T} \tag{4.5.3}$$

Lear 等(2000)测量了太平洋、大西洋和南大洋 3 个深海岩芯 50—

0.5 MaBP间6种底栖有孔虫的 Mg/Ca 比，结果如图 4.5.4a 所示，图中的实线是散点的权重平均值，由该曲线计算得到的深层水温在图 4.5.4b 给出。

图 4.5.4c 是深海沉积物有孔虫氧同位素组成分布及由其计算得到的水温变化。将图 4.5.4b 和 c 的数据代入式(4.5.2)，计算得到陆地水体积变化(图 4.5.4d)。可以看出 Mg 温度计和 $\delta^{18}O$ 温度计得到的海水温度不完全一致，但趋势非常接近。50 MaBP 以来，大洋深层水呈现出总体变冷趋势。假设深层水形成在极地高纬度，则深层水温代表极地水温。

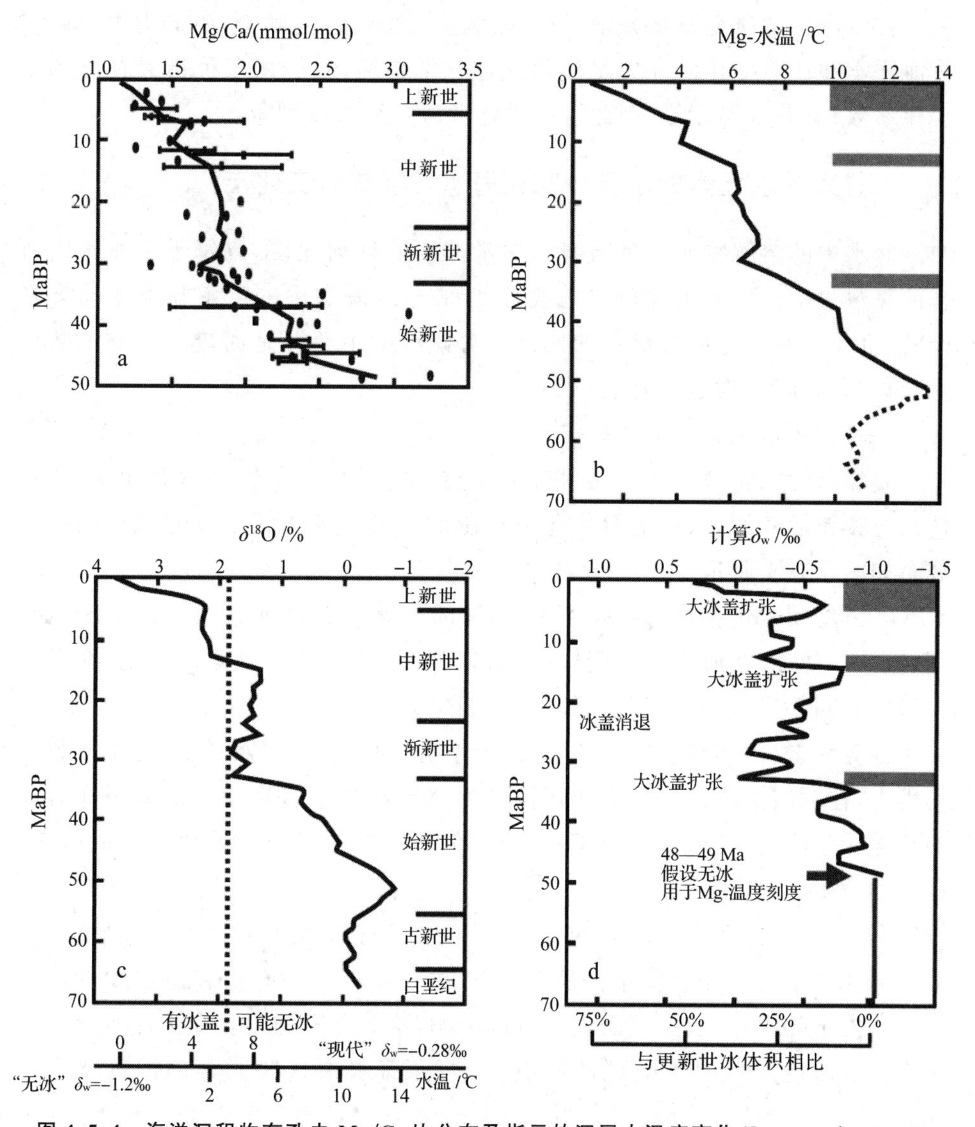

图 4.5.4　海洋沉积物有孔虫 Mg/Ca 比分布及指示的深层水温度变化(Lear et al., 2000)

深层水温度变化可分为3个阶段:①中始新世到早渐新世为变冷期;②中渐新世到中中新世水温变化不大;③晚中新世至今,水温继续降低。

第六节 古海洋化学

海洋化学研究海水中化学物质的分布及其地球化学和生物地球化学过程。古海洋化学研究海水元素组成、碳酸盐、营养盐、溶解氧、生产力等。由于古海洋学和环境变化研究大量使用地球化学指标,人们从多种指标释读环境变化参数,如海水温度等,因此古海洋化学研究显得特别重要。

一、大洋水元素的垂直分布和海水化学成分变化

海水中的溶解物质质量与海水质量的比值称为盐度,以每千克海水中所含的克数表示。世界大洋的平均盐度为35‰。海水中的溶解盐类是动态平衡的,主要元素具有相对稳定的比例。海洋盐的主要源是河流输入的大陆风化产物,海底沉积物是主要汇。

(一)大洋水元素的垂直分布

海洋化学家将海水中的元素分为4类:①守恒型元素;②营养元素(营养盐);③颗粒活性元素;④受氧化还原控制的元素。各类元素在海水中的垂直分布如图4.6.1所示。

守恒型元素包括卤素、碱金属元素、部分碱土金属元素(Mg、Ca、Sr),和硼、硫、钼、铀等,在海水中浓度较高,均匀分布,且与盐度的比例恒定,在海洋中停留时间$\gg 10^5$ a,远大于大洋环流时间(1000 a)。

营养元素,包括碳、硅、氮和磷,由于生物吸收,在表层水耗尽,也由于颗粒物再生,在深层水中富集。大洋环流和生物地球化学过程使得北太平洋有高的营养元素浓度。Ni、Zn、Ge、Cd和Ba在海水中具有与营养盐类似的分布,称为类营养元素。

海水中,一些元素,像Al、Mn、Co、Ce、Pb、Bi、Th等易被颗粒物清除,称为颗粒活性元素。其在水体中停留时间较短,$\ll 100\sim1000$ a,在海水中的浓度极低。由于陆源输入,主要是大气沉降影响,这些元素的很多在上层水比深层水有高的浓度。也由于陆源的影响,大西洋海水中这些元素的浓度比太平洋高。

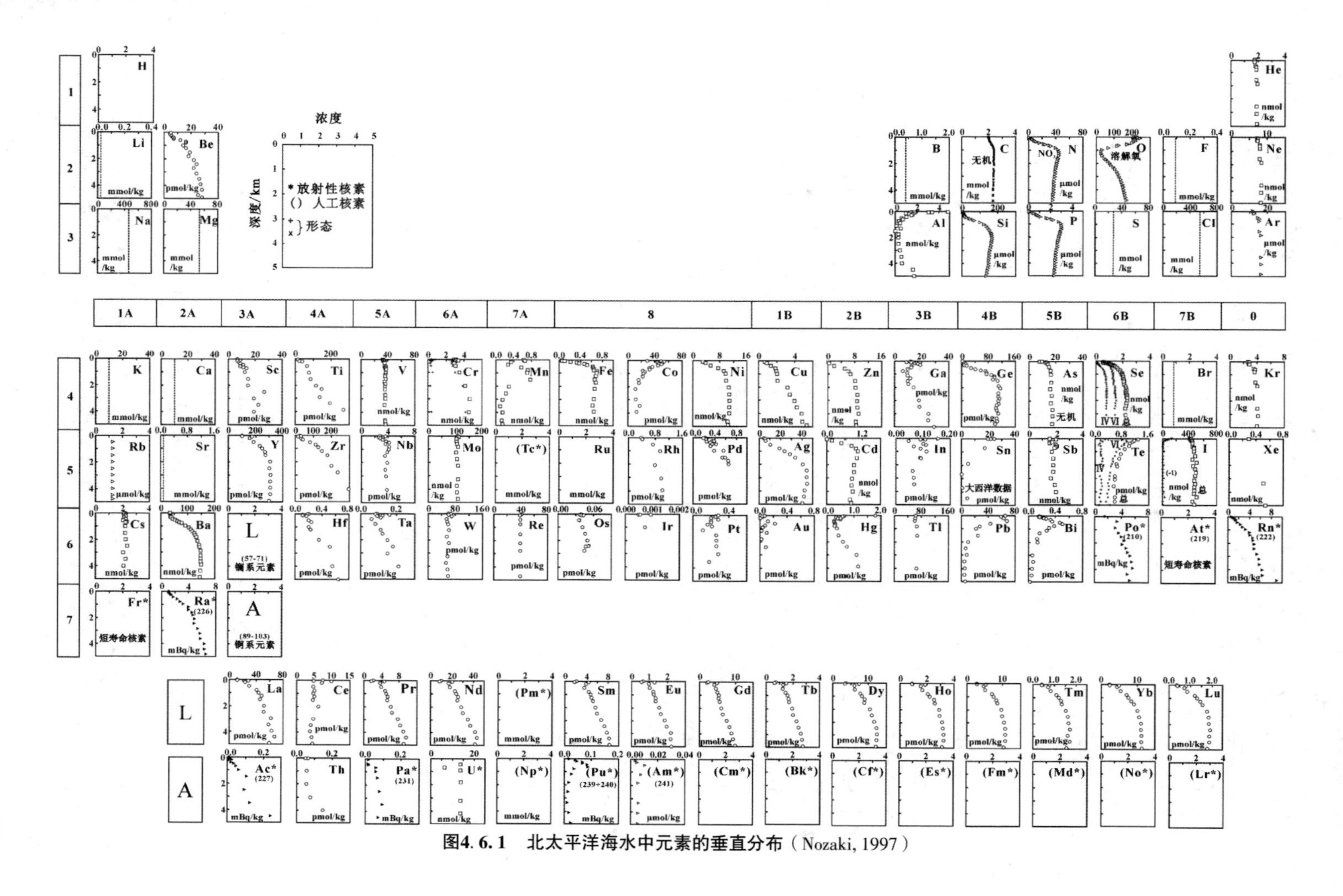

图4.6.1　北太平洋海水中元素的垂直分布（Nozaki, 1997）

在海水中,Cr、As、Se、I、Te、Pu 等可以以多种氧化态出现,在海水中的行为和分布模式可以改变。由于热力学行为不稳定,通过生物学过程元素的还原态可能变化,一旦进入开阔大洋,可能被氧化为高价态;在缺氧海盆,像里海、卡里亚可海槽和某些狭湾水体还原态是稳定的。

除守恒型元素在海水中均匀分布外,其他元素可能具有以上两重性质。人类活动排放入海的元素,其浓度和分布还是随时间变化的。

元古宙以来,开阔海域,多数时间,海水中大部分元素分布具有如图 4.6.1 所示的分布形式。

(二)海水化学成分的历史变化

对海水化学成分变化的研究并不多。研究认为,大洋水成分只在 3.5—1.5 GaBP 间逐渐发生变化,距今 1.5 GaBP 以来无重大改变。最新的研究认为可能不是这样的(汪品先,2006)。从陆源输入通量的角度看,海水中的大多数元素达到现在的水平需要的时间不到 10 Ma。以下是一些关于海水中 Mg、Sr 和 B 的研究结果(同济大学海洋地质系,1989)。

研究表明,有些微量元素在化石壳体中的含量与海水中的含量成正比,所以可用来推断地质时期海水的成分。例如,对比地质时期碳酸盐沉积物中 Ma/Ca 比(图 4.6.2),可以发现此值随时间是下降的,但 100 MaBP 以来(约晚白垩纪以来)基本稳定。

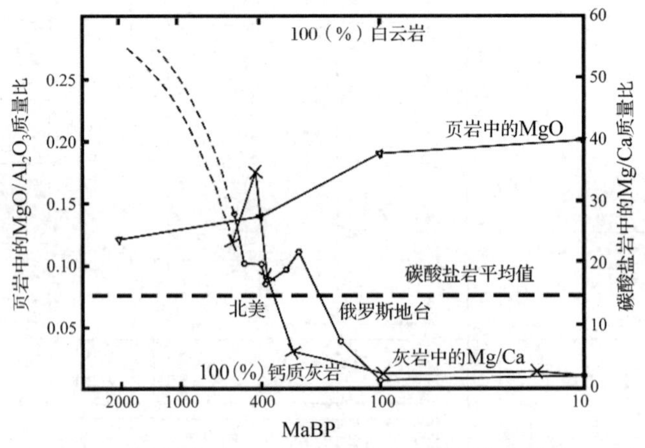

图 4.6.2 碳酸盐岩中 Mg/Ca 比(同济大学海洋地质系,1989)

无论是软体动物、颗石藻,还是有孔虫壳体,锶都具有相同的分配系数,壳体 Sr/Ca 比值为 0.16±0.02。大西洋和太平洋 75 MaBP 以来沉积物中的浮游有孔虫的 Sr/Ca 比值在新生代比中生代高 10%～15%，最低值在 55—45 MaBP(始新世中期)和 10—5 MaBP(中新世晚期)，比现代低 15%～25%(图 4.6.3)。研究认为，始新世中期低 Sr/Ca 比值暗示可能有大海侵，且全球碳酸盐补偿线(CCD)比现在浅约 1000 m，这就使 $CaCO_3$ 在陆架上沉积增多，在深海沉积中减少。因此，现在沉积物中 Sr/Ca 比值偏高，以致大洋水体中 Sr/Ca 比值下降；中新世晚期的低值则可能与当时东太平洋海底扩张加速有关，海水与玄武岩物质交换的速率加大，水热作用供应的 Ca 增多，于是 Sr/Ca 比值减低(Graham et a1.,1982)。

沉积岩中的黏土矿物中吸附的硼主要取决于海水中的硼浓度。现在海水硼含量为 4.7×10^{-6}，海洋沉积物平均含量 $>100\times10^{-6}$。调查表明，不同地质年代的地层中硼含量并无定向的变化，所以认为海水中硼的收支基本保持平衡，地质时期海水硼含量变化不大。海相地层硼含量均超过 100×10^{-6}，陆相都低于 70×10^{-6}，各时代大体相同。

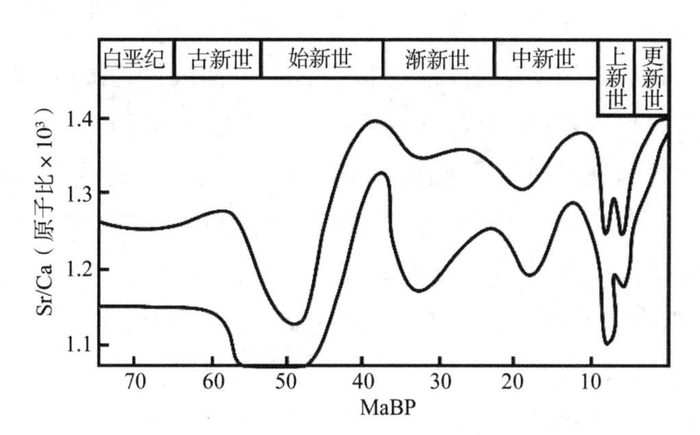

图 4.6.3 新生代浮游有孔虫壳体 Sr/Ca 比值的变化反映大洋水中 Sr/Ca 比值的变化

(Graham et al., 1982)

二、碳酸盐

碳酸盐是海洋主要的溶解盐之一，其中尤以 $CaCO_3$ 为多。海洋中 $CaCO_3$ 的来源主要是陆上风化产物通过河流的输入，还有洋中脊热液作用的贡献，总输入通量为 0.11 $g\cdot cm^{-2}\cdot ka^{-1}$。然而，生物摄取海水中的 $CaCO_3$ 形成骨骼速率为 1.3 $g\cdot cm^{-2}\cdot ka^{-1}$，比河流输入的多得多。由于过量的析出，大洋中除上层水外，$CaCO_3$ 均不饱和，依靠深海 $CaCO_3$ 溶解作用补足海水 $CaCO_3$ 的不足，保持碳酸盐的收支平衡。正是这种深海碳酸盐的溶解作用造成大洋不同水深沉积物碳酸盐含量的差异。

（一）碳酸盐补偿线

现代洋底的沉积物主要有三大类：一类是以浮游有孔虫和颗石类为主的钙质软泥，覆盖大洋 160×10^6 km^2 的面积；第二类是硅质软泥，以硅质生物骨骼为主，覆盖大洋 39×10^6 km^2 的面积；第三类是深海黏土，覆盖大洋 110×10^6 km^2 的面积。这 3 类沉积物分布在不同深度的海底，硅质沉积物和深海黏土分布海区比钙质沉积物分布海区深。从钙质沉积区到非钙质沉积区的过渡，是深海沉积物最重要的一个界面。这个深度就是碳酸盐补偿深度（CCD）。在这个深度上，从上覆水沉降的碳酸盐和溶解而失去的碳酸盐数量相等，因此称其为碳酸盐补偿深度，或者补偿面（carbonate compensation surface，CCS）。该深度以上，浮游有孔虫壳尽管已经强烈溶蚀，但仍有许多壳体；而在此深度以下，沉积物几乎不含碳酸盐，浮游有孔虫壳已完全消失，只有非钙质的深水型胶结壳底栖有孔虫和丰富的放射虫、硅藻等生物骨骼（郑连福和陈荣华，1982）。

$CaCO_3$ 在海水中的溶解度，和海水中 HCO_3^- 的浓度即 CO_2 的溶解度密切相关。和大多数盐类不同，随着温度升高和压力增大时，$CaCO_3$ 溶解度增高。

由于在大洋温跃层以下水温相差不大，因此碳酸盐的饱和浓度在深海主要取决于压力。事实上，决定碳酸盐溶解作用的是水中碳酸盐的饱和程度。海水中不同深度 Ca 离子的浓度相差不大，表层水为 396×10^{-6}，深层水为 400×10^{-6}。因此，溶解碳酸盐的饱和度取决于 CO_3^{2-} 的浓度，水深越大，$[CO_3^{2-}]$ 饱和值越大，海水中碳酸盐饱和度就越小。

由饱和到不饱和的转折处，称为碳酸盐饱和深度（carbonate saturation depth，CSD）。在 1000 m 以上还有个严重不饱和区，相当于缺氧层的下部，这里 CO_2 含量高，使水中 pH 值下降，CO_3^{2-} 减少而 HCO_3^- 增多，从而导致饱和度下降（最低值小于 0.5）。因此，碳酸钙质的生物壳体从大洋上层水向下沉降过程中会发生溶解。

Berger（1968）提出把浮游有孔虫壳溶解速率急剧增大的深度定义为溶跃层（lysocline）。这样，在大洋的垂直方向剖面上，自上而下有碳酸盐饱和深度、溶跃层、碳酸盐补偿深度 3 个面（图 4.6.4）。不同海区这些面的具体深度不相同，而且可能相差悬殊。例如，在北太平洋 CSD 比较浅在 1000 m 内，到南太平洋达 2000 m 左右，而在北大西洋可达 4000 m 左右，在南大西洋逐渐变浅，不足 3000 m。同样，CCD 在太平洋比较浅，在大西洋、印度洋比较深，太平洋的 CCD 大多在 4000 m 左右，大西洋局部可深达 5500 m。三大洋非碳酸盐为主海域的平均水深，太平洋为 4500 m，印度洋为 5000 m，大西洋为 5300 m。太平洋非碳酸盐沉积物分布范围最广；大西洋钙质软泥覆盖海域的比例最高，浮游有孔虫和钙质超微化石保存最好。

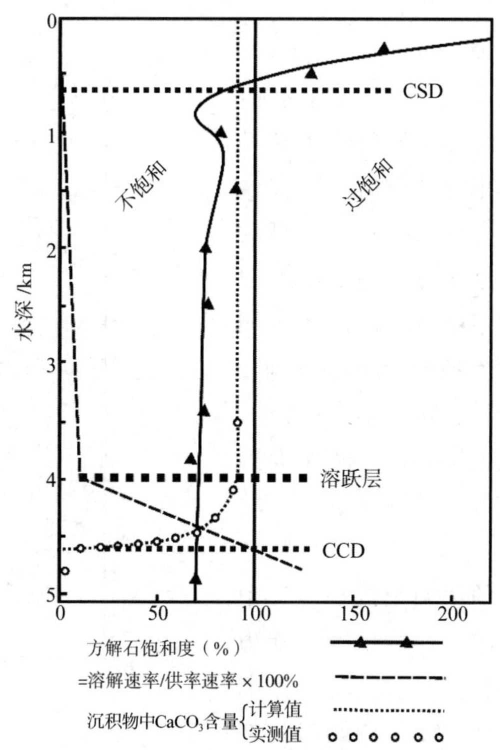

图 4.6.4　热带太平洋碳酸盐饱和深度(CSD)、溶跃层和补偿深度(CCD)的分布

（同济大学海洋地质系，1989）

在实践中，溶跃层比 CCD 更容易测定，因为它介于含保存良好的和保存不好的浮游有孔虫沉积物之间。溶跃层一般比 CCD 浅数百米，但视钙质生物壳体的含量高低而异。浮游有孔虫和其他钙质微体化石含量高的海区，溶跃层和 CCD 深度接近，钙质软泥和非碳酸盐沉积物之间的界线分明；反之，钙质壳体含量低的海区，则溶跃层和 CCD 相距较远，钙质软泥和非碳酸盐沉积物的界线不甚分明，如赤道太平洋美拉尼西亚海盆的溶跃层在 4000～4500 m，CCD 约在 5000 m（汪品先和郑连福，1982）。

CCD 在大洋中由洋盆中央向陆地方向上升，在洋盆中央又由赤道向高纬度方向上升。

文石、方解石、有孔虫和其他微体化石的溶解速率各不相同，相应地也有不同的溶解深度。文石比方解石易溶，因此由文石组成的翼足类补偿深度最浅。钙质超微化石整体来说比浮游有孔虫抗溶，因此超微化石的补偿深度最深，一般比浮游有孔虫深数百米。颗石软泥的分布比有孔虫软泥和抱球虫软泥略深。

（二）碳酸盐旋回

1947—1948 年，瑞典深海考察船"信天翁号"（Albatross）在赤道太平洋东部采集了当时最长的深海岩芯，首先发现岩芯中碳酸钙含量的变化有明显的周期性。研究者提出赤道太平洋第四纪地层中含几个碳酸钙旋回，就是在冰期碳酸钙含量高，间冰期碳酸钙含量低。此后在该区的工作证实了这一结论，Hays 等（1969）查明赤道太平洋在大约 70 万年以来的布容期共有 8 个这样的旋回（图 4. 6. 5）。

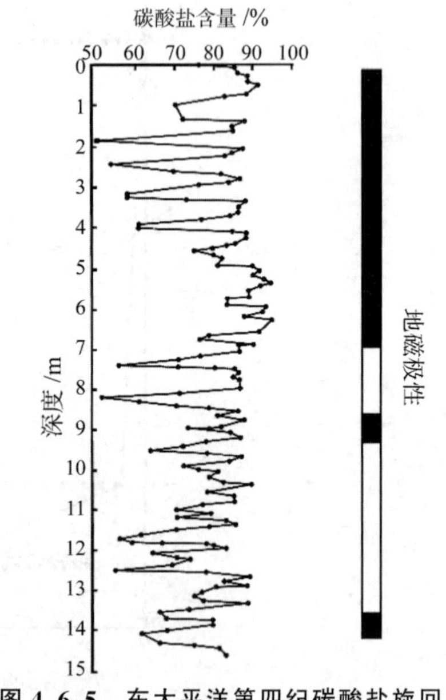

图 4. 6. 5　东太平洋第四纪碳酸盐旋回

（Hays et al., 1969）

也在其他大洋的第四纪沉积地层中发现碳酸钙旋回。印度洋的情况与赤道太平洋相似，也是间冰期碳酸盐少，冰期多，北大西洋高纬度碳酸盐含量却是在冰期时少，间冰期时多，和赤道太平洋形成对照（图 4. 6. 6）。

尽管不同海区 $CaCO_3$ 变化趋势可以相反，但是都显示出和古温度旋回步调一致。热带海区，比如赤道太平洋的碳酸盐含量和海水温度呈反比，因此氧同位素指示温度降低时，热带水温变凉，更适于生物生长，有高的生产力。非热带海区，比如北大西洋，可能是由于水温升高，生产力提高，钙质壳溶解度降低，所以北大西洋沉积物的碳酸盐含量和古温度变化趋势相同。

（三）地质时期 CCD 变化的重建

地质时期沉积物组成的变化不仅与 CCD 的变动有关，也受到洋底构造沉降的影响。洋底岩石圈在离开洋中脊顶部向两侧扩张的过程中，随着洋底年龄增大，水深加大，水深与年龄之间存在相关关系。通常，大洋中脊顶部的平均深度为 2～3 km，而大洋 CCD 的平均深度可达 5 km。因此，中脊两翼的上

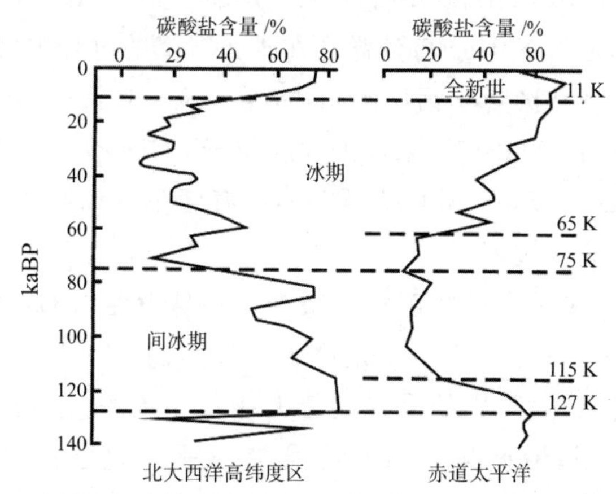

图 4.6.6 晚第四纪高纬度北大西洋与赤道太平洋地层碳酸盐含量分布

(Luz and Shackleton,1975)

部接受碳酸钙沉积。洋脊边扩张、边沉降,越过 CCD 以后,不再有钙质沉积,只剩下硅质或黏土沉积。在远离脊顶部的深海岩芯中,可以见到由老而新的岩性序列为,玄武岩—富含金属的沉积物—碳酸盐沉积物—黏土和硅质沉积物。这种随板块扩张造成的地层相变序列,被称为“板块地层学”,是重建古 CCD 的重要依据。

深海岩芯中钙质沉积物与非钙质沉积物界面,便是洋底岩石圈扩张沉降通过 CCD 的年龄。深海钻探站位处洋底在当时的水深,也就是该处洋底当时的 CCD 值。钻探站位现在的水深是已知的,根据水深与年龄关系曲线可以求出该处洋底形成以来任何时期的古水深。以深海钻探 14 航次 137 站为例,该站位于中大西洋,水深 5360 m,沉积层厚 400 m,沉积层底部的年龄为 105 Ma,钙质沉积物的年龄为 90 Ma。这就是说该站位的洋底在 105 Ma 前诞生于中脊顶部,随后扩张推移并伴随着下沉,在 90 Ma 前洋底越过 CCD。换言之,90 Ma前该处洋底位于 CCD 上。根据该井目前的水深(5360 m),除去沉积层厚度,并考虑到沉积负载下均衡沉陷的影响,按洋底水深与年龄关系曲线(沉降轨迹)可以求出 90 Ma 前该处洋底的水深,得出 90 Ma 前的晚白垩纪,大西洋的 CCD 约为 3500 m。如果考虑到在白垩纪大海侵时期海平面比现代高300 m,则 90 MaBP 的 CCD 应当在当时海平面之下 3800 m,比现在的 CCD 浅 1000 m 余。深海钻探第 3 航次 15 号站位于南大西洋,基底年龄约 21 MaBP,上覆沉积层主要由钙质沉积物组成,厚 140 m。钙质沉积层内夹了一层非钙质沉积物,非钙质沉积物顶面与底面(与钙质沉积物相接触)的年龄约为

11 Ma和 15 Ma，可以求出南大西洋 15 号站位 11 MaBP CCD 为 3500 m，15 MaBP的 CCD 为 3300 m。该处洋底在扩张沉降的过程中曾两度与 CCD 交切。在 11—15 MaBP 接受非钙质沉积物，洋底位于较浅的补偿深度之下。此后 CCD 逐渐加深，11 MaBP 以来该处洋底位于 CCD 之上。根据同样的原理，利用一系列深海钻井资料，就可以得出不同海区不同时代的 CCD，进而编绘出各海区 CCD 的变化过程(图 4.6.7)。

由于深海钻探揭示的洋底沉积层最老不过侏罗纪，因此难以重建中生代以前的 CCD 历史。图 4.6.7 所示是中生代晚期以来三大洋的 CCD 变动史。由图可见，世界各大洋 CCD 的升降趋势大体是一致的，白垩纪时 CCD 较浅，一般在 3600 m 上下；始新世时 CCD 亦浅，在太平洋约为 3200 m，印度洋约为 3000 m；渐新世 CCD 加深，到始新世末(约 38 MaBP)，太平洋区 CCD 迅速加深到 4500 m，而在印度洋和大西洋加深过程比较和缓；中新世早期 CCD 仍然深，到 10—15 MaBP 变浅到 3000 m 左右，在变动曲线上形成一个峰；接着急剧加深到现在的 4500～4900 m，达到历史 CCD 的最大深度。

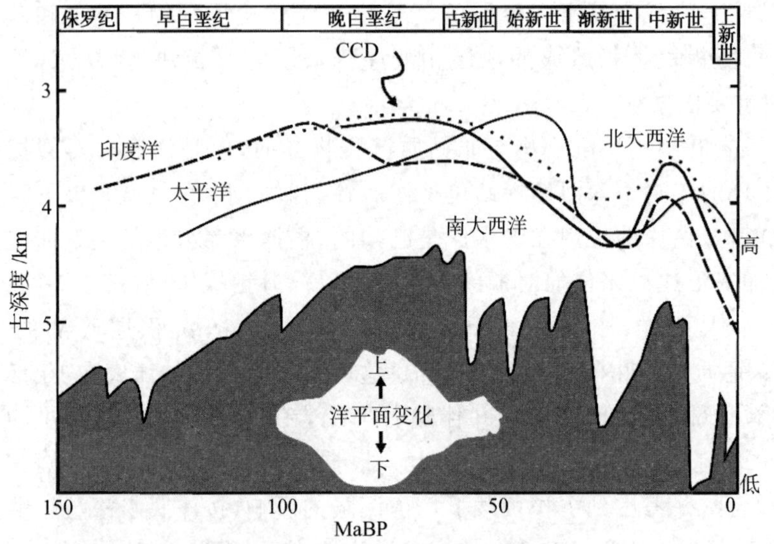

图 4.6.7 晚中生代以来 CCD 与海平面变化曲线比较(Kennett，1982)

CCD 升降曲线与世界洋面曲线大致平行，事实上这两者又都与温度曲线大致平行，就是说暖期洋面上升，CCD 也相应抬高，冷期洋面下降，CCD 相应降低，这在近 10 Ma 来的变冷过程中颇为明显。

三、营养盐

海洋营养盐主要包括磷酸盐、硅酸盐和硝酸盐、亚硝酸盐、铵盐。

(一)磷酸盐

虽然磷在海水中含量甚低,但是一个重要成分。一方面溶解磷酸盐含量是海水初级生产力的控制因素之一,另一方面磷灰石是十分重要的矿产资源,因此探讨古海水中溶解磷酸盐的变化,是古海洋化学研究的重要课题之一。

世界大洋中溶解磷酸盐的总量,取决于其进入和析出数量间的平衡。河流是海水中磷酸盐的主要来源。进入大洋水中的磷酸盐,大多以沉积物中的有机质、含磷化石或者吸附物等形式析出,只有一部分形成磷酸盐沉积。磷酸盐沉积主要分布在沿岸上升流区,而且主要在陆架和上陆坡区。

地质历史上磷酸盐矿产的形成很不均匀,有几个时期沉积的磷酸盐特别多,表明地质历史上大洋中磷的循环曾有重大变比。研究认为,地质历史上大规模磷酸盐沉积的形成,是气候条件、大洋环流、海面升降、缺氧事件、大陆位置等多种因素共同作用的结果。当气候温暖,海面上升,而大陆分布也适宜时,大洋形成的磷酸盐沉积就会异常增多。

(二)硅酸盐

硅是地球上最丰富的元素之一,是造岩矿物的主要成分,有大量的硅因风化剥蚀作用自陆地进入海洋。海水中的溶解硅以二氧化硅形式出现,沉积时主要形成无定形的含水二氧化硅,即蛋白石($SiO_2 \cdot nH_2O$)。

海水中溶解的SiO_2有以下几种来源:大陆风化产物的河流输入,估计每年为4.3×10^8 t;海底热液作用产生约是河流输入的1/5～1/3;还有海底低温反应产生的溶解态SiO_2,包括蛋白石骨骼的溶解、大洋玄武岩的低温反应和碎屑SiO_2颗粒的低温反应,它们所提供的溶解硅总量可多于河流输入量。在海水中,溶解SiO_2被生物固定为骨骼,SiO_2消耗为河流输入的40～75倍;生物死后,软组织腐解的同时硅质壳也开始溶解,95%的硅质骨骼在到达海底前已溶解;在海底,剩下的硅质壳还继续溶解。估计海洋生物硅的埋葬速率为1.04×10^9 t/a。

1. 硅在海水中的分布

从表层到洋底,海水中的SiO_2处于不饱和状态。大洋表层水SiO_2含量在0.13～1.09 mg/L之间,海水中的生物成因的SiO_2首先是硅藻,占70%,有时达90%;其次是放射虫、硅鞭藻等。海水中的溶解SiO_2是生物成因SiO_2的

5～15 倍。

在大洋水中，溶解 SiO_2 被硅藻等浮游生物大量摄取使表层水的含量最低，而大洋深处由于硅质骨骼的溶解使 SiO_2 含量增高。因此，溶解 SiO_2 的含量曲线呈现出随水深而增大的趋势。这种垂向分布的趋势还与大洋水的垂直分层有关，如北大西洋的表层水 SiO_2 含量最低，往下逐渐升高，南极底层水中 SiO_2 含量更高。不同洋区海水中的 SiO_2 含量亦有差别，如太平洋的海水年龄较大西洋老，从硅质壳体溶解获得的 SiO_2 较多，因此 SiO_2 含量比大西洋高，如图 4.6.8 所示。

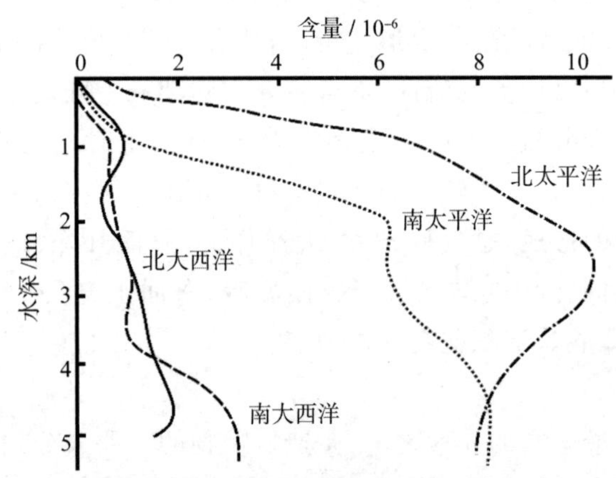

图 4.6.8　太平洋和大西洋溶解 SiO_2 垂直分布（同济大学地质系，1989）

2. 沉积物中的硅分布

海洋沉积物中生物硅呈现出 3 个明显的高富集带，环南极带、赤道太平洋和赤道印度洋、北太平洋。生物硅富集带，恰好出现在硅质浮游生物高生产力带之下。

硅质生物高生产力位于上升流发育或不同水团交汇区，最重要的是南大洋，其北缘在南极辐合带（Antarctic convergence），向南逐渐过渡为深海沉积分布区。世界大洋约 75％以上的蛋白石沉积在南大洋，沉积物中以硅藻为主的硅质生物壳体可占沉积物总量的 70％。南大洋有强烈的上升流发育，来自南极或围绕南极的强风将表层水驱向北面，富含营养元素的中层水上升补偿，促成特别高的生产力，蛋白石沉积速率高达 200 $g \cdot m^{-2} \cdot ka^{-1}$。在赤道太平洋，由于赤道附近海面风的不对称性导致表层海水辐散，随之形成强劲的上升流，也促成高生产力。与南大洋不同，赤道的硅质沉积物以放射虫为主，蛋白石沉积速率仅 0.09 $\mu g \cdot m^{-2} \cdot ka^{-1}$。同时，相邻的海区由于生产力低，洋底表层放射虫软泥被黏土所取代。北太平洋，包括鄂霍次克海、日本海和白令海，表层沉积中硅质骨骼一般只占沉积物质量的 10%～20%以下，很少有超过 30%，也是硅藻的高生产力区，但由于陆源碎屑供应过多等，沉积物中硅质骨骼的含量并不高。以上 3 个海区之外的广阔大洋，硅质浮游生物生产力和沉积物中硅质壳体所占比例都相当低。

3. 硅质骨骼的溶解作用

在海水中 SiO_2 和 $CaCO_3$ 的溶解度都受温度和压力的影响，然而两者的趋势恰好相反。水温越高，$CaCO_3$ 的溶解度越小，SiO_2 的溶解度却越大；压力越高，$CaCO_3$ 的溶解度越大，SiO_2 的溶解度却越小。加上海水表层硅质浮游生物的大量繁殖，被摄取的 SiO_2 更多。因此，虽然整个水柱 SiO_2 都不饱和，但表层的不饱和尤其严重，这和 $CaCO_3$ 的不饱和程度随水深加剧的趋势正好相反（图 4.6.9）。可见 SiO_2 不可能存在像 $CaCO_3$ 那样的"补偿深度"。

由图 4.6.9 可见，SiO_2 溶解速率随水深增大而下降，至水深 1000～1500 m 以下才大致稳定。据计算，赤道太平洋 90%～99%硅质浮游生物骨骼在沉降到洋底之前已经溶解，其余到达洋底后将继续溶解，因为沉积物间隙水 SiO_2 仍然不饱和。由于表面较大，据估计 10～60 μm 大小的硅藻壳，从海面沉到深海底要上百年，难免在沉降中溶解。避免溶解的有效途径是在粪粒中沉降，一桡足类粪粒可含 5～25 个以上的硅藻壳，只需要 0.5～5.0 个月便可沉降到海

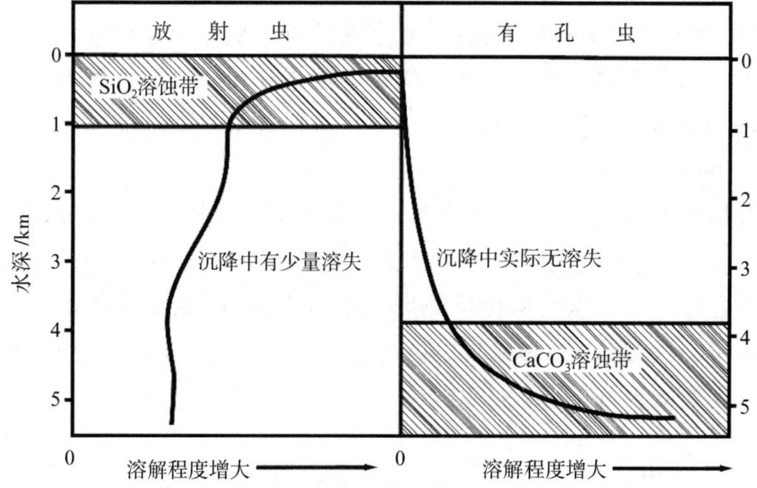

图 4.6.9　硅质生物(放射虫)和钙质生物(有孔虫)溶解度随水深变化

（同济大学海洋地质系，1989）

底，而且壳体受有机质保护不易溶解。

硅质生物骨骼溶解性并不一致，易溶性次序为，硅鞭藻（最易溶），硅藻，放射虫，海绵骨针（最不易溶）。

4．大洋生物硅质沉积期和燧石形成

地质时期，海水中溶解 SiO_2 的含量有急剧的变化。在褶皱山脉或者洋底，都可以发现生物成因的硅质沉积形成于某些地质时期。从古远洋沉积的露头剖面看，侏罗纪是最明显的生物硅沉积期。在世界各地很多地方都能找到晚侏罗纪的生物硅沉积。

海水中 SiO_2 的循环主要由生物因素控制，而最终进入地层的生物成因的 SiO_2 在数量上与输入海洋的 SiO_2 量一致。海水中 SiO_2 的输入主要受两方面影响：一是气候变化影响风化作用和河流携入大洋的 SiO_2。二是海底扩张速率可以影响热液作用输入海水的 SiO_2，可能还影响到海底风化作用向大洋提供的溶解 SiO_2。在浮游生物生产力较高的地区，海底沉积物中 SiO_2 的含量主要取决于钙质沉积物或碎屑沉积物的稀释作用。CCD 的上升可以使沉积物 $CaCO_3$ 含量减小，提高了 SiO_2 的百分比；而海退时剥蚀速率升高，进入大洋的陆源碎屑增多，从而使 SiO_2 的相对含量降低。在显生宙，海侵期大体相当于气候暖期，当时河流输入海洋的 SiO_2 增多，CCD 又趋于上升，于是大洋溶解 SiO_2 浓度增加。此外，海侵期又往往伴随着洋脊扩张速率增大，扩张的加速使热液作用愈加活跃，从而使输入大洋的 SiO_2 增多，于是有大量生物成因 SiO_2 沉积物出现。在同一时期里，硅质沉积的强度亦因地而异。中新世早、中期交界，在北大西洋西侧是硅藻堆积期，而东侧硅质沉积却十分罕见。

大洋硅质沉积物中颇引人注目的是燧石结核和燧石层。深海沉积物中含有燧石，是 DSDP 早期航次的重大发现之一，还曾给早期的深海钻井工作带来技术上的困难。

深海钻探表明，各大洋盆地中部产有燧石，一般在海底数百米以下出现。从沉积组成看，只是一小部分硅质沉积变成了燧石，而其余仍为未固结的沉积物。洋底含燧石的沉积物从侏罗纪以来都有发现，但主要出现在始新世末以前的地层中。深海钻孔中揭露的始新世地层至少有三分之一含有燧石，而渐新世以来突然减少（Kennett，1982）。

四、溶解氧

（一）大洋中的溶解氧分布

海水中的溶解氧来自大气和生物光合作用，氧只在表层海水中由于和大气的交换或者在真光层内由于植物的光合作用富集。向下由于生物死亡后的腐解作用消耗 O_2，增加 CO_2，使 O_2 逐渐变为不饱和。在现代大洋中，0～5 ℃的海水中氧的饱和值接近 7.5 mL/L，由于腐解作用消耗，实际上大洋深处只有 3～5 mL/L，比饱和值低约 3.5 mL/L。在中层水（150～1000 m），有一个数百米厚的水层，比上覆水和下伏水的氧含量低，称为“缺氧层（oxygen minimum）”。缺氧层是世界海洋的共同现象，但在上升流区，生物生产力特别高，缺氧层更加发育。缺氧层以下，浮游生物的腐解作用已经结束，而深层水和底层水又是由高纬度区的表层水下沉补给而来的，含氧量又有所回升。

（二）缺氧沉积物

从 20 世纪 60 年代中期起，就发现在北大西洋深海的沉积物岩芯中含有硫化物。之后，深海钻探又在南、北大西洋，北太平洋和东印度洋的沉积物岩芯中发现白垩纪中期的黑色页岩（Hsü，1982）。已查明，这类富含有机质的沉积物在北大西洋见于白垩纪的早期到中期，局部地方还见于白垩纪晚期；在南大西洋则出现在晚侏罗纪到白垩纪中期，局部到白垩纪晚期。

白垩纪大洋黑色页岩的发现，引起了地质界的极大关注。这不仅由于它具有重大的学术价值，更重要的在于它潜在的经济意义。中生代后期的地层在世界上是油气最为富集部分，中生代特大油田（如中东等），据认为与大洋缺氧事件有关。这些缺氧时期沉积的有机碳中有一部分已经熟化，为油田提供了油源。而整个大洋的黑色页岩则是一种潜在的油气资源，如果其中所含的有机物都形成油气，其储量可能为大陆和陆架目前已知油气总储量的 10 倍以上（任美锷，1983）。实际上现在已经在开采页岩气。

黑色页岩的形成，必须要有富含营养元素的水体和高生物生产力；或者大洋缺氧层扩大、加强，使得有机碳得以保存。上述两个条件也可以同时并存。

黑色页岩的产生并不以中、新生代为限，早古生代的笔石页岩，也是一种缺氧沉积物，与当时海底的缺氧环境有关。黑色页岩并非都是缺氧事件的产物，如在北冰洋中部发现的晚白垩世黑色软泥，有机碳含量平均高达 14%，但含大量碎屑与孢粉，是陆源植物碎屑大量堆积造成的，并非海水缺氧的结果（Clark et al.，1986）。

五、生物生产力

(一)海洋生产力与食物链

现代大洋的初级生产力为20～400 gC·m^{-2}·a^{-1},平均为50 gC·m^{-2}·a^{-1}。虽然大洋均被海水覆盖,但与大陆一样,它们的生产力分布不均匀(图4.6.10)。许多大洋生产力很低,有的海区仅20 gC·m^{-2}·a^{-1}左右;有些洋区很高,近海一般为80～240 gC·m^{-2}·a^{-1};上升流区最高,可达400 gC·m^{-2}·a^{-1},有的甚至可高达2000 gC·m^{-2}·a^{-1}多,如印度洋阿曼湾。

各种理化因素影响大洋生产力,其中温度的作用相当复杂。在热带和亚热带海区,由于生态条件的季节性变化,生物生产力也变化。在热带,高温导致海水层化加强,由于海水温度升高导致其黏滞度降低,悬浮物(包括养分)的沉降速率增加,造成养分损失,也会引起生产力下降。

在温带区,光照强度的重要意义更加明显。在冬季,由于光线较弱,生产力往往很低;而随着夏季的到来,初级生产力明显随太阳光强度的增加而增加。

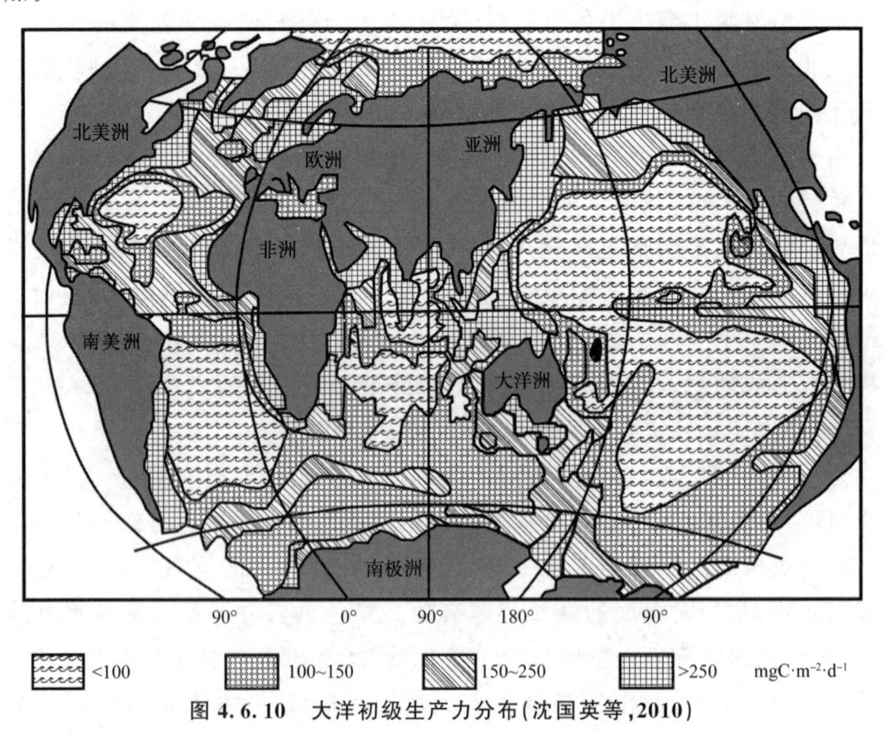

图 4.6.10 大洋初级生产力分布(沈国英等,2010)

营养状况也是温带生产力高低的一个关键。无论是缺少磷酸盐还是硝酸盐，均会使生物的生产受到抑制。世界大洋的高生产力主要分布于上升流区，如南极大陆周围海区，北大西洋和北太平洋及北极部分海区，赤道太平洋附近，以及某些大陆的西海岸。此外，近岸区的生产力高，远洋区低，如巴拿马湾水深 10 m 处在上升流盛行季节的生产力为 30 $mgC \cdot m^{-2} \cdot d^{-1}$，年生产力为 180 $gC \cdot m^{-2} \cdot a^{-1}$，其中约有一半是上升流季节贡献的（Raymont，l980）。

通过对海洋生物的长期研究，人们发现有多种海洋生物群落，结构各异，但主要有两种类型：营养级数多的长食物链型和营养级数少的短食物链型。前者分布于营养有限的开阔大洋，食物链长，初级生产者为微型浮游植物，它们极其微小，不能直接为多数较大的浮游动物所掠取。次级生产者为放射虫、有孔虫、甲壳类幼虫等浮游动物。初级消费者为肉食性的桡足类动物。次级消费者是沙丁鱼等小型鱼类。三级消费者为较大型的鱼类。四级消费者才是金枪鱼、鲨鱼等大型鱼类。短食物链型分布于营养丰富的陆缘区。初级生产者个体较大，稍大的食草动物可直接摄取这些微体浮游植物。食草动物又被肉食动物所食。沿岸上升流地区的食物链可能最短，草食性鱼类直接食用直径大于 100 μm 的较大型浮游植物。

（二）洋底有机物的沉积作用

对于古海洋学来说，表层水产生的有机物有多少能进入洋底沉积物也许更加重要，因为只有进入沉积物保存的才能为古海洋学研究利用。海洋沉积物的生源物质主要是浮游生物的贡献。

浮游生物死亡后就开始了腐变过程，可以用海水中不同深处的沉积物捕集器测定在沉降过程中有机物含量的变化。调查表明，有机物只有直径＞200 μm 的大颗粒才能到达洋底，细小的颗粒对有机物沉降通量的贡献十分低微。在沉降过程中，有机物逐渐腐解回到海水中，因此当表层的生产力不变时，越往海水深处，有机物的通量越低，从表层，穿过上部 1000 m 水层，可损失 90%。

沉降到海底的有机物，继续发生变化，一部分有机物被底栖生物食用，转化为底栖的生物量，氮和磷相对富集，而其中相当一部分碳还会通过呼吸作用又回到海水之中；另一部分有机物可以因沉积物中黏土表面的吸附作用而富集，吸附的有机质富氮而缺磷，而且只在远洋黏土中才达到较高含量。远洋沉积中 Al_2O_3 越多，被吸附的有机物也越多。

当然，进入海底沉积物中的有机物不限于海洋的浮游生物，而且有河流或者风力带来的陆源有机物。因此，在海底沉积的有机物与其上方海水表层的生产力相关，但两者之间的关系十分复杂，既有沉降过程中的损耗，又有外来有机质的添加，还有海底沉积物表面的富集和转化。在进入沉积层之后，还会有成岩作用的影响。

（三）古生产力的推算

主要根据地层中的有机碳含量，通过现代生产力与现代沉积物有机碳含量的关系模式推算古生产力。

利用地层中有机碳含量的变化，可以直接地对地质时期的古生产力做粗略的估计。Schopf（1980）取不同地质时期页岩中有机碳的含量并假定它们均由三角洲沉积变成，推算出不同时期有机碳生产力的大致变化（图 4.6.11）。由图可见，生物生产力在显生宙期间大约增加了一倍。而太古代有机碳生产力反常高，应当与太古代地球表面缺氧环境有关，推测当时有机碳保存的概率比现在高一个数量级。

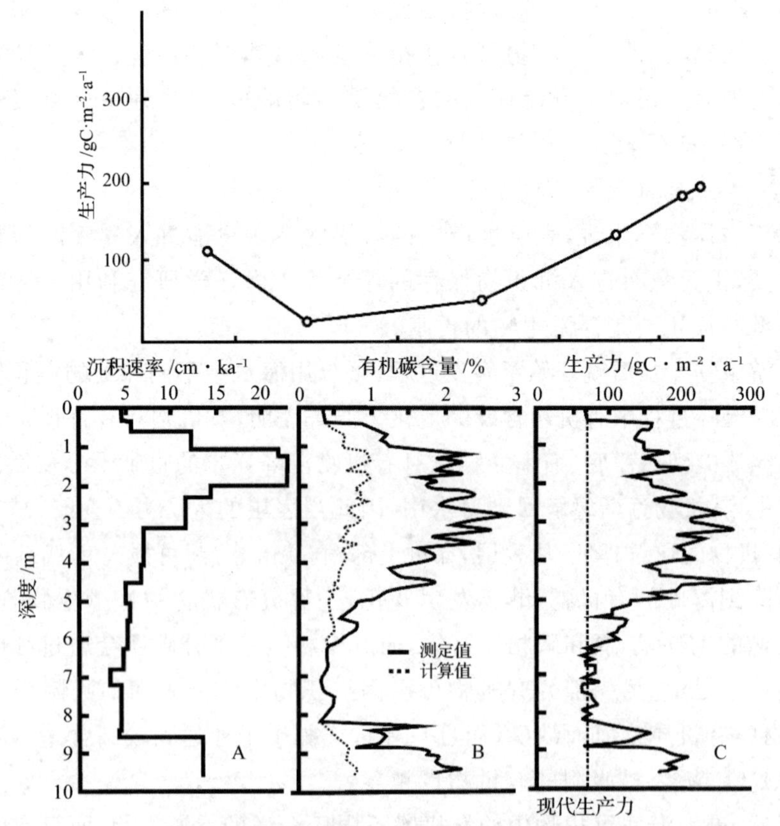

图 4.6.12 东大西洋陆隆沉积物岩芯沉积速率、有机碳含量和古生产力变化

站位 No. 12393-1，水深 2575 m，岩芯长 10 m（Müller and Suess，1979）

Müller 和 Suess(1979)利用沉积物岩芯对非洲西北撒哈拉沙漠岸外大西洋陆隆进行古生产力研究(岩芯 12392-1,25°10 ′N, 16°51 ′W,水深 2575 m,岩芯长 10 m)(图 4.6.12)。结果表明在气候暖期的氧同位素 1、5 期生产力与现代相同,而冷期的氧同位素 2、3、6 期生产力比现在高 1～2 倍。该区其他岩芯(水深 1800～2800 m)也同样揭示出冰期沉积中有机物含量高(含有机碳达 2%～4%),间冰期沉积物中有机物含量低(0.5%～1.7%)的规律,推测为冰期海岸上升流加剧,生产力增高。

图 4.6.13 所示是大西洋东侧塞拉勒窝大约 80 万年以来的生产力变化 (No. 13519,5°40 ′N,19°51 ′W,水深 2862 m)。由图可见,氧同位素第 13 期即大约 50 万年以来,古生产力冰期上升,间冰期下降的周期性十分明显,而更早的时期规律不清,推测是有机物质在成岩作用中遭受破坏,而且同位素分期的界限亦不够肯定所致(Müller and Erlenkeuser,1983)。

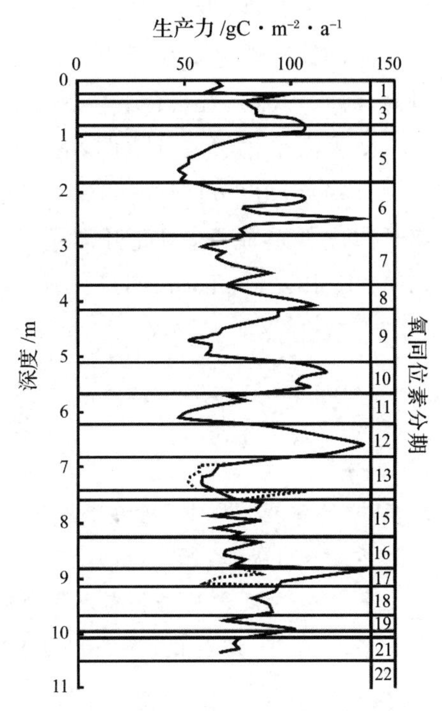

图 4.6.13　大西洋东部古生产力站位:塞拉勒窝海隆(同济大学海洋地质系,1989)

六、海洋铁建造

古海洋学化学研究大多从沉积物中释读过去的海洋环境变化信息,由于最老的洋壳也仅 200 Ma,因此研究的多是白垩纪以来的海洋环境变化。更老的海洋环境变化信息要从陆地上寻找,其中铁矿床记录就用来研究古元古代的海洋环境变化,包括铁建造(banded iron formations, BIF)问题。

目前的认识认为海洋形成后,由于缺氧,由陆源和洋中脊热液输入的大量金属元素,包括大量铁元素,以溶解态的形式存在于海水中。缺氧条件下,铁以二价形式存在于海水中。古元古代,由于海洋藻类暴发,光合作用加强,海洋表层与大气氧水平升高,氧和海水中的铁反应将二价铁转化为三价铁,形成沉淀。

研究认为,层状沉积——条带状铁建造(BIF)是氧水平上升的证据,并认为这种建造是在浅海或半深海环境中形成的。一种观点认为，上升流把含铁的深层水带到上层水，与氧反应形成含铁沉积层。但当上升流消失或变弱时，沉积物是富硅的。由于发现有毫米尺度的层状沉积，研究认为存在年际变化。

大量的研究认为，铁建造形成铁矿床，主要发生的古元古代（2.3—1.9 GaBP；陈衍景等，1996）。之后，藻类光合作用继续，由于海水中的铁含量水平已大大降低，形成含铁沉积物的耗氧过程减弱，使得海水和大气中的氧含量水平逐渐升高，发生古元古代巨氧事件。

海洋铁建造是地质历史上最大的海洋化学环境变化过程。之前由于含铁量高，海水可能是红褐色的。铁建造形成了目前人们利用的大多数铁矿床，彻底改变了海水化学成分比例，逐渐形成现代海洋生态环境。

近些年，由于对海洋生产力的关注，开阔大洋低生产力被认为是海水中铁离子浓度低造成的，因此开展了铁施肥研究（穆景利等，2011；Greene et al.，1991；Kolber et al.，1994）。

参考文献

柴东浩，陈廷愚，2001. 新地球观——从大陆漂移到板块构造[M]. 太原：山西科学技术出版社：193.

巢纪平，1993. 厄尔尼诺和南方涛动动力学[M]. 北京：气象出版社：309.

巢纪平，李崇银，陈英仪，等，2003. ENSO 循环机理和预测研究[M]. 北京：气象出版社：337.

陈衍景，杨秋剑，邓健，等，1996. 地球演化的重要转折——2300 Ma 时地质环境突变的揭示及其意义[J]. 地质地球化学，(3)：106-125.

陈颙，史培军，2012. 自然灾害[M].2 版. 北京：北京师范大学出版社：424.

冯士筰，李凤岐，李少菁，1999. 海洋科学导论[M]. 北京：高等教育出版社：503.

胡建宇，1999. 物理海洋学[M]. 厦门：厦门大学出版社：320.

李凤岐，苏育嵩，2000. 海洋水团分析[M]. 青岛：青岛海洋大学出版社：397.

李家彪，丁巍伟，吴自银，等，2017. 东海的来历[J]. 中国科学：地球科学，47(4)：406-411.

刘广山，2010. 同位素海洋学[M]. 郑州：郑州大学出版社：298.

刘广山，2016. 海洋放射年代学[M]. 厦门：厦门大学出版社：225.

穆景利,韩建波,霍传林,等,2011. 海洋铁施肥研究进展[J].海洋环境科学,30(2):282-286.

任美锷,1983. 古海洋学的回顾与前瞻(一)[J]. 黄渤海海洋,1(1):1-8.

同济大学海洋地质系,1989. 古海洋学概论[M]. 上海:同济大学出版社:316.

王绍武,2011. 全新世气候变化[J]. 北京:气象出版社:283.

沈国英,黄凌风,郭丰,等,2010. 海洋生态学[M].3版. 北京:科学出版社:360.

汪品先,2006. 大洋碳循环的地质演变[J]. 自然科学进展,16(11):1361-1370.

汪品先,2009. 深海沉积物与地球系统[J]. 海洋地质与第四纪地质,29(4):1-11.

汪品先,郑连福,1982. 太平洋美拉尼西亚海盆深海碳酸盐溶解旋回的初步研究[J]. 海洋与湖沼,13(5):389-394.

郑连福,陈荣华,1982. 浮游有孔虫与深海碳酸盐溶解作用[J]. 海洋地质译丛,(5):41-49.

翟盘茂,李晓燕,任福民,2003. 厄尔尼诺[M]. 北京:科学出版社:180.

AYERS, J M, STRUTTON P G, COLES V J, et al., 2014. Indonesian throughflow nutrient fluxes and their potential impact on Indian Ocean productivity[J]. Geophysical research letters, 41(14):5060-5067.

BAKKER D,BOZEC Y,NIGHTINGALE P, et al., 2005. Iron and mixing affect biological carbon uptake in SOIREE and EisenEx, two Southern Ocean iron fertilization experiments[J]. Deep-Sea research, 52:1001-1019.

BERGER W H, 1968. Planktonic Foraminifera: selective solution and paleoclimatic interpretation[J]. Deep-Sea research, 15:31-43.

BERGER W H, 1976. Biogenous deep sea sediment: product in preservation and interpretation[M]//RILEY J P, CHESTER R. Treatise on chemical oceanography. Volume 5. Massachusetts: Academic Press:265-388.

BOYD P,JICKELLS T,LAW C S, et al., 2007. Mesoscale iron enrichment experiments 1993-2005: synthesis and future directions[J]. Science, 315(5812):612-617.

BOYD P W,WATSON A J,LAW C S,et al., 2000. A mesoscale phytoplankton bloom in the polar Southern Ocean stimulated by iron fertilization[J]. Nature, 407:695-702.

BRADLEY R S. 1985. Quaternary paleoclimatology: methods of paleoclimatic reconstruction[M]. London: Allen and Unwin:472.

BRADTMILLER L I, MCMANU J F, ROBINSON L F, 2014. $^{231}Pa/^{230}Th$ evidence for a weakened but persistent Atlantic meridional overturning circulation during Heinrich Stadial 1[J]. Nature communications, 5(5817): 1-8. DOI:10.1038/ncomms6817.

BROECKER W S, 1991. The great ocean conveyor[J]. Oceanography, 4(2): 79-89.

BROECKER W S, PENG T H, 1982. Tracers in the sea[M]. Palisaded New Yorek:Eldigio Press:690.

BRULAND K W, 1983. Trace elements in sea-water[M]//RILEY L P, CHESTER R. Chemical oceanography. 2nd Edition, Volume 8. London: Academic Press:157-220.

BURTON E A, WALTER L M, 1991. The effects of PCO_2 and temperature on magnesium incorporation in calcite in seawater and $MgCl_2-CaCl_2$ solutions[J]. Geochimica et cosmochimica acta, 55(3):777-785.

CAVENDER-BARES K K, MANN E L, CHISHOM S W, et al., 2007. Differential response of equatorial phytoplankton to iron fertilization[J]. Limnology and oceanography, 44:237-246.

CHAPPELL J M, 2009. Sea level change, quaternary[M]//GORNITZ V. Encyclopedia of paleoclimatology and ancient environments. Dordrecht: Springer:893-899.

CLARK D L, BYERS C W, PRATT L M, 1986. Cretaceous black mud from the central Arctic Ocean[J]. Paleoceanography, 1(3):265-271.

CLARK P U, MIX A C, 2002. Ice sheets and level of the last glacial maximum[J]. Quaternary science research, 21:1-7.

COALE K H, JOHNSON K S, FITZWATER S E, et al., 1996. A massive phytoplankton bloom induced by an ecosystem-scale iron fertilization experiment in the equatorial Pacific Ocean[J]. Nature, 383:495-501.

DELAYGUE G, 2009. Oxygen isotopes[M]//GORNITZ V. Encyclopedia of paleoclimatology and ancient environments. Dordrecht: Springer:666-673.

DWYER G S, CRONIN T M, BAKER P A, et al., 1995. North Atlantic deepwater temperature change during late Pliocene and late Quaternary climatic cycles[J]. Science, 270:1347-1351.

FRANK M, 2002. Radiogenic isotopes: tracers of past ocean circulation and erosional input[J]. Reviews of geophysics, 40(1):1-38.

FRANCOIS R, 2009. Ocean paleocirculation [M]//GORNITZ V. Encyclopedia of paleocli-matology and ancient environments. Dordrecht: Springer:634-643.

GORNITZ V, 2009. Sea level change, post-glacial[M]//GORNITZ V. Encyclopedia of paleoclimatology and ancient environments. Dordrecht: Springer:887-893.

GRAHAM D W, BENDER M L, WILLIAMS D F, et al., 1982. Strontium-calcium ratios in Cenozoic planktonic foraminifera[J]. Geochimica et cosmochimica acta, 46(7):1281-1292.

GREENE R M,GEIDER R J,FALKOWSKI P G, 1991. Effect of iron limitation on photosyntheses in a marine diatom[J]. Limnology and oceanogrography, 36:1772-1782.

HALLAM A J, 1992. Phanerozoic sea-level changes[M]. New York: Columbia University Press:266.

HAQ B U, HARDENBOL J, VAIL P R, 1987. Chronology of fluctuating sea levels since the Triassic[J]. Science, 235:1156-1167.

HARTLEY G, MUCCI A, 1996. The influence of PCO_2 on the partitioning of magnesium in calcite overgrowths precipitated from artificial seawater at 25° and 1 atm total pressure[J]. Geochimica et cosmochimica acta, 60(2): 315-324.

HASTINGS D W, RUSSELL A D, EMERSON S R, 1998. Foraminiferal magnesium in Globeriginoides sacculifer as a paleotemperature proxy[J]. Paleoceanography, 13:161-169.

HAYS J D, PITMAN W C III, 1973. Lithospheric plate motion, sea level changes, and climatic and ecological consequences[J]. Nature, 246:18-22.

HAYS J D, SAITO T, OPDYKE N D, et al., 1969. Pliocene-Pleistocene sediments of the Equatorial Pacific: their paleomagnetic, biostratigraphic, and climatic record [J]. Geological society of America bulletin, 80: 1481-1514.

HENRY L G, MCMANUS J F, CURRY W B, et al., 2016. North Atlantic ocean circulation and abrupt climate change during the last glaciations[J]. Science, 353(6298):470-474.

HSÜ K J，1982. Thirteen years of deep-sea drilling[J]. Annual review of earth and planetary sciences，10:109-128

JAKOBSSON M，BACKMAN J，RUDELS B，et al.，2007. The early Miocene onset of a ventilated circulation regime in the Arctic Ocean[J]. Nature，447:986-990.

JAVOY M，2005. Where do the oceans come from? [J] Comptes rendus geoscience，337:139-158.

KATZ A，1973. The interaction of magnesium with calcite during crystal growth at 25－90 ℃ and one atmosphere[J]. Geochimica et cosmochimica acta，37(6):1563-1586.

KATZ M E，CRAMER B S，TOGGWEILER J R，et al.，2011. Impact of antarctic circumpolar current development on late paleogene ocean structure [J]. Science，332:1076-1079.

KENNETT J P，1982. Marine geology[M]. New Jersey：Prentice Hall:813.

KOLBER Z S，BARBER R T，COALE K H，et al.，1994. Iron limitation of phytoplankton photosynthesis in the Equatorial Pacific Ocean[J]. Nature，371:145-149.

KURT L K，CHAPPELL J，2001. Sea level change through the Last Glacial Cycle[J]. Science，292(5517):679-686.

LABEYRIE L，COLE J，ALVERSON K D，et al.，2003. The history of climatedynamics in the late Quaternary[M]//ALVERSON K D，BRADLY R S，PEDERSON T F. Paleoclimate，global change and future. Berlin：Springer:33-61.

LAMBECK K，ROUBY H，PURCELL A，et al.，2014. Sea level and global ice volumes from the Last Glacial Maximum to the Holocene[J]. Proceedings of the National Academy of Sciences USA，111:15296-15303.

LEAR C H，ELDERFIELD H，WILSON P A，2000. Cenozoic deep-sea temperatures and global ice volumes from Mg/Ca in benthic foraminiferal calcite[J]. Science，287:269-272

LI Y H，1991. Distribution patterns of the elements in the ocean：a synthesis [J]. Geochimica et cosmochimica acta，55:3223-3240.

LI Z，ZHANG Y L，LI Y X，et al.，2010. Palynological records of Holocene monsoon change from the Gulf of Tonkin (Beibuwan)，northwestern

South China Sea[J]. Quaternary research, 74(1):8-14.

LIPPOLD E J, GUTJAHR M, FRANK M, et al., 2015. Strong and deep Atlantic meridional overturning circulation during the last glacial cycle[J]. Nature, 517:73-76.

LIU J J, TIAN J, LIU Z H, et al., 2019. Eastern equatorial Pacific cold tongue evolution since the late Miocene linked to extratropical climate[J]. Science advances, 5(4):eaau6060.

LOWELL R P, KELLER S M, 2003. High-temperature seafloor hydrothermal circulation over geologic time and Archean banded iron formations[J]. Geophysical research letters, 30(7):44-1-4.

LUZ B, SHACKLETON N J, 1975. $CaCO_3$ solution in the Tropical East Pacific during the past 130000 Years[J]. Cushman foundation for foraminiferal research contributions, 13:142-150.

MARTIN J H,COALE K H,JOHNSON K S,et al., 1994. Testing the iron hypothesis in ecosystems of the equatorial Pacific Ocean[J]. Nature, 371: 123-129.

MARTIN P A, LEA D W, ROSENTHAL Y, et al., 2002. Quaternary deep sea temperature histories derived from benthic foraminiferal Mg/Ca[J]. Earth and planetary science letters, 198:193-209.

MASHIOTTA T, LEA D W, SPERO H J, 1999. Glacial-interglacial changes in Subantarctic sea surface temperature and δ^{18} O-water using foraminiferal Mg[J]. Earth and planetary science letters, 170:417-432.

MELLERO F J, 2006. Chemical oceanography[M]. 3rd edition. Boca Raton: Taylor and Francis group:469.

MILLER K G, 2009. Sea level change, last 250 million years[M]//GORNITZ V. Encyclopedia of paleoclimatology and ancient environments. Dordrecht: Springer:879-887.

MITSUGUCHI T, MATSUMOTO E, ABE O, et al., 1996. Mg/Ca thermometry in coral skeletons[J]. Science, 274:961-963.

MORTLOCK R A, CHARLES C D, FROELICH P N, et al., 1991. Evidence for lower productivity in the Antarctic Ocean during the last glaciations [J]. Nature, 351:220-223.

MÜLLER P J, SUESS E, 1979. Productivity, sedimentation rate and sedimentary organic matter in the oceans. I. Organic carbon preservation[J]. Deep-Sea research，26:1347-1362.

MÜLLER P J，ERLENKEUSER H，1983. Glacial-interglacial cycles in oceanic productivity inferred from organic carbon contents in Eastern North Atlantic sediment core[M]//SUESS B E，THIEDES J. Coastal upwelling，its sediment record (Part B). New York：Plenum Press:365-398.

NEGRE C，ZAHN R，THOMAS A L，et al.，2010. Reversed flow of Atlantic deep water during the Last Glacial Maximum[J]. Nature，468:84-88.

NOZAKI Y，1997. A fresh look at element distribution in the North Pacific Ocean[J]. Eos，transactions AGU，78(21):221.

NÜRRNBERG D，BIJMA J，HEMLEBEN C，1996. Assessing the reliability of magnesium in foraminiferal calcite as a proxy for water mass temperatures[J]. Geochimica et cosmochimica acta，60:803-814.

PELTIER W R，FAIRBANKS R G，2006. Global glacial ice volume and Last Glacial Maximum duration from an extended Barbados sea level record [J]. Quaternary science reviews，25:3322-3337.

PRAETORIUS S K，MI A C，WALCZAK M H，et al.，2015. North Pacific deglacial hypoxic events linked to a brupt ocean warming[J]. Nature，527:362-366.

QUINBY-HUNT M S，TUREKIAN K K，1983. Distribution of elements in sea water[J]. Eos，transaction AGU，64:130-131.

RAHMSTORF S，2003. Thermohaline circulation，the current climate[J]. Nature，421:699.

RAYMONT J E G，1980. Plankton and productivity in the Oceans[M]. 2ed edition. London：Pergamon Press:489.

ROSENTHAL Y，BOYLE E A，SLOWEY N，1997. Temperature control on the incorporation of magnesium，strontium，fluorine，and cadmium into benthic foraminiferal shells from Little Bahama Bank：prospects for thermocline paleoceanography[J]. Geochimica et cosmochimica acta，61：3633-3643.

RUTBERG R L，HEMMING S R，GOLDSTEIN S L，2000. Reduced North Atlantic deep water flux to the glacial Southern Ocean inferred from neodymium isotope ratios[J]. Nature，405:935-938.

SCHER H D, MARTIN E E, 2006. Timing and climatic consequences of the opening of drake passage[J]. Science, 312:428-430.

SCHER H D, WHITTAKER J M, WILLIAMS S E, et al., 2015. Onset of Antarctic circumpolar current 30 million years ago as Tasmanian Gateway aligned with westerlies[J]. Nature, 582:580-583.

SCHOPF T J M, 1980. Paleoceanography[M]. New York: Harvard University Press:341

SHEVENELL A E, INGALLS A E, DOMACK E W, et al., 2011. Holocene Southern Ocean surface temperature variability west of the Antarctic Peninsula[J]. Nature, 470:250-254.

SROKOSZ M A, BRYDEN H L, 2015. Observing the Atlantic meridional overturning circulation yields a decade of inevitable surprises[J]. Science, 348(6241):1330, 1255575-1-5.

STEWART R H, 2006. Introduction to physical oceanography[M]. Texas: A & M University:344.

SUMMERHAYES, 1983. Sedimentation of organic matter in pulling regimes [M]//SUESS B E, THIEDES J EDITORS. Coastal upwelling, its sediment record (Part B). New York: Plenum Press:29-72.

TALLEY L D, PICKARD G L, EMERY W J, et al., 2011. Descriptive physical oceanography: an introduction [M]. 6th edition. Amsterdam: Elsevier:555.

TANABE S, HORI K, SAITO Y, et al., 2003. Song Hong (Red River)delta evolution related to millennium-scale Holocene sea-level changes[J]. Quaternary science reviews, 22:2345-2361.

THOMPSON P R, SCIARRILLO J R, 1978. Planktonic foraminiferal biostratigraphy in the Equatorial Pacific[J]. Nature, 276:29-33.

WILKINSON B H, ALGEO T J, 1989. Sedimentary carbonate record of calcium-magnesium cycling[J]. America journal of science, 289:1158-1194.

WILLIAMS M A J, DUNKERLEY D L, DECKKER P D, et al., 1997. 第四世环境[M]. 刘东升,等编译.北京:科学出版社:304.

WRIGHT J, 2009. Cenozoic climate change[M]//GORNITZ V. Encyclopedia of paleoclimatology and ancient environments. Dordrecht: Springer: 148-155.

WUNSCH C, 2007. The past and future ocean circulation from a contemporary perspective[J]. Geophysical monograph series, 173:53-73.

WUNCH C, 2002. What is the thermohaline circulation? [J]. Science, 298: 1179-1181.

第五章　大气成分变化

包围地球的气体称为大气，就是人们所说的空气。现在的大气是由次生大气经历一系列复杂变化才形成的（evolution of the earth's atmosphere）。由于人类无法获得地球历史上各阶段的大气样本，一些学者依靠所发现的地层和太阳系其他行星上大气的资料，结合自然演化规律，提出了地球大气的多种演变模式，认为地球大气的演化经历了原始大气、次生大气和现在大气3个阶段。

第一节　大气圈

由大气组成的围绕地球的连续气体圈层称为大气圈（atmosphere）。大气体积为 4×10^{18} m^3，总质量为 5.3×10^{18} kg。大气圈控制着地球的气候，最终决定了我们生存的环境。

一、大气分层

大气的水平方向比较均匀，在垂直方向呈现明显的层状分布。可以按大气热力学性质、电离情况、大气化学组成等特征将大气分层，按中性成分的热力学结构可以将大气分为对流层、平流层、中间层和热层；按大气化学组成可以将大气分为均质层和非均质层，或叫匀和层和非匀和层；按大气的电磁特性将大气分为电离层和磁层；按压力将大气的 500 km 以下层称为气压层，从 500 km 至 2000～3000 km 称为外大气层或逸散层。

二、大气组成

大气由干空气、水汽和气溶胶组成。

（一）干空气（dry air）

除水汽外的纯净大气称干空气。干空气分为主要成分和痕量成分，主要成分是 N_2、O_2、Ar 和 CO_2。对流层大气中主要成分的含量见表 5.1.1。大气中 N_2、O_2、Ar 的含量恒定，叫准定常成分，CO_2 的含量是变化的。

表 5.1.2 中列出了对流层大气中的痕量成分，其中 Ne、He、Kr 和 Xe 是准定常成分，其他为可变成分。大气中的准定常成分平均停留时间大于 1000 a，含量保持固定比例。可变成分在大气中的浓度随时间和地点是变化的。

表 5.1.1　对流层大气中的主要成分

气　体	分子量	体积百分比	质量百分比	浓度/$g \cdot m^{-3}$	平均停留时间/a
N_2	28.0134	78.084	75.52	976	$\sim 10^6$
O_2	31.9988	20.948	23.15	298	$\sim 5\times10^3$
Ar	39.948	0.934	1.28	16.6	$\sim 10^7$
CO_2	44.0099	0.033	0.05	0.4～0.8	5～6

表 5.1.2　对流层大气中的痕量成分

气　体	分子量	浓　度		平均停留时间
		$\mu L/L$	$\mu g \cdot m^{-3}$	
Ne	20.183	18.18	1.6×10^4	$\sim 10^7$ a
He	4.003	5.24	920	$\sim 10^7$ a
Kr	83.80	1.14	4100	$\sim 10^7$ a
Xe	131.30	0.087	500	$\sim 10^7$ a
H_2	2.016	0.4～1.0	36～90	6～8 a
CH_4	16.04	1.2～1.5	850～1100	～10 a
N_2O	44.01	0.25～0.60	500～1200	
CO	28.01	0.01～0.20	10～200	0.2～0.5 a
O_3	47.998	0.001～0.100	0～100	
NH_3	17.03	0.002～0.020	2～20	～5 d
SO_2	64.06	0～0.02	0～50	～2 d
CH_2O	30.03	0～0.1	0～16	
H_2S	34.07	0.002～0.020	3～30	～0.5 d

续表

气　体	分子量	浓　度		平均停留时间
		μL/L	$\mu g \cdot m^{-3}$	
NO_2	46.00	0.0010～0.0045	2～8	
I_2	253.80	$(4～40)\times10^{-6}$	0.05～0.5	
Cl_2	70.90	$(3～15)\times10^{-4}$	1～5	
水汽	18.015			～10 d
气溶胶		$(1～1000)\times10^{-9}$		～10 d

（二）臭氧层(ozonosphere，ozone layer)

大气的10～50 km高度含有臭氧，称为臭氧层，在20～30 km高度臭氧浓度最大。虽然臭氧总含量不到均质层物质总质量的万分之一，对均质层一般特征影响不大，但臭氧能滤掉太阳光的大部分对生命有害的紫外线。大气中发生的以下臭氧形成与破坏的化学反应决定了大气中的臭氧浓度：

$$O_2 + h\nu \longrightarrow O + O$$

$$O + O_2 + M \longrightarrow O_3 + M$$

$$O + O_3 \longrightarrow O_2 + O_2$$

$$O_2 + h\nu \longrightarrow O + O$$

以上反应循环进行，大气中的臭氧保持平衡。各式中 $h\nu$ 是紫外线光子，M是其他分子。人类活动排放到大气中的污染物可能破坏以上反应平衡，如氟利昂($CFCl_3$,CF_2Cl_3)在大气中离解出氯，通过以下反应破坏臭氧层：

$$Cl_2 + O_3 \longrightarrow ClO + O_2$$

$$ClO + O \longrightarrow Cl + O_2$$

以上两式的净结果是：

$$O + O_3 \longrightarrow 2O_2$$

Cl的出现加速了 O_3 变成 O_2 的过程，使大气中的臭氧减少，紫外线的吸收率就降低了。

人类活动排放的氟利昂等气体污染物被认为是大气臭氧层破坏产生臭氧洞的原因，是环境变化研究的主要方向之一。

（三）大气中的水汽

大气中的水汽主要来源于海洋表面的蒸发，在大气中所占比例仅为0.1％～3.0％。亚热带洋面的蒸发提供大量水汽，经大气环流向赤道和高纬度输运。在上升和输运过程中水汽凝结，以降水的形式返回到陆地或海洋。

（四）温室效应气体

温室气体指的是大气中能吸收地面辐射的一些气体。温室效应气体的作用是使地球表面变得更暖。这种温室气体使地球变得更温暖的影响称为“温室效应”。水汽（H_2O）、二氧化碳（CO_2）、氧化亚氮（N_2O）、甲烷（CH_4）等是地球大气中主要的温室气体。温室效应是当前全球变化研究的热点。

（五）气溶胶（aerosol）

气溶胶是指液态或固态微粒在空气中的悬浮体系，微粒粒度一般在1～1000 nm之间，主要由天然的土壤尘灰、海盐、火山灰、人工的工业微粒和烟灰构成。习惯上大气气溶胶就是指大气中悬浮着的各种固体和液体粒子。

大气中气溶胶的浓度可以用一定体积中微粒的总质量（$\mu g \cdot m^{-3}$）或单位体积中的粒子数表示。习惯上将气溶胶粒子按大小分为3类：爱根核，半径$r<0.1\ \mu m$；大粒子，$0.1\ \mu m<r<1\ \mu m$；巨粒子，$r>1\ \mu m$。大气中总气溶胶含量随高度增加而减小；爱根核粒子数密度随离地面高度的增加而减小；大粒子数密度在对流层顶上部随高度逐渐增加，并在15～20 km附近出现极大值，形成平流层气溶胶层。气溶胶的化学组成十分复杂，它含有各种微量金属、无机氧化物、硫酸盐、硝酸盐和含氧有机化合物。

在未污染地区，大气中的气溶胶含量为1～50 $\mu g/m^3$。气溶胶在对流层的平均停留时间为5 d。

第二节　原始大气与次生大气

地球自形成到现代，经历了原始大气、次生大气和现代大气3个阶段。人们推测地球形成时存在原始大气，而现代大气是由次生大气演化来的。

一、原始大气的形成

原始大气的形成与星系的形成密切相关。宇宙中存在着许多原星系，它们最初都是一团巨大的气体，主要成分是氢。后来原星系内的气体聚集成许多中心，在万有引力作用下，气体分别向这些中心收缩，出现了许多原星体。原星体不断收缩，密度越来越大，而且收缩越来越快，使原星体内原子的平均运动速率逐渐增大，温度也逐渐增高。当温度升高到10^7℃以上时，发生聚变反应,4 个氢原子聚变仅为一个氦原子。较大的原星体的核反应较强,能聚变成重元素,并会伴生大量辐射能,原星体变为发光的恒星体。恒星体内部的聚变反应,在氢的消耗过程中,较重元素逐渐增多。

特别巨大的星体,聚变反应强烈,具有强大的压强,会形成超新星爆发,使其中已形成的原子散布到星际空间中去,成为宇宙尘埃和气体云,冷却后成为暗云。每一次超新星爆炸,都使星系内增加更多的较重元素,使星际空间内既有大量气体(以氢、氦为主),又有固体微粒。太阳系是银河系中一个旋臂空间内的气体原星体收缩而成的,因此它包含气体和固体微粒。太阳系的年龄估计为 4.6～5.0 Ga,银河系的历史约比太阳系长 2～3 倍。原太阳系中弥漫着固体微粒和气体,它们是形成行星、卫星及其大气的原料。在原太阳系向中心收缩时,周围绕行的固体微粒和气体,分别在引力作用下凝聚成行星和卫星。关于太阳、行星、卫星是否同时形成,尚有不同意见。有的人认为是同时形成的;有的人认为是先形成太阳,后形成行星及卫星;有的人认为卫星是行星分裂出的;也有人认为行星和卫星的形成早于太阳。但对地球的形成约在 4.6 GaBP的看法是比较一致的。原地球是太阳系中原行星之一,是原太阳系气体和宇宙尘埃引力吸积而成。它一边增大,一边扫并轨道上的微尘和气体,一边在引力作用下收缩。随着“原地球”转变为“地球”,地表渐渐凝聚为固体,原始大气也就同时包围着地球表面。

二、关于原始大气成分的讨论

对原始大气成分主要有两种观点。

(一)观点一

有人认为原始大气中的气体,以氢和一氧化碳为主。原因是,地球的固体部分主要是由碳质球粒陨石吸积而成,这种陨石含有丰富的二氧化硅、氧化亚铁、氧化镁、水汽、碳及其化合物,此外还有硫和其他金属氧化物。在地球吸积增大时,引力能转化为热能,使地球温度不断提高。当升温到 1000 ℃以上时,这类陨石的组分会发生自动还原现象,其中金属和硅的氧化物被还原为金属和硅,所放出的氧和碳结合成一氧化碳脱离固体地球进入大气。例如,氧化亚铁会发生下列反应,$FeO + C \longrightarrow Fe + CO$,使氧化亚铁还原为金属铁并产生一氧化碳。而甲烷在此高温下也会部分分解为碳和氢,碳又可起到还原氧化亚铁的作用,也形成铁和一氧化碳。此外,水汽在此高温下也能和碳作用,生成氢和一氧化碳。这就形成了以一氧化碳和氢为主的原始大气。这种观点认为原始大气中不能存在甲烷和氨,因为它们在温度远高于 1000 ℃的原始大气中分解掉了。

(二)观点二

据柯伊伯的意见,原始大气是原太阳星云中气体因进入地球引力范围而被地球俘获的,所以它的成分应当和原太阳系中气体的丰度基本相似。根据计算,地球最初的大气是一种以氢、氦为主体的大气。当时大气中氢的质量约为固体地球镁、硅、铁、氧 4 种元素总质量的 400 倍。而这 4 种元素是今日地球固体部分的最多组分,可见那时大气中含氢量之多了。

对原始大气组分的上述两种看法虽然很不相同,但并不是不能统一。因为即使是原始大气,其组分也是在不断变化着的。在地球形成之初,温度尚不很高,吸积的气体成分应当符合第二种观点。但随着地球温度升高,会产生轻元素逃逸,第一种过程就会占优势了。

(三)原始大气的驱散

原始大气存在的时间仅数千万年。因为年轻的恒星一般都要经历一个喷发大量物质流的阶段,即变星阶段,太阳经历这个阶段时,正当地球形成的早期,此时太阳以惊人的速率喷发巨量太阳物质,形成太阳风。它把地球原始大气从地球上撕开,刮向茫茫太空。

地球原始大气的消失不仅是太阳风狂拂所致,地球温度升高也会使气体逃离地球。3 种过程使地球形成初期温度不断升高:其一是引力势能转化为动能;其二是流星陨石从四面八方打击固体地球表面,其动能会转化为热能;其三是地球内部放射性元素,铀、钍等的衰变释放热能。上述这些发热机制都使地球温度不断升高,大气中较轻气体易于脱离地球,逃逸向太空。

三、次生大气

发热除使当时大气中较轻气体向太空逃逸外,还为产生次生大气准备了条件。

地球升温,使铁、镁、硅、铝等还原分离出来,由于比重不等,造成了固体地球的重力不稳定结构。但当它们是固体时,没有自动作重力调整的可能。地球继续升温,地幔熔融,形成对流,发生了重元素沉向地心、轻元素浮向地表的运动。这个过程在整个地质时期均有发生,但在地球形成初期尤为盛行。在这种作用下,地球内部物质的位能转变为动能,使地壳内的温度进一步升高,并使熔融现象加强,使原已坚实的地壳发生遍及全球的或局部的开裂,导致造山运动和火山活动。在地球形成时,锢禁于地球内部的气体,通过造山运动和火山活动排出地表——脱气过程。地球形成初期遍及全球的排气过程，形成了地球的次生大气圈。推测次生大气成分和火山排出的气体相近。夏威夷火山的主要成分为水汽(约占 79%)和二氧化碳(约占 12%)。但有人认为在地球形成初期，火山喷发的气体成分和现代不同，它们以甲烷和氢为主，尚有一定量的氨和水汽。

次生大气中没有氧，这是因为地壳调整刚开始，地表金属尚多，氧很容易和金属化合而不能在大气中留存，所以次生大气属于缺氧性还原大气。由于次生大气形成时地表温度较高，形成强烈的大气对流，使水汽上升凝结，风雨闪电频频，地表出现了江河湖海等水体。次生大气笼罩地表的时期大体在 4.5—2.5 GaBP 之间。

地球自 4.6 GaBP 形成以后到 3.8 GaBP 这一阶段时间，地表气温一直高于水的沸点，水蒸气不能冷凝成水，火山去气作用释放的挥发性气体，较轻元素(如氢等)发生逃逸，较重元素大部分积聚在大气圈中，形成了最稠密的大气圈，大气压强很大。现代近地表大气压强约为 1 个大气压(标准状况下 1 大气压$=1.01325\times10^5$ Pa)。根据显生宙一些沉积地层中 CO_2 储量，以及早期地球去气作用比显生宙强烈且持续时间长等特点，推测 4.6—3.8 GaBP 之间，地表气压应为 100×10^5 Pa 左右，其中水蒸气分压最高，为 $80\times10^5\sim90\times10^5$ Pa 之间，CO_2 分压为 $10\times10^5\sim15\times10^5$ Pa；其次为强酸性气体、还原性组分及惰性气体等。

大气炽热，没有水圈。该阶段被称为强烈的去气作用阶段。之后大气开始由次生大气向现代大气缓慢演化。到了新生代，大气的成分已基本上和现在相近了。

第三节 大气氧的形成与变化

在宇宙中，氧是第 3 含量丰富的元素，排在氢和氦之后，但是地壳中最丰富的元素。

氧是动物生存与进化的关键气体，氧与氢反应形成的水，是生命的必要条件。

原生大气和次生大气不含氧，现代大气含氧量为 21%。由次生大气转化为现代大气，主要是氧的出现和含量变化，与生命现象的发展密切相关。但也有研究认为不仅生物学过程，地球动力学过程也是控制大气氧含量水平的主要因素。大气氧的停留时间为 4 Ma。

研究认为，大气中的氧主要是水经自养生物氧化作用（photobiological oxidation）产生的。阳光是氧产生的驱动力，自养生物，以光作为能量，将二氧化碳和水合成碳氢化合物并释放氧气，氧是该反应的副产品，该反应称为生氧光合作用（oxygenic photosynthesis）。

一、大气氧的形成

研究认为地表水出现后，在绿色植物尚未出现于地球上以前，高空尚无臭氧层存在，太阳紫外辐射穿透上层大气到达低空，把水汽分解为氢、氧两种元素，一部分氢会逸出大气，进入太空；氧会留在大气中。但该过程产生的氧很少，而且，因太阳紫外线会破坏生命，所以地面上不存在生命。

初生的生命仅能存在于紫外辐射到达不了的深水中，利用局地金属氧化物中的氧维持生活。以后出现了氧介酶（oxygen-mediating enzymes），它可以随生命移动而供应生命以氧，使生命能转移到浅水中活动，并在那里利用已被浅水过滤掉紫外辐射的日光和溶入水中的二氧化碳来进行光合作用，发展了有叶绿体的绿色植物，于是光合作用结合水汽的光解作用使大气中的氧增加起来。

大气中氧含量稍高时，氧分子与受紫外辐射光解出的氧原子结合成的臭氧，在高空形成臭氧层，吸收对生命有害的紫外辐射，低空水汽光解形成氧的过程也不再进行。在有二氧化碳进行光合作用的条件下，浮游植物很快发展，多细胞生物也有发展。绿色植物的光合作用成为大气中氧形成的最重要途径。

生物呼吸作用是光合作用的逆过程，如果不存在其他过程，呼吸作用和生源物质矿化消耗氧，等于光合作用产生的氧，净氧气产生量为零，大气中氧含量水平不会提高。有机碳在沉积物中埋藏，长期储存，是大气氧含量水平逐渐提高的前提条件。

二、地质时期大气氧浓度变化

大气中氧含量逐渐增加是还原大气演变为现在大气的重要标志。现代大气氧含量已知且基本恒定，人们经常用现代大气氧含量水平（present atmospheric level，PAL，21%）作为单位，比较地质历史上不同时期的氧含量水平。

地质时期，大气圈氧含量水平呈阶梯式上升，如图 5.3.1 所示。

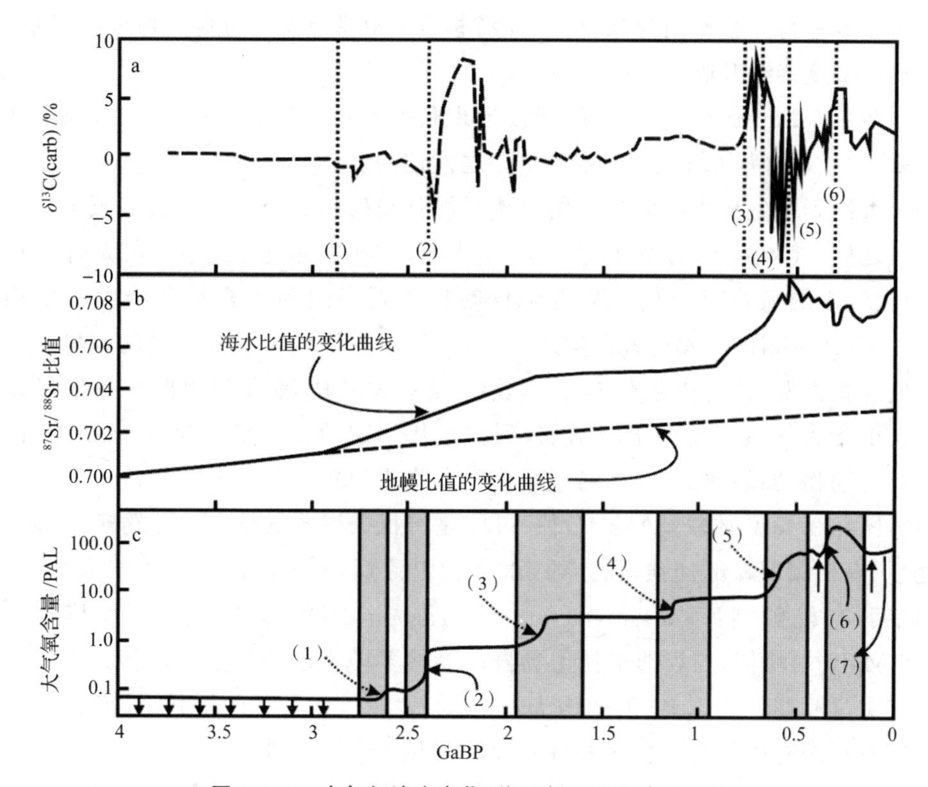

图 5.3.1 大气氧浓度变化(梅冥相和孟庆芬,2016)

大气圈氧含量变化一致的认识是,早期的地球大气圈是缺氧的,可以追溯到 3.5 GaBP 之前,氧含量水平可能低至 10^{-5} PAL 以下。支持这个结论的证据,没有排除在微生物席中,或地球表面水体中的小型绿洲存在的可能性。

在 2.5 GaBP 左右,大气圈氧含量水平快速上升,可能达到了 0.01 PAL 量级;由于明显的上升速率,称为古元古代巨氧事件(great oxidation event,GOE)。在 1.8 GaBP,大气圈氧含量水平再一次上升,并稳定在 0.05—0.18 PAL 的水平上。在 1.3—1.2 GaBP,大气圈的氧气水平又小幅上升。在 0.8—0.6 GaBP 期间,大气圈氧气水平再一次增加,称为新元古代巨氧事件(Neoproterozoic oxidation event,NOE)。伴随着这次事件的是深部大洋的氧化作用和多细胞动物的出现。

在约 600 MaBP 的元古宙晚期到早寒武纪,地球上各种藻类繁多,它们在光合作用过程中可以制造更多的氧,大气氧含量达到 1%左右,这时高空大气形成的臭氧层,足以屏蔽太阳的紫外辐射而使浅水生物得以生存。在有充分二氧化碳进行光合作用的条件下，浮游植物很快发展，多细胞生物也有发展，大气氧浓度继续升高(Berner，2003)。

在500 MaBP左右，氧气可能接近现代水平(21%)，而且自从500 MaBP以来，大气氧含量水平在15%~35%之间波动。

大约到古生代中期的晚志留纪或早泥盆纪(约400 MaBP)，大气氧含量稍低。之后，气候湿热，植物和动物进入陆地，一些树木生长旺盛，在光合作用下，大气中的氧含量急增。从古生代晚期的石炭纪和二叠纪到中生代中期(300—200 MaBP)，大气氧含量达到极大，最高为现今大气氧含量的3倍。这促使动物大发展，为中生代初的三叠纪(200 MaBP)哺乳动物出现提供了条件。由于大气氧含量的不断增加，到中生代中期的侏罗纪(约150 MaBP)，巨大爬行动物，如恐龙的出现，需氧量多的鸟类也出现了。

图5.3.1a总体较高的$\delta^{13}C$值，可能是有机碳埋藏的结果。在约800 MaBP之后，有机碳埋藏的加强；在大约580 MaBP之后，全球性记录的$\delta^{13}C$负值，表明溶解有机碳储库(dissolved organic carbon，DOC)的氧化作用，其中在555 MaBP的峰值，与埃迪卡拉生物群的突然多样化事件相重合。新元古代与寒武纪过渡期，$^{87}Sr/^{86}Sr$值的增大，表明了大陆风化过程的增强，为新元古代晚期较高的有机物生产作用和埋藏过程提供了有利条件。

研究者均认为显生宙大气氧水平存在大的变化，但不同的研究者给出的变化幅度与时间不一致(图5.3.2)。

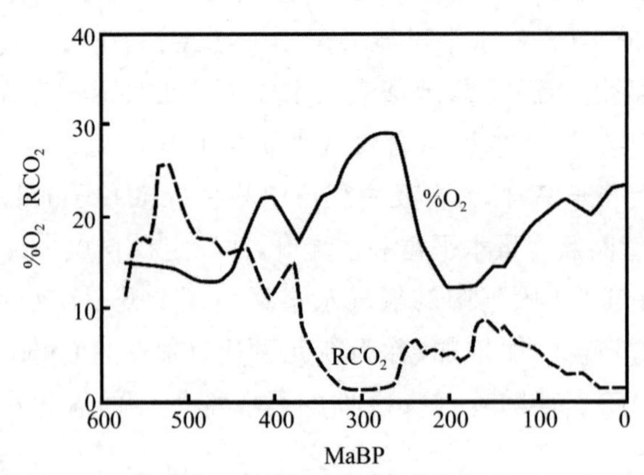

图5.3.2 显生宙大气氧和CO_2浓度变化(Berner，2003)

三、大气氧浓度突变事件

研究认为，在地质时期，大气氧浓度曾在某些时期发生快速变化，被称为巨氧事件，包括古元古代巨氧事件（GOE）、新元古代巨氧事件（NOE）和晚古生代富氧事件（the late palaeozoic oxygen pulse）。

（一）古元古代巨氧事件

在 2.0—2.5 GaBP，大气圈氧含量水平发生大幅度上升，这就是古元古代巨氧事件（GOE）。约在 2.5 GaBP 之前，大气氧含量水平为 10^{-8} PAL，在 2.5—2.0 GaBP，上升至 10^{-5} PAL，甚至达到了 0.01 PAL。

古元古代巨氧事件期间，大洋深处还是保持一个缺氧状态；超大陆汇聚，形成超级山链，陆地侵蚀向海洋输入大量的营养物，如铁和磷，导致了藻类暴发，光合作用加强，产生大量氧气，沉积作用促进了有机碳和黄铁矿的埋藏，阻碍了它们与自由氧的反应，结果大气圈氧气水平实质性上升。古元古代巨氧事件时间与休伦冰期重叠。

（二）新元古代巨氧事件

古元古代巨氧事件后，1.8—0.8 GaBP，有 1 Ga 的时间，从氧含量水平看地球比较平静（Holland，2009）。之后，地球进入了第 2 个巨氧事件——新元古代巨氧事件（NOE）。在 500—800 MaBP，氧气含量水平明显上升，从 0.05～0.10 PAL 增加到 0.6～1.0 PAL（Canfield，2005）。

新元古代巨氧事件与新元古代大冰期时间重叠。新元古代巨氧事件时期，罗迪利亚超大陆汇聚的构造抬升，后来的大陆裂解，存在大规模气候波动，还有埃迪卡拉生物群，寒武纪生物大爆发（Och and Shields-Zhou，2012；Sperlinga et al.，2013）。

大气圈与海洋中的氧气历史，一直引起科学家的兴趣。地球化学证据表明，对于元古宙的大部分时期，持续缺氧的水体在海洋深部是非常普遍的；越来越多的地球化学数据支持了以下假说，即海洋逐渐变得有氧，到了埃迪卡拉纪（635—541 MaBP），更有可能是在 580—560 MaBP 之后，海洋缺氧得到改变。

新元古代冰期到埃迪卡拉纪中期，没有见到任何肉食性动物的证据，肉食动物的起源可能受到氧气含量水平上升的驱动（Erwin et al.，2011；Sperlinga et al.，2013）。

（三）晚古生代富氧事件

新元古代巨氧事件后，在 600 MaBP 左右，即在新元古代晚期，大气的氧分压接近现代的水平（Berner et al.，2003；Canfield et al.，2007）。大气圈氧含量水平在整个显生宙仍然是变化的。在石炭纪，大气氧含量达到高水平，在石炭纪晚期接近峰值，为 1.5 PAL（31%），称为晚古生代富氧事件。在侏罗纪早期，大气氧含量又降低到 0.6 PAL （12%），然后上升到现代水平（21%）。

陆生植物的扩张，造成陆地风化作用加强，会增加有机碳的埋藏，减少微生物对有机碳的降解和破坏，使氧消耗速率降低。在石炭纪和二叠纪较为普遍煤系地层中，大量褐煤的埋藏，造成 360—270 MaBP 大气氧含量水平升高和二氧化碳含量下降（Berner，2006），从而导致了从泥盆纪到石炭纪全球性变冷，这是地球历史上唯一的高于现代大气圈氧气含量水平的时期。

晚古生代（360—260 MaBP），大气圈高氧含量水平时期，节肢动物和爬行动物得到发展（Graham et al.，1995；Dudley，1998；Payne et al.，2011）。人们推测，后生生物起源，哺乳动物的辐射（Butterfield，2009；Payne et al.，2011），中生代鸟类和哺乳动物进化，在古近纪哺乳动物的个体增大（Falkowski et al.，2005；Payne et al.，2011），以及始新世大型有胎盘哺乳动物的多样性（Falkowski et al.，2005），也可能得益于大气氧含量水平的提高。

四、大气氧浓度水平的指示

地球历史上大气氧的产生、消耗和含量水平变化机制，是大气环境变化研究的重要方面。从记录介质中释读指示指标是主要研究途径。至今，推测地球历史上大气氧含量水平变化的主要原因仍然不成熟（Holland，1990；2009）。人们用海洋沉积物、煤层构造、黄铁矿风化速率记录中的有机物埋葬速率，碳、硫、铁同位素，及真核生物发展指示大气氧水平变化。

海洋沉积物有机碳埋葬速率受海水氧浓度的影响，并且因此间接受大气氧含量的影响。基于显生宙有机碳埋葬和黄铁矿风化速率，Berner（2003）进行了过去 570 Ma 大气氧浓度计算，结果给出石炭纪和二叠纪（320—280 MaBP）大气氧浓度可能高达 35%。他提出白垩纪空气中的氧含量从 35%减少到第三纪的 22%，之后大气氧浓度基本恒定。

煤素质是一个森林大火指标。煤素质的出现指示约 13%的大气氧含量下限，因为森林火灾不可能在低氧浓度下发生和持续。煤中大量化石树的出现，指示繁茂的森林，说明具有高氧气浓度，但是氧浓度超过 30%～35% ，火灾将可能很频繁，以至于长不出大树。

有研究显示，在900—600 MaBP沉积的石灰岩具有异常高的^{13}C含量，可能是由于大量有机物埋葬造成的。如果这样，$\delta^{13}C$可以指示在这一时期大气氧浓度有意义的增加，但也有其他解释。后生生物的演化也可能与晚元古代大气氧的增加相关。

铁同位素组成($\delta^{56}Fe$)在元古宙早期的变化，也支持了GOE代表的大气圈氧气含量的上升。在约2.3 GaBP，即大气圈氧气含量水平的初始上升之后，海水的$\delta^{56}Fe$值演变成接近于零的状况，是一个含氧大气圈特征标志(Rouxel et al.，2005；Anbar and Rouxel，2007)。

当氧气水平达到0.001 PAL的时候，非质量的硫同位素分馏作用就会消失(Pavlov and Kasting，2002；Guo et al.，2009)，在约2.4 GaBP之后，$\delta^{34}S$值的增加，记录了海水硫酸盐含量的增加，说明氧含量水平提高。

真核生物的主要进化和发展发生在2.1—1.8 GaBP，这可能是在大气圈的氧气水平增加到0.01～0.02 PAL的时候，真核生物发展出叶绿体的结果(Knoll，1992)。尽管确切的时间点还难以确定，但是，伴随着大气圈氧气含量水平的上升，元古宙早期(或太古宙晚期)真核生物起源，确实是一次重要的地球生物学事件。来自化石的证据均表明，在中元古代的1.5—1.4 GaBP，真核生物开始多样化。在约1.2 GaBP，化石记录表现出明显的真核生物多样性；微化石证据还表明，和菌类有亲缘关系的陆生微生物群落，发育在更加氧化的环境之中(Knoll，1992，2013；Javaux et al.，2004；Parnell et al.，2010)。

记录介质中空气泡成分是气泡形成时大气成分的直接记录。研究认为可以利用琥珀气泡中的氧分压研究大气氧浓度(Holland，1990)。需要证明，气泡是在琥珀形成时捕集的，而且可以估算与琥珀反应造成的成分变化。研究认为气体在琥珀扩散速率足够低，可能可以避免大量气体进入或流出气泡。

人们用极地冰芯气泡研究第四纪大气温室效应气体浓度的变化(Petit et al.，1999)，但未看到利用冰芯进行大气氧浓度变化研究的报道。

第四节　大气二氧化碳浓度的变化

人类早就注意到了CO_2与气候变化之间的关系。人们担心大气中CO_2浓度升高会导致全球变暖，甚至影响到国际工业化和政府的谈判政策，特别是

2007 年 IPCC 第 4 次评估报告发表以来，关于人类活动导致大气 CO_2 浓度升高引起全球气候变暖的观点受到了广泛关注。实际上，因为植物生长要吸收 CO_2，而动物呼吸要呼出 CO_2，大气 CO_2 的浓度与生物种群兴衰有直接关系是人们能接受的。

研究认为，地质时期大气 CO_2 浓度一直是在变化的，并且变化幅度比近代大得多。

一、地质时期大气 CO_2 浓度变化的原因

次生大气中的 CO_2 保留了下来，使得光合作用得以发展。

在现代大气发展的前期，地球温度尚高时，水汽和 CO_2 往往从固相岩石中被释放到大气中，使大气中水汽和 CO_2 增多。另外，大气中甲烷和氧反应，也形成 CO_2。地球温度降低，大气中的 CO_2 和水汽就可能结合到岩石中去，使 CO_2 被锢禁到岩石中去，是大气中 CO_2 含量减少的原因之一。温度愈低，水中溶解的 CO_2 量就愈多，这是 CO_2 含量在冷期减少的原因之二。中生代，植物不加控制地发展，使光合作用加强，大量消耗大气中的 CO_2，这是大气 CO_2 减少的原因之三。这种消耗虽然可以由植物和动物呼吸作用产生的 CO_2 来补偿，但补偿量不足，结果大气中 CO_2 减少，导致大气保温能力减弱，降低了温度，使大气中大量水分凝降，改变了天空阴霾多云的状况，因此中纬度四季趋于分明。降温使结合到岩石中和溶解到水中的 CO_2 量增多，又进一步减少空气中 CO_2 的含量，从而使大气中充满更多的阳光，有利于现代的被子植物(显花植物)的出现和发展。光合作用的原料 CO_2 减少了，植物释出的氧就不敷巨大爬行类恐龙呼吸之用，可能是使恐龙等大型爬行动物在白垩纪后期很快绝灭，能够适应新的气候条件的哺乳动物却得到发展的原因。

二、前寒武纪大气 CO_2 浓度水平变化

由于对气候变暖和植物生长的关心，人们对大气 CO_2 浓度进行了广泛的研究。但对地质时期大气 CO_2 浓度变化的量化仍属于估算阶段，特别是对于前寒武纪的大气 CO_2 浓度的研究，仍属于猜想阶段。

研究认为，前寒武纪(540 MaBP 以前)，除了古元古代和新元古代大冰期，地球表面属于温暖气候，有液态水，适合生命产生、演化。在地球早期，太阳照度比现在低约 30%，为了维持地球温暖，地球大气必须有高浓度的温室气体，所以认为大气有高的 CO_2 浓度。由于可利用的记录有限，人们通过理论计算

了大气可能的 CO_2 浓度。图 5.4.1 所示是 Kasting(1993)计算得到的前寒武纪大气 CO_2 浓度可能的范围，图中右边纵坐标以现代大气 CO_2 浓度为单位。

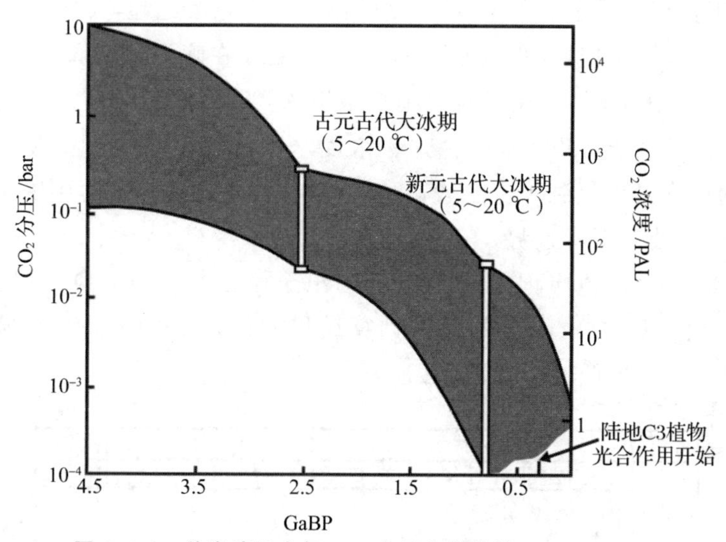

图 5.4.1 前寒武纪大气 CO_2 水平变化趋势(Kasting，1993)

现代地表平均气温为 15 ℃，图 5.4.1 计算假设地表平均气温为 5～20 ℃。结果给出，地球形成时(冥古宙)，地球大气 CO_2 分压可能达 0.1～10.0 bar(1 bar$=10^5$ Pa，标准状况下 1 大气压$=101325$ Pa，1 bar≈1 大气压，现代大气 CO_2 分压为 4×10^{-4} bar)，约为现代大气 CO_2 浓度的 10^4 倍量级。太古宙大气 CO_2 浓度逐渐降低，到太古宙末，为 0.05～0.50 bar，即现代大气浓度的 10^2 倍量级。元古宙，大气 CO_2 浓度继续下降，直到元古宙末的 10^{-4}～10^{-1} bar，约为现代大气的 10 倍量级。

也有研究认为，维持地球温度的也可能是其他温室效应气候，如 CH_4。

三、显生宙的大气 CO_2 水平变化

显生宙大气 CO_2 的研究比前寒武纪多得多，尽管还不为人所共认，但总的变化趋势已比较明确。研究可分为模型计算和地质记录释读两种方法。Berner(2006)建立了全球碳循环模式计算显生宙大气 CO_2 浓度方法。利用地质记录重建古大气 CO_2 浓度的记录介质包括古土壤(成壤过程中形成的碳酸盐和针铁矿)、古生物(浮游植物、维管植物、浮游有孔虫和苔藓类植物)(王尹等，2012)和其他地球化学指标(如硼同位素)(Pearson and Palmer，2000)。

Berner 的模型计算结果显示，在早古生代寒武纪和奥陶纪，大气中的 CO_2 浓度极高，可以达到现代水平的 20 倍左右。图 5.4.2a 的纵坐标 RCO_2 为地质时期与工业革命之前大气 CO_2 浓度的比值。从志留纪起，大气 CO_2 浓度开始下降，到泥盆纪早期，为现代水平的 14 倍左右。在晚泥盆纪和早石炭纪，大气 CO_2 浓度快速下降，并在晚石炭纪稳定下来，当时大气 CO_2 的浓度比现代略高，但总体上低于 500×10^{-6}。这一浓度水平持续了将近 100 Ma，晚古生代，CO_2 的浓度又恢复到了一个较高值，是现代水平的 4～8 倍，到晚中生代和新生代则一直处于下降趋势。

图 5.4.2b 为由地质记录得到的奥陶纪至第三纪大气 CO_2 浓度重建数据，总体变化趋势与 Berner 的模型计算结果相似，大气 CO_2 浓度最高可达 6000 μL/L 以上，最低达 100 μL/L 以下。

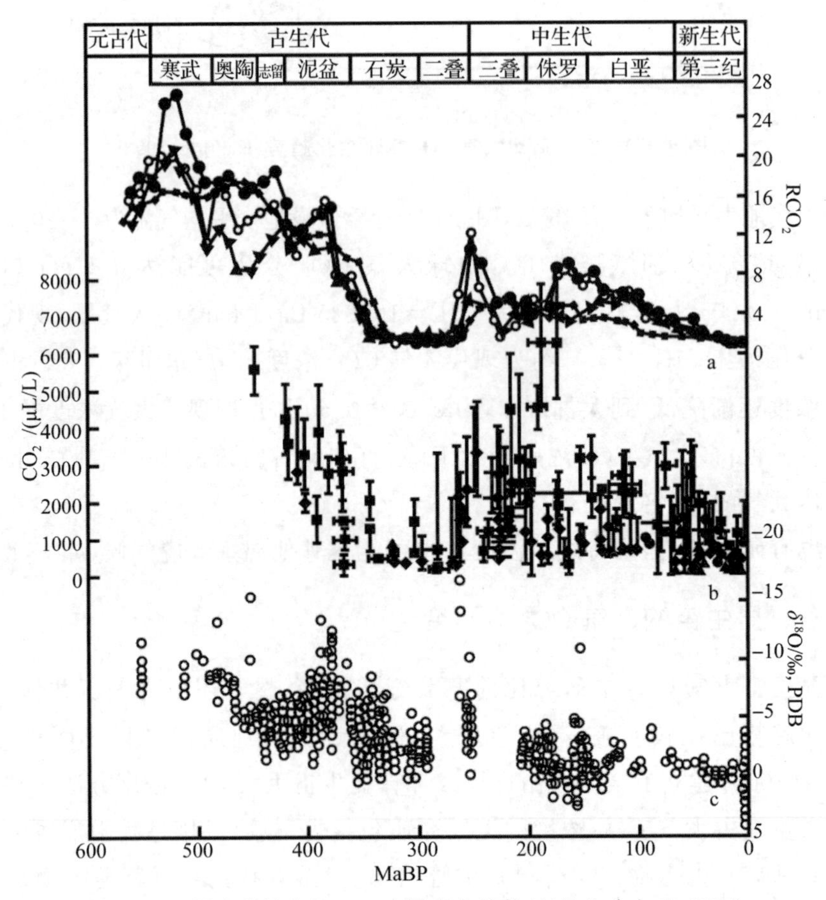

图 5.4.2　显生宙的大气 CO_2 水平变化趋势（刘植和黄少鹏，2015）

Retallack(2001,2009)通过对澳大利亚和美国西部等地区银杏(Ginkgo)、鳞翅类(Lepidopteris)、马铃薯(Tatarina)、蕨类植物(Rhachiphyllum)等古植物叶子化石和古土壤的研究，重建了地球历史上过去 300 Ma(中生代以来)的大气 CO_2 含量。研究认为，一些时期的 CO_2 浓度可达到 4000 μL/L 以上，最高值接近 6000 μL/L，是现代大气 CO_2 水平(约 360 μL/L)的十几倍。大多数时期的 CO_2 水平则保持在 1000～2000 μL/L 之间，只有极少数时期会降低至 1000 μL/L 以下。

深海沉积物有孔虫氧同位素($\delta^{18}O$)曲线被视为是全球平均温度和冰量的反映，600 MaBP 以来的 $\delta^{18}O$ 曲线整体是一个升高的趋势。二叠纪时期的 $\delta^{18}O$接近－8‰，而从侏罗纪、白垩纪以来的值都在增大，整个新生代已经基本变为正值。显生宙时间范围内，$\delta^{18}O$ 和 CO_2 变化曲线并没有很好的相关关系。

四、新生代大气 CO_2 浓度的变化

图 5.4.3 所示是新生代深海沉积物有孔虫 $\delta^{18}O$ 和 CO_2浓度变化曲线(Beering and Royer,2011;刘植和黄少鹏,2015)。可以看出，自始新世以来的大气 CO_2 水平基本保持在 2000 μL/L 以下。始新世可达 1500 μL/L 以上，但在渐新世出现了持续下降，至中新世之后则已与工业革命之前的水平相当，且之间没有太大的波动，基本保持在 500 μL/L 之下。

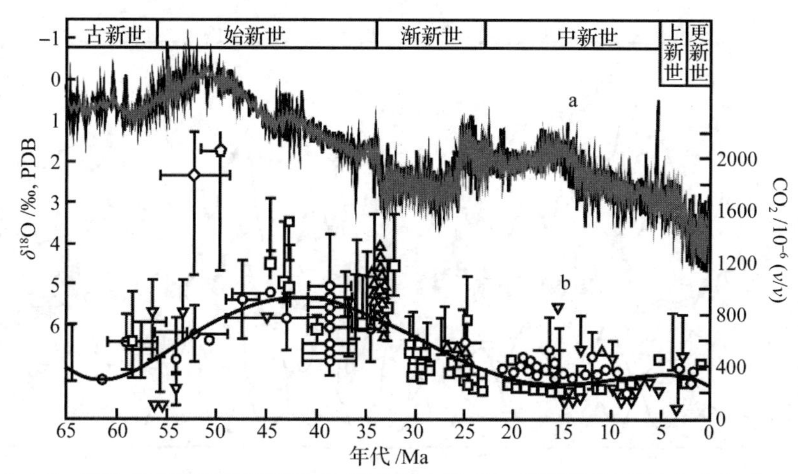

图 5.4.3　新生代海洋沉积物有孔虫 $\delta^{18}O$ 和大气 CO_2 浓度变化(刘植和黄少鹏,2015)

深海沉积物有孔虫 $\delta^{18}O$ 氧同位素代表气温的变化，$\delta^{18}O$ 升高，气温降

低，反之亦反之。从整体趋势上看，新生代大气 CO_2 浓度与气温的变化是一致的。古新世到早始新世，海洋沉积物有孔虫 $\delta^{18}O$ 下降，大气 CO_2 浓度上升；之后呈 $\delta^{18}O$ 上升，大气 CO_2 浓度下降趋势。在一些温度突变的时段，两者也出现了共同的变化趋势。例如，在早始新世气候适宜期大约 52 MaBP 处，氧同位素指示的温度是整个新生代最高的时期，而 CO_2 的浓度也达到了最高；在 33～34 MaBP 处，全球温度突然降低，大气 CO_2 浓度也出现突然降低。

从图 5.4.3 可以看出，早中始新世、渐新世初期以及中中新世，大气 CO_2 浓度有大的波动，但同时期深海 $\delta^{18}O$ 变化方向与大气 CO_2 并不协变。新生代大气 CO_2 浓度与深海氧同位素（代表气温）之间似存在相关关系。

对于 CO_2 与温度之间的反馈—响应关系，科学界也存在争议。一些研究认为是 CO_2 的温室效应引起了全球温度发生变化；也有人认为，温度变化可以通过影响碳循环过程使得大气 CO_2 含量发生变化，而变化了的大气 CO_2 含量又会反过来对温度造成影响。

极地冰芯的记录表明，400 kaBP 以来大气与气温变化相似，大气 CO_2 浓度变化具有明显的周期性（图 5.4.4）（Brook and Buizert，2018；Jouzel et al.，2007； Petit et al.，1999），检测到了 100 ka、41 ka 和 23 ka 的天文驱动力变化周期。但一些研究认为气温和 CO_2 浓度变化存在时间相位差异，并认为轨道驱动可能只是气温变化的触发器。

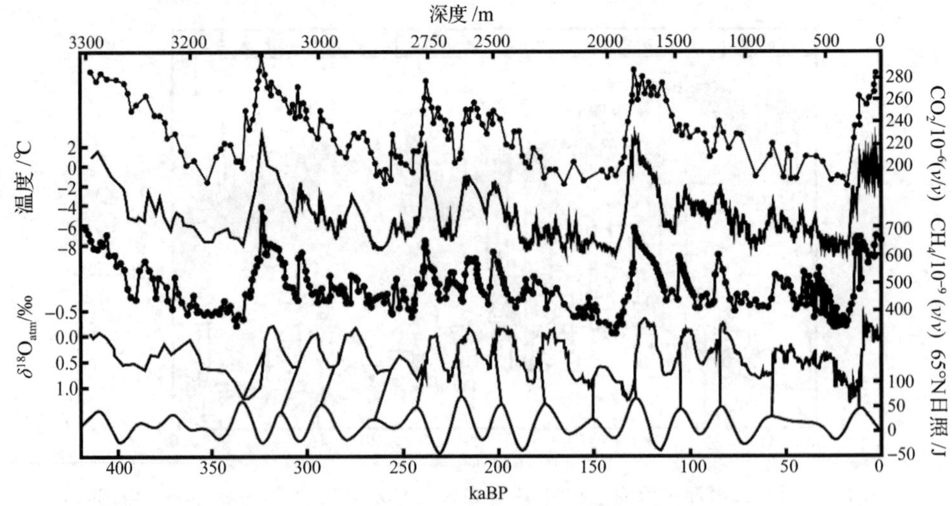

图 5.4.4 400 kaBP 以来大气 CO_2 和 CH_4 浓度变化记录（Petit et al.，1999）

五、人类活动对大气 CO_2 成分的影响

有人类活动以来，大气 CO_2 浓度除受动植物影响外，也受人畜繁殖和人类活动的影响。人畜的增多，必然增加大气中的 CO_2 而减少大气中的氧。工业革命（1860 年）开始以来，人类砍伐林木减弱全球光合作用的过程，减少了对大气中的 CO_2 的吸收，燃烧和工业活动又增加了大气中 CO_2 的浓度。

图 5.4.5 所示是 20 世纪 60 年代以来夏威夷（19°N）大气 CO_2 浓度的变化，由 20 世纪 60 年代的不到 320 μL/L，增加到 21 世纪 10 年代的超过 400 μL/L，年平均增加 1.6 μL/L。研究认为，这主要是由于人类大量使用化石燃料造成的。以此为依据，一些研究者认为 20 世纪末全球气温会升高（Mann et al.，1998）。但另外一些研究者表示出不同的意见（Montford，2010）。20 世纪已过去，气温即使有升高，也没有多么巨大的影响。2000 年前后的全球气温似乎也不比中世纪暖期更高。

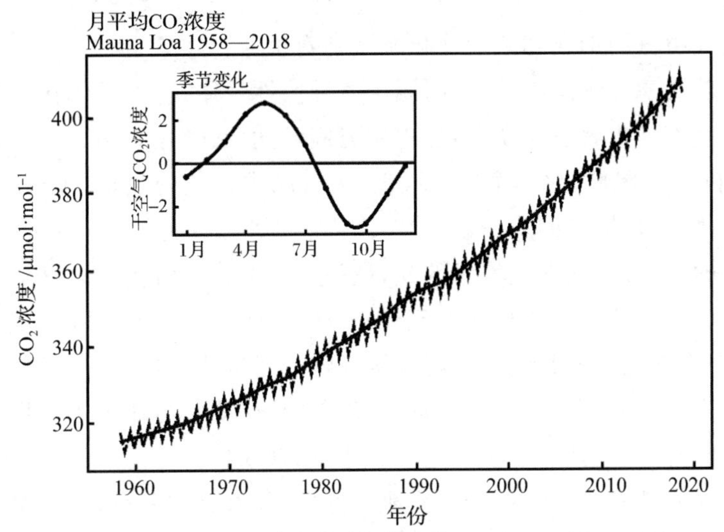

图 5.4.5　大气 CO_2 浓度随时间的变化（Keeling et al.，2019）

大气 CO_2 浓度存在季节性变化。图 5.4.5 中小图是一年中大气 CO_2 浓度的变化，变化幅度为 6 μL/L。研究认为这种变化是北半球植物呼吸作用的表现。夏季，植物从大气中吸收 CO_2，到 10 月，使大气 CO_2 浓度降至最低；进入冬季，植物呼吸放出 CO_2，到 5 月，大气 CO_2 浓度达到极大值。南半球大气 CO_2 浓度季节变化方向与北半球相反。由于南半球陆地面积比北半球小很

多,因此变化幅度也小。

冰芯的研究结果表明,大气 CO_2 浓度快速上升起始于 1800 年(IPCC,2007)。IPCC 第 3 次评估报告给出 1000 年以来的全球 CO_2 浓度变化曲线和北半球气温距平曲线。过去约 1000 a 的大气 CO_2 在 1800 年之前没有显著的变化,基本维持在 280 μL/L 水平。1800—1850 年之间的增加被认为是北美大开发,森林大面积砍伐而造成的,称为先驱者效应(pioneer effect)。

第五节 大气氮和氩的形成与变化

氮和氩是大气常量元素,是准定常成分,特别是氮,在大气中含量高达 78%(体积百分比),又是惰性气体,对稳定大气起决定性作用。

一、大气中氮的形成与变化

对大气中氮的形成和浓度变化有多种看法。

一种看法是大气圈中的氮气,属于一种惰性气体,这种气体在大气圈中的存在和丰度不受生物过程所驱使,停留时间可达 100 Ma (Berner et al., 2003; Berner,2006)。因此,化学家曾经假设,大气圈中氮气的量,自地球 4.6 GaBP 形成以来,一直是恒定的。

主流的看法是,现在大气中的氮,最初有一部分是由次生大气中的氨和氧起化学反应产生的。火山喷发的气体中,也可能包含一部分氮。在动植物繁茂后,动植物排泄物和腐烂遗体能直接分解或间接地通过细菌分解出气体氮。氮是一种惰性气体,在常温下不易形成化合物,这就是为什么氮能积累成大气中含量最多的成分,且能与次多成分氧并存的原因。

自然界的氮在一定时期内近似地保持平衡,人畜的大量繁殖,使大气中的自由氮转变为固定态氮的量不断增加。根据统计,自 1950 年到 1968 年,为了生产肥料,每年所固定的氮,把 N_2 转化为氮的化合物量约增加 5 倍,这必然会影响大气中氮的含量。

二、大气中氩的生成

现在大气中含量占第 3 位的氩,主流的认识是大气中的氩是地壳中放射性钾衰变产生的。

氩有3种稳定同位素^{36}Ar、^{38}Ar和^{40}Ar，相对丰度分别为0.337%、0.063%和99.600%。初始宇宙和太阳系的氩以^{36}Ar和^{38}Ar为主，几乎不存在^{40}Ar，所以人们认为地球的^{40}Ar来源于^{40}K的衰变。

^{40}K和^{40}Ar的原子量分别为39.96和39.96，非常接近原子质量数40。

(一)地球形成时的^{40}K总量

地球质量5.976×10^{27} g，地球钾的丰度为8.3×10^{-4}。现在地球中钾总量$5.976\times10^{27}\times8.3\times10^{-4}=4.96\times10^{24}$ g。

钾的原子量是39.09。钾存在3个天然同位素：^{39}K、^{40}K、^{41}K，相对丰度分别为93.1%、0.0118%和6.88%。所以现在地球^{40}K的质量为$5.02\times10^{24}/39.09\times N_A\times0.0118\%/N_A\times39.96=5.98\times10^{20}$ g，N_A是阿伏伽德罗常数。

^{40}K的半衰期是1.28×10^9 a，地球形成至现在的时间是4.6×10^9 a。地球形成时，46亿年前，地球上^{40}K的质量为$5.98\times10^{20}\times\exp(\ln2\times4.6\times10^9/1.28\times10^9)=72.2\times10^{20}$ g，丰度为$72.2\times10^{20}/5.976\times10^{27}=1.2\times10^{-6}$。现代地球$^{40}K$的丰度为$8.3\times10^{-4}\times0.0118\%=9.794\times10^{-8}$。

(二)地球形成以来^{40}K衰变产生的^{40}Ar的量

地球形成时^{40}K的总量为72.2×10^{20} g，原子数为$N_0=72.2\times10^{20}/39.96\times N_A$，活度为$A_0=72.2\times10^{20}/39.96\times N_A\times\ln2/(1.28\times10^9)$。$^{40}Ar$是稳定的，所以相对封闭体系，$^{40}Ar$是逐渐累积的。$^{40}K$衰变到$^{40}Ar$的分支比为0.1067，经过46亿年地球上$^{40}K$衰变累积产生的$^{40}Ar$的质量为$(72.2\times10^{20}-5.98\times10^{20})/39.96\times N_A\times0.1067/N_A\times39.96=7.07\times10^{20}$ g，其中前一个39.96是^{40}K的原子量，后一个是^{40}Ar的原子量。如果这些^{40}Ar滞留在地球内部，由此推算出地球^{40}Ar的丰为$7.07\times10^{20}/5.976\times10^{27}=1.18\times10^{-7}$。

(三)与现代大气氩总量的比较

Ar占大气含量的0.934%(v/v)，其中，Ar的3种同位素中，^{40}Ar占了99.6%；查得大气的体积是4×10^{18} m^3，大气中的^{40}Ar体积$4\times10^{18}\times0.934\%\times99.6\%=3.72\times10^{16}$ m^3，大气中的^{40}Ar质量$m=3.72\times10^{19}/22.4\times39.948=6.63\times10^{19}$ g$=6.63\times10^{16}$ kg。

文献给出现代大气氩气的总量为6.59×10^{19} g(韩国兴等，1999)，与以上推算结果一致，都比地球^{40}K衰变产生的^{40}Ar小一个量级。

(四)脱气问题

由以上计算分析知，地球^{40}K衰变产生的^{40}Ar达7.07×10^{20} g，而大气^{40}Ar总量只有6.63×10^{19} g，计算结果比实测结果高一个量级。有两种可能的原因:其一是地球上 ^{40}K 衰变产生的 ^{40}Ar 大部分并未进入大气圈,仍然封闭在地球内部;其二是进入大气的 ^{40}Ar,逃逸向太空。在地球内部 ^{40}K 衰变产生的 ^{40}Ar 有多少份额进入大气,大气 ^{40}Ar 有多少散逸到太空中,这些都还需要进行数值方面的探讨。

第六节　气溶胶

气溶胶就是大气中的颗粒物。尽管概念有所不同,但通常讲的灰尘或尘埃主要是气溶胶。沙尘则主要是重一些的颗粒物,在空中停留时间较短。从空气质量看,气溶胶是影响人类健康的主要因素。

一、气溶胶的来源

(一)陆地尘埃

在气流作用下,裸露的土壤、风化岩石碎屑、火山灰等会被刮上天空,形成气溶胶。沙尘暴主要由沙尘组成,但也包含很多微小的气溶胶粒子。

(二)人类活动产生的粉尘

人类活动产生的粉尘包括人类活动的烟尘和其他工业粉尘。

(三)海水泡沫产生的盐粒

海水泡沫是海洋上空气溶胶的重要来源。

(四)生物物质

生物物质包括微生物、孢子、花粉等。花粉过敏可能是人类对生物气溶胶微粒最直接的反应。

(五)宇宙尘埃

宇宙尘埃由宇宙空间进入大气,包括流星在大气中燃烧产生的灰尘。据估计,一昼夜降落到地球上的宇宙尘埃有 550 t。

有人提出,地球大冰期可能是太阳系运行到高星际物质浓度的空间区域时,由于尘埃吸收使从太阳到达地球的阳光减少,造成地球表面降温形成的。

(六)大气微量气体转化

在大气中,在紫外光照射下,一些气体污染物也会转化为液体或固体气溶胶,SO_2 经光化学氧化能形成硫酸盐溶液微滴;NO 和 NO_2 溶于水会形成硝酸盐和亚硝酸盐。

二、气溶胶的作用

气溶胶对大气过程有正作用也有负作用。

(一)形成降水

大气中的气溶胶能促进水汽凝结,使水汽凝结温度提高,易于形成降水。

(二)吸收和散射太阳辐射

对太阳光,气溶胶起到两方面的作用,一方面是吸收或散射太阳光,使入射到地表的太阳光减少,另一方面产生雾霾,降低了透明度。

(三)光化学过程

如果存在逆温层,对流弱,大气中的 SO_2、NO 和 NO_2,经光化学氧化能形成硫酸盐、硝酸盐、亚硝酸盐等,会长期存在在大气中,造成严重的空气污染。

三、气溶胶相关的环境变化事件

在地貌形态未发生重大变化的情况下,气溶胶浓度不会发生大的永久性变化,可能引起环境变化的气溶胶浓度变化主要在火山喷发后的一段时间、特大森林火灾后的一段时间和人类的影响。

(一)多巴火山

多巴湖(印尼语:Danau Toba,英语:Lake Toba),位于一个长 100 km、宽 60 km的破火山口内,在印尼苏门答腊岛北部,呈菱形,坐标 2.88°N, 98.52°E; 2.35°N, 99.1°E,海拔 905 m,长 100 km,宽 30 km,面积 1130 km^2,最深处 505 m,是印度尼西亚最大的湖泊。

多巴湖是一火山湖,是世界上最大的火山湖。

多巴火山喷发发生在大约 74 kaBP,是地球上已知的最后一次超级火山喷发。多巴火山连续爆发了 7 天,3 天就使半个地球上空弥漫着火山灰,天空灰暗。4 周后,火山灰效应使地球进入冰期,火山灰使得地球上的气温平均下降了 5 ℃,持续多年,在地球北部甚至下降了 15 ℃。

进化学家认为,当时人类差一点灭绝,只有少数的一群人和一些动物幸存下来,物种才没灭绝,保住了人种。

(二)小行星撞击尤卡坦半岛

墨西哥尤卡坦半岛陨石坑大得惊人,直径大约有 180 km,深 900 m,也就是闻名于世的“奇科苏卢布”陨石坑,它被埋在数百米的沉积岩下面,即使走在上面,也不一定察觉到这是一个陨石坑。

研究认为在 65 MaBP,陨石从天而降,造成地球的一次巨大灾难。

人们发现尤卡坦陨石坑的外缘基本上为一个圆环,外缘的内部开始下陷,令人奇怪的是在这个外环的里面,还有一个明显突起的内环。我们通常理解的陨石坑应该是类似一只“饭碗”的形状,而尤卡坦陨石坑却像是一只“大碗”里面又套了一只“小碗”。

撞击使地球发生超过 11 级的地震,引发超过 300 m 的海啸,海啸席卷全球,冲毁全球大陆滨海陆地。撞击使地表物质气化,大量尘埃进入大气,一些进入平流层,一些大颗粒落回地面,就像流星雨。南北美洲一片火海,持续多天,气温达数百摄氏度,生灵涂炭。大火产生的粉尘漫天飞扬,浓烟弥漫,地球大气严重雾霾,暗无天日,气温下降,植物难以进行光合作用,大量死亡。空气中充满了二氧化碳,氧气含量降低,动物窒息而死,尤其是体型巨大的恐龙,走向灭亡,当时地球上包括恐龙在内的 2/3 的动物物种消亡。

(三)核冬天——还未发生的故事

20 世纪 60 年代,苏联和美国进行核武器装备竞赛,生产了大量核武器。

当核武器在空中爆炸后,火球触及地面,将地面上的岩石、土块汽化,由随之出现的蘑菇云带上天空。在火球和烟云上升的过程中,又会引起周围的空气向爆心的抽吸,进一步将尘埃卷入烟云之中。原子弹爆炸注入大气的尘埃颗粒较大,被认为主要进入对流层,沉降在爆炸现场附近;氢弹爆炸产生的烟尘有相当大部分直径小于 1 μm,能进入平流层,并停留 1 年以上的时间。核爆炸产生的光辐射会在城市和森林中引起大火,大火所产生的浓烟也会上升到平流层,环绕地球进行周而复始的旋转,并不断地扩散,最后形成一个弥漫于整个地球上空的烟尘层。因为进入平流层尘埃平均直径小于红外波长(约 10 μm),它们对从太阳来的可见光有较强吸收能力,而对地面向外的长波辐射的吸收力较弱,导致高层大气升温,地表温度下降,产生了反温室效应,使地表呈现出如严寒冬天般的景观,称为核冬天(Turco et al.,1983)。

如果在一场核战争中使用 5 Gt 以上当量的核武器,不仅将有 20 多亿人成为直接受害者,而且会使世界上的气候发生重大变化,地面温度平均下降至 10 ℃以下,并持续数周以上。最后,地球上相当一部分生命,包括人类在内,将可能消失。

目前,世界上有 5 万多个核弹头,约达 20 Gt 三硝基甲苯(TNT)当量的核武器,一旦发生核战争,地球上会不会出现类似的核冬天呢? 这个问题引起 5 位美国科学家的注意。他们以美苏使用核武库中的 5 Gt 在北半球进行核战争为背景建立物理模型，利用公开发表的核武器性能数据建立数学模型，经过一年半的研究，于1983年10月正式提出“核冬天效应”的理论，得出的结论是，在一场5 Gt当量的核大战中，可将0.96 Gt微尘和0.225 Gt黑烟掀入空中，推向30 km高的平流层。日本拍摄的《地球冻结》的科幻影片中展示，核大战后，整个地球就会变成暗无天日的灰色世界，厚厚的烟云遮盖着天空，终日不散，陆地再也见不到阳光，白天和夜晚难以区分，气温急剧下降，绿色植物被冻死，海洋河流冻结，地球生态遭到严重破坏，人类失去生存条件。

(四)伦敦烟雾事件和洛杉矶光化学事件

伦敦烟雾事件和洛杉矶光化学事件是两起典型的气溶胶污染事件。

20世纪50年代伦敦冬季多使用燃煤采暖，市区还有许多以煤为主要能源的火力发电站。1952年12月5日开始，逆温层笼罩伦敦，煤炭燃烧产生的二氧化碳、一氧化碳、二氧化硫、粉尘等污染物在城市上空蓄积，引发了连续数日的大雾天气。其间，不仅大批航班取消，甚至白天汽车在公路上行驶都必须打开大灯。行人走路都极为困难，只能沿着人行道摸索前行。当时正在伦敦举办一场牛展览会，参展的牛首先对烟雾产生了反应，350头牛有52头严重中毒，14头奄奄一息，1头当场死亡。不久伦敦市民也对毒雾产生了反应，许多人感到呼吸困难、眼睛刺痛、流泪不止。伦敦医院由于呼吸道疾病患者剧增，伦敦城内到处都可以听到咳嗽声。据说该次事件伦敦市死亡达上万人。此后，直到1962年又发生了多次烟雾事件。事件引起了民众和政府当局的注意，使人们意识到控制大气污染的重要意义，并且直接推动了1956年英国洁净空气法案的通过。

洛杉矶在20世纪40年代就拥有250万辆汽车，每天大约消耗1100 t汽油，排出1000多吨碳氢化合物，300多吨氮氧化物和700多吨一氧化碳。另外，还有炼油厂、供油站等其他石油燃烧排放，这些化合物被排放到洛杉矶的空气中在太阳紫外线照射下引起化学反应，形成含剧毒的浅蓝色烟雾。从40年代初开始，人们就发现，每年从夏季至早秋，只要是晴朗的日子，洛杉矶城市上空就会出现这种浅蓝色烟雾，使整座城市上空变得浑浊不清。这种烟雾使人眼睛发红、咽喉疼痛、呼吸憋闷、头昏、头痛。1943年以后，烟雾更加肆虐，以致远离城市100 km以外的海拔2000 m高山上的大片松林也因此枯死，柑橘减产。仅1950—1951年，因大气污染造成的损失就达15亿美元。据报道，1955年，因呼吸系统衰竭死亡的65岁以上的老人达400多人；1970年，75%以上的市民患上了红眼病。

参考文献

格拉希维里 T B,契切夫 B Π,帕塔尔肯 O O,等,2004. 核素数据手册[M].3 版. 北京:原子能出版社:336.

韩国兴,李凌浩,黄建辉,1999. 生物地球化学概论[M]. 北京:高等教育出版社:325.

刘秀明,王世杰,欧阳自远,2002. 大气圈和水圈物质组成的演化及其对表生地质作用的制约[J]. 第四纪研究,22(6):568-577.

刘植,刘秀铭,李平原,等,2012. 大气 CO_2 变化与气候[J]. 亚热带资源与环境学报,7(1):89-94.

刘植,黄少鹏,2015. 不同时间尺度下大气 CO_2 浓度与气候变化[J]. 第四纪研究,35(6):1458-1470.

刘运祚,1982. 常用放射性核素衰变纲图[M]. 北京:海洋出版社:521.

卢玉楷,2004. 简明放射性同位素应用手册[M]. 上海:上海科学普及出版社:483.

梅冥相,孟庆芬,2016. 大气圈氧气含量水平上升的时间进程:一个与地球动力学过程紧密相关的地球生物学过程[J]. 古地理学报,18(1):1-20.

盛裴轩,毛节泰,李建国,等,2003. 大气物理学[M]. 北京:北京大学出版社:6-57.

王先彬,2000. 气体地球化学[M]//中国科学院地球化学研究所. 高等地球化学. 北京:科学出版社:434-491.

王尹,李祥辉,刘玲,2012. 古大气 CO_2 浓度重建方法技术研究现状[J]. 地质科技情报,31(2):90-98.

赵振华,1998. 元素的丰度与分布[M]//中国科学院地球化学研究所. 高等地球化学. 北京:科学出版社:7-50.

ANBAR A D, ROUXEL O, 2007. Metal stable isotopes in paleoceanography [J].Annual review of earth and planetary sciences, 35:717-746.

ARIEL D, ANBAR A D, DUANY, et al., 2007. A whiff of oxygen before the great oxidation event? [J] Science, 317(5846):1903-1906. DOI:10. 1126/science.1140325.

ARRHENIUS S, 1896. On the influence of carbonic acid in the air upon temperature on the ground[J]. Philosophical magazine, 41:257-276.

BARLEY M E, BEKKER A, KRAPEŽ B, 2005. Late Archean to Early Paleoproterozoic global tectonics, environmental change and the rise of atmospheric oxygen[J]. Earth and planetary science letters, 238(1-2): 156-171.

BEERLING D J, ROYER D L, 2011. Convergent cenozoic CO_2 history[J]. Nature geoscience, 4(7):418-420.

BERNER R A, 2003. The long-term carbon cycle, fossil fuels and atmospheric composition[J]. Nature, 426:323-326.

BERNER R A, 1993. Paleozoic atmospheric CO_2: importance of solar radiation and plant evolution[J]. Science, 261:68-70.

BERNER R A, 2006. GEOCARBSULF: A combined model for Phanerozoic atmospheric O_2 and CO_2[J]. Geochimica et cosmochimica acta, 70: 5653-5664.

BERNER R A, BEERLING D J, DUDLEY R, et al., 2003. Phanerozoic atmospheric oxygen[J]. Annual review of earth and planetary sciences, 31: 105-134.

BERNER R A, KOTHAVALA Z, 2001. Geocarb Ⅲ: a revised model of atmospheric CO_2 over Phanerozoic time[J]. American journal of science, 301:182-204.

BROOK E J, BUIZERT C, 2018. Antarctic and global climate history viewed from ice cores[J]. Nature, 558:200-208.

BUTTERFIELD N J, 2009. Oxygen, animals and ocean ventilation: an alternate view[J]. Geobiology, 7:1-7.

CAMPBELL I H, ALLEN C M, 2008. Formation of supercontinents linked to increases in atmospheric oxygen[J]. Nature geoscience, 1(8):554-558.

CANFIELD D E, 2005. The early history of atmospheric oxygen: homage to Robert M. Garrels[J]. Annual review of earth and planetary sciences, 33: 1-36.

CANFIELD D D, POULTON S W, NARBONNE G M, 2007. Late-Neoproterozoic deep-ocean oxygenation and the rise of animal life[J]. Science, 315: 92-95.

CATLING D C, ZAHNLE K J, 2009. The planetary air leak[J]. Scientific

American, 3000(5):36-43.

DUDLEY R, 1998. Atmospheric oxygen, giant Paleozoic insects and the evolution of aerial locomotor performance[J]. Journal of experimental biology, 201:1043-1050.

ERWIN D H, LAFLAMME M, TWEEDT S, et al., 2011. The Cambrian conundrum: early divergence and later ecological success in the early history of animals[J]. Science, 334:1091-1097.

FALKOWSKI P G, ISOZAKI Y, 2008. The Story of O_2[J].Science, 322:540-542.

FALKOWSKI P G, KATZ M E, MILLIGAN A J, et al., 2005. The rise of oxygen over the past 205 million years and the evolution of large placental mammals[J]. Science, 309:2202-2204.

GRAHAM J B, DUDLEY R, AGUILAR N M, et al., 1995. Implications of the late Palaeozoic oxygen pulse for physiology and evolution[J]. Nature, 375:117-120.

GUO Q, STRAUSS H, KAUFMAN A J, et al., 2009. Reconstructing Earth's surface oxidation across the Archean-Proterozoic transition[J].Geology, 37:399-402.

HOLLAND H D, 1990. Origins of breathable air[J]. Nature, 347:17.

HOLLAND H D, 2009. Why the atmosphere became oxygenated: a proposal [J]. Geochimica et cosmochimica acta, 73:5241-5255.

HNISCH B, HEMMING N G, ARCHER D, et al., 2009. Atmospheric carbon dioxide concentration across the mid-pleistocene transition[J]. Science, 324(5934):1551-1554.

JAVAUX E J, KNOLL A H, WALTER M R, 2004. TEM evidence for eukaryotic diversity in mid-Proterozoic oceans[J]. Geobiology, 2:121-132.

JICKELLS T D, AN Z S, ANDERSEN K K, et al., 2005. Global iron connections between desert dust, ocean biogeochemistry, and climate [J]. Science, 308:67-71

JOUZEL J, MASSONDELMOTTE V, CATTANI O, et al., 2007. Orbital and millennial Antarctic climate variability over the past 800000 years[J]. Science, 317:793-796.

KASTING J F, 1993. Earth's early atmosphere[J]. Science, 259:920-926.

KEELING R F, WALKER S J, PIPER S C, et al., 2019. Scripps CO_2 program [EB/OL]. [2019-01-06]. http://scrippsco2.ucsd. edu.accessed.

KNOLL A H, 1992. The early evolution of Eukaryotes: a geological perspective[J]. Science, 256:622-625.

KNOLL A H, 2013. Systems paleobiology[J]. GSA Bulletin, 125:3-13.

KUMP L R, 2008. The rise of atmospheric oxygen[J]. Nature, 451:277-278.

LEWIS S L, WHEELER C E, MITCHARD E T A, et al., 2019. Restoring natural forests is the best way to remove atmospheric carbon[J]. Nature, 568:25-28. DOI:10. 1038/d41586-019-01026-8.

MANN M E, BRADLEY R S, HUGHES M K, 1998. Global-scale temperature patterns and climate forcing over the past six centuries[J]. Nature, 392: 779-787.

MARTIN J H. 1990. Glacial-interglacial CO_2 change: the iron hypothesis[J]. Paleoceanography, 5:1-13.

MONTFORD A W, 2010. The hockey stick illusion[M]. London: Stacey International:496.

OCH L M, SHIELDS-ZHOU G A, 2012. The Neoproterozoic oxygenation event: environmental perturbations and biogeochemical cycling[J].Earth science reviews, 110:26-57.

PARNELL J, BOYCE A J, MARK D, et al., 2010. Early oxygenation of the terrestrial environment during the Mesoproterozoic [J]. Nature, 468: 290-293.

PAVLOV A A, KASTING J F, 2002. Mass-independent fractionation of sulfur isotopes in Archean sediments: strong evidence for an anoxic Archean atmosphere[J]. Astrobiology, 2:27-41.

PAYNE J L, MCCLAIN C R, BOYER A G, et al., 2011. The evolutionary consequences of oxygenic photosynthesis: a body size perspective[J]. Photosynthesis research, 107:37-57.

PEARSON P N, PALMER M R, 2000. Atmospheric carbon dioxide concentrations over the past 60 million years[J]. Nature, 406:695-699.

PETIT J R, JOUZEL J, RAYNAUD D, et al., 1999. Climat e and atmospheric history of the past 420 000 years from the Vostok ice core, Antarctica[J]. Nature, 399(6735):429-436.

RETALLACK G J, 2001. Carbon dioxide and climate over the past 300 Ma [J]. The royal society, 360:659-673.

RETALLACK G J, 2009. Greenhouse crises of the past 300 million years[J]. Geological society of America bulletin, 121:1441-1455.

ROSENFELD D, YANNIAN ZHU Y, WANG M, et al., 2019. Aerosol-driven droplet concentrations dominate coverage and water of oceanic low-level clouds[J]. Science, 363:eaav0566.

ROUXEL O J, BEKKER A, EDWARDS K J, 2005. Iron isotope constraints on the Archean and Paleoproterozoic ocean redox state[J]. Science, 207:1088-1091.

SAGAN C, MULLEN G, 1972. Earth and Mars: evolution of atmospheres and surface temperatures[J]. Science, 177:52-56.

SATO Y, SUZUKI K, 2019. How do aerosols affect cloudiness? [J]. Science, 363:580-581.

SOLOMON S, DANIEL J S, NEELY Ⅲ R R, et al., 2011. The persistently variable "background" stratospheric aerosol layer and global climate change[J]. Science, 333:866-870.

SPERLINGA E A, FRIEDER C A, RAMAN A V, et al., 2013. Oxygen, ecology, and the Cambrian radiation of animals[J]. Proceedings of the National Academy of Sciences, 110:13446-13451.

STOLPER D A, BENDER M L, DREYFUS G B, et al., 2016. A Pleistocene ice core record of atmospheric O_2 concentrations[J]. Science, 353(6306): 1427-1430.

TOLLEFSON J, 2018. The sun dimmers-first sun-dimming experiment will test a way to cool Earth[J]. Nature, 563:613-615.

TOOHEY M, KRüGER K, SCHMIDT H, et al., 2019. Disproportionately strong climate forcing from extratropical explosive volcanic eruptions[J]. Nature geoscience, 12:100-107.

TURCO R P, TOON O B, ACKENMAN T P, et al., 1983. Nuclear winter: global consequences of multiple nuclear explosions [J]. Science, 222: 1283-1291.

TYNDALL J, 1861. On the absorption and radiation of heat by gases and vapors, and on the physical connection of radiation and conduction[J]. Philosophical magazine, 22:277-302.

ZIELINSKI G A，MAYEWSKI P A，MEEKER L D，et al.，1994. Record of volcanism since 7000BC from the GISP2 Greenland ice core and implications for the volcano-climate system[J]. Science，264:948-952.

第六章　气候变化

地球气候变化研究已追溯到 2 GaBP。科学界已基本认可的变化有:①大冰期与无冰期气候,时间尺度为几百万年到几亿年;②冰期气候与间冰期气候,时间尺度为几万年到几十万年;③小冰期与暖期气候,时间尺度为几百年到几千年;④世纪内的气候变动,时间尺度为几年到几十年。

从时间尺度和研究方法来看,地球气候变化史可分为 3 个阶段:地质时期、历史时期和近代。地质时期指 2 Ga—10 kaBP 时间区间,最大特点是冰期与间冰期交替出现。历史时期一般指 10 ka—200 aBP 时间区间,主要是近 5000 年来的气候变化。近代气候是指最近一两百年有气象观测记录时期的气候。

地质时期气温变化幅度在 10 ℃以上。冰期来临时,不仅整个气候系统发生变化,甚至导致地理环境改变。历史时期的气候变化幅度最大不超过 2～3 ℃,大都是在地理环境不变的情况下发生。近代的气候气温振幅在 0.5～1.0 ℃之间。

地质时期的气候变化研究,以第四纪的资料最多,次多为新生代。特别是海洋沉积物有孔虫氧同位素和极地冰芯氧同位素记录,明确了新生代的气候变化趋势,和第四纪的气候变化具有旋回性质。本书将新生代和第四纪的气候变化从地质时期分立出来各单列一节。

研究认为地球气候变化的驱动力可分为地球自身原因和外部原因。外部原因包括:①太阳能量输出的变化;②星际间尘埃浓度变化引起的到达地球的太阳辐射能量的变化;③由于地日几何参数变化引起的入射到地球表面的太阳辐射能量的变化,包括季节和纬度变化。地球自身变化包括:①大气尘埃含量变化;②地磁场变化;③南极冰盖的消长;④北冰洋海冰覆盖情况;⑤CO_2 等温室效应气体在大气和海洋中的储量;⑥大洋环流变化。

第一节　天气系统与气候

环境变化研究既研究气候变化，也研究典型天气系统的变化。气候变化主要是气温、降水和风的参数变化，表现在地表形态上是生态系统结构的变化。局地尺度，主要是气温、降水，及由此引起的地表生物群落，或生态系统变化。不同气候型持续存在演替出不同的生态系统和代表性生物。过去的气候变化研究主要利用的是保存在沉积物中的生物遗骸的记录。

天气系统有多种，过去的环境变化研究较多的是热带辐合带、热带气旋和季风，都是当前气候变化研究的热点方向。

一、热带辐合带

热带辐合带(intertropical convergence zone，ITCZ)又称赤道辐合带，是热带地区南北半球信风气流的辐合地带。位于南北半球两个副热带高压之间的低气压区，曾称为赤道槽，它是热带地区重要的、大型的、持久的天气系统，有时可能绕地球一圈。其生消、强弱、移动、变化，对热带地区长、中、短期天气变化影响极大。在卫星云图上可以看到，在热带辐合带上常有对流云生成和发展。

热带辐合带又被分为信风辐合带和季风辐合带。在东太平洋和大西洋，南半球信风直接和北半球信风相遇形成信风辐合带。从阿拉伯海到西太平洋，夏季东北信风位置偏北，南半球东南信风越过赤道后受地转偏向力(科里奥利力)的影响，转向而成西南风，这种西南风与东北信风相遇形成季风辐合带(图 6.1.1)。

热带辐合带位置随冬夏季的交替在南北两半球间移动。季风辐合带的位置随季节变化较大，信风辐合带位置的变化较小。

季风辐合带中强烈的上升气流到达高空后，分为南北两支，在副热带地区下沉，组成哈得来环流；向南半球的一支在南纬 10°～20°处下沉后，向北越过赤道，组成特有的季风经圈环流。

由于释放大量潜热，季风辐合带天气变化剧烈，造成台风、对流云聚集，夏季西太平洋热带辐合带南侧的月平均降水量达 300～400 mm，而孟加拉湾区的季风辐合带可达 600 mm 以上。

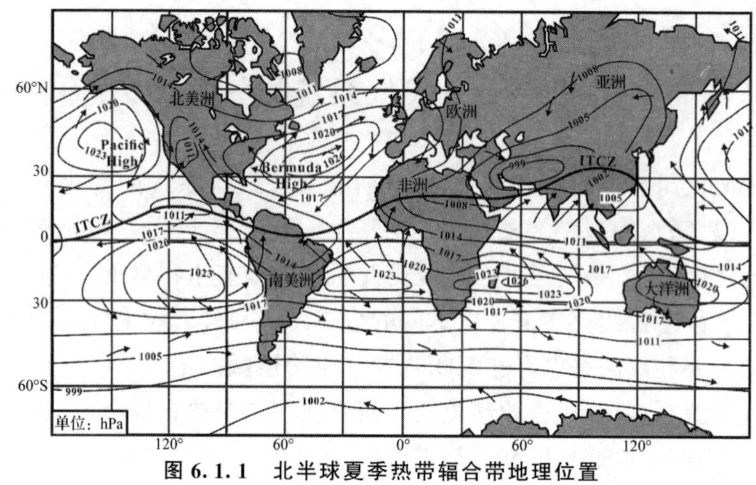

图 6.1.1　北半球夏季热带辐合带地理位置

由于信风辐合带辐合强度远小于季风辐合带，因而云带较弱较窄，对流性的云也少，其上强烈的热带天气系统，如气旋，也较少发生。7 月份东太平洋信风辐合带月平均降水量约 200 mm，大西洋东部较大，可达 300 mm。

二、热带气旋

热带气旋是形成于热带海洋上、具有暖心结构、强烈的涡旋气流。西北太平洋的热带气旋称为台风。热带气旋来临时往往带来狂风、暴雨和惊涛骇浪，具有很大的破坏力，威胁着生命和财产安全，是一种灾害性天气。同时，热带气旋也带来充沛雨水，有利于缓解旱象，是热带地区最重要的天气系统。

热带气旋的范围通常以其最外围闭合等压线的直径度量，大多数范围在 600～1000 km，最大的达 2000 km，最小的仅 100 km 左右，伸展的高度可达 12～16 km。热带气旋强度以近中心地面最大平均风速和中心海平面最低气压值来确定。大多数热带气旋的风速在 32～50 m/s，大者达 110 m/s，甚至更大。热带气旋中心气压值一般为 950 hPa，低者达 920 hPa，有的仅 870 hPa。

热带气旋大多数发生在南、北纬 5°～20°的海水温度较高的洋面上，主要发生在 8 个海区（图 6.1.2），即北半球的北太平洋西部和东部、北大西洋西部、孟加拉湾和阿拉伯海 5 个海区；南半球的南太平洋西部、南印度洋西部和东部 3 个海区。每年发生的热带气旋（包括热带风暴）总数约 80 次，其中半数以上发生在北太平洋（约占 55%），北半球占总数的 73%，南半球仅占 27%。南大西洋和南太平洋东部没有热带气旋发生。

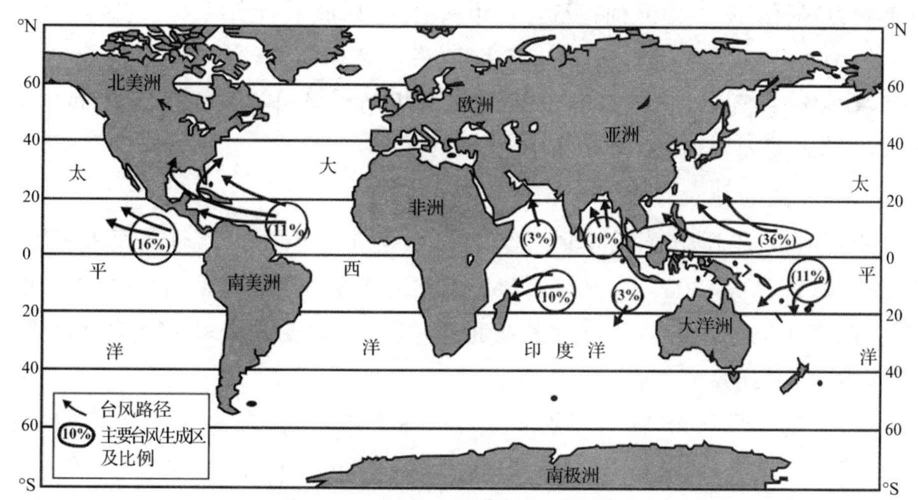

图 6.1.2　热带气旋源地与移动方向

北半球热带气旋(除孟加拉湾和阿拉伯海以外)主要发生在海温比较高的7～10月,南半球发生在高温的1～3月,其他季节显著减少。

三、季　风

在大陆和海洋之间大范围的、风向随季节有规律改变的风,称为季风(monsoon)。形成季风最根本的原因,是陆地和海洋表面性质不同,热力反映的差异。季风是海陆分布、大气环流、大陆地形等因素造成的,以年为周期,大范围的夏冬季节盛行相反的风向,所以分为夏季风和冬季风。

现代研究认为,季风是热带辐合带季节性迁移的表现,是低纬度气候现象。季风存在于低纬度延伸的各大洲,而且贯穿至少600 MaBP以来显生宙的地质时期(汪品先,2009)。

(一)季风成因

季风是由太阳对海洋和陆地加热差异,进而导致了大气中气压的差异形成的。夏季时,由于海洋的热容量大,加热缓慢,海面较冷,气压高,而大陆由于热容量小,加热快,形成暖低压,因此夏季风由冷洋面吹向暖大陆,冬季时则正好相反,由冷大陆吹向暖洋面。这种由于下垫面热力作用不同而形成的海陆季风也是最经典的季风概念。南亚地区阿拉伯海至印度的季风应该是夏季吹南风,冬季吹北风,但实际观测到的是夏季吹西南风,冬季吹东北风。这是因为夏季气流从南半球跨越赤道进入北半球,由于地球的自转效应,气流受到地转偏向力(科里奥利力)的作用,在向北的运行过程中向右偏,形成了西南风。

我国古代利用季风实施航海活动,取得过辉煌的成就。明代郑和下西洋,除了第一次夏季启航秋季返回,其余6次都是在冬半年的东北季风期间出发,在西南季风期间归航。

(二)季风的地理分布与变化

季风有北美季风、南美季风、北非季风、南非季风、亚洲季风、澳大利亚—印尼季风(汪品先,2009)。季风明显的地区主要有南亚、东亚、非洲中部、北美东南部、南美巴西东部以及澳大利亚北部,其中以印度季风和东亚季风最著名(郝青振等,2016)。

一般来说,北半球11月至翌年3月为冬季风时期,6～9月为夏季风时期,4～5月和10月为风向转换的过渡时期。但不同地区的季节差异有所不同,因而季风的风向变化时间不完全一致。

冬季季风在北半球盛行北风或东北风,尤其是亚洲东部沿岸,南向季风从中纬度一直延伸到赤道地区。这种季风起源于西伯利亚冷高压,在向南推进过程中在东亚及南亚产生很强的北风和东北风。非洲和孟加拉湾地区也有明显的东北风吹到近赤道地区。东太平洋和南美洲有冬季风出现,但不如亚洲地区显著。

夏季,北半球盛行西南和东南季风,以印度洋和南亚地区最显著。西南季风大部分源自南印度洋,在非洲东海岸跨过赤道到达南亚和东亚地区,甚至到达我国华中地区和日本;另一部分东南风主要源自西北太平洋,以南风或东南风的形式影响我国东部沿海。

影响我国的夏季风起源于3支气流:一是印度夏季风,当印度季风北移时,西南季风可深入我国大陆;二是流过东南亚和南海的跨赤道气流,这是一种低空的西南气流;三是来自西北太平洋副热带高压西侧的东南季风,有时会转为南或西南气流。

夏季风每年5月上旬开始出现在南海北部,中间经过3次北推,5月底至6月5—10日到达华南北部,6月底至7月初抵达长江流域,7月上旬中至20日,推进至黄河流域,7月底至8月10日前,北上至终界线——华北一带。我国冬季风比夏季风强烈,大陆常有8级以上的北到西北风伴随寒潮南下;南海和东南沿海以东北风为主,大风次数比北部少。

(三)影响季风的因素与季风效应

季风强弱与大陆面积大小、形状和所在纬度位置有关。大陆面积大,海陆间热力差异形成的季节性高、低压就强，气压梯度季节变化也就大，季风也就越明显。北美大陆面积远远小于欧亚大陆，冬季的冷高压和夏季的热低压都不明显，所以季风也不明显。

大陆纬度低，无论从海陆热力差异，还是行星风带的季风移动，都有利于季风形成。欧亚大陆的季风能达到较低纬度，北美大陆则主要分布在30°N以北，所以欧亚大陆季风比北美大陆明显。

季风效应最明显的是降水。夏季时，吹向大陆的风将湿润的海洋空气输进内陆，成云致雨，形成雨季，我国的华南汛期、江淮的梅雨及华北、东北的雨季，都属于夏季风降雨；冬季时，风自大陆吹向海洋，空气干燥，气流下沉，天气晴好，很少降水，形成旱季。

季风区只占地球表面的19%，但降雨量占31%。每年7—9月，全球热带降雨70%在北半球季风区（汪品先等，2018）。

（四）全新世季风的变化趋势

在构造尺度，1～100 Ma时间尺度上，全球季风受威尔逊旋回调控，超级大陆时期出现超级季风；大陆分解后季风减弱。在轨道尺度，10～100 ka时间尺度上，全球季风受地球轨道周期调控，呈现20 ka的岁差周期和100 ka、400 ka的偏心率周期。在千年及更短的时间尺度上，全球季风受太阳活动周期等多种因素的调控。

全新世的古季风资料最为丰富，也是古季风研究的起点。10—5 kaBP前非洲、阿拉伯和印度出现的高湖面，不能用冰期旋回去解释。Kutzbach(1981)对9 ka前全球（而不只是65°N）的辐射量进行计算，发现了季风受岁差周期的轨道驱动。今天地球的近日点在冬季，9 ka前的近日点在夏季，因而当时北半球夏季太阳辐射量较现在显著高，夏季风也就更强；而南半球的趋势正好相反。地球轨道引起的季风变化具有全球性，已经有大量地质记录证明。

随着近年来全新世高分辨率气候记录的大量涌现，全球季风的变化趋势显得格外清晰。阿曼南部Qunf岩洞的石笋$\delta^{18}O$（图6.1.3a，Fleitmann et al.，2003）和阿拉伯海沉积中浮游有孔虫Globigerina bulloides丰度（百分含量）(Gupta et al.，2003)所记录的印度季风，西非岸外热带大西洋ODP658C岩芯陆源矿物含量（图6.1.3b）记录的非洲季风（deMenocal，1995），委内瑞拉北岸外卡里亚柯(Cariaco)盆地纹层中的Ti%（图6.1.3c）记录的北美季风（Haug et al.，2001），以及华南董歌洞石笋$\delta^{18}O$（图6.1.3d）记录的东亚季风（Wang et al.，2005），都指示8 kaBP以来北半球夏季风呈逐渐减弱趋势。4 kaBP埃及、两河流域和印度古文明的衰落与迁徙，都可能与季风降水的急剧减少相关(Gasse,2000)。

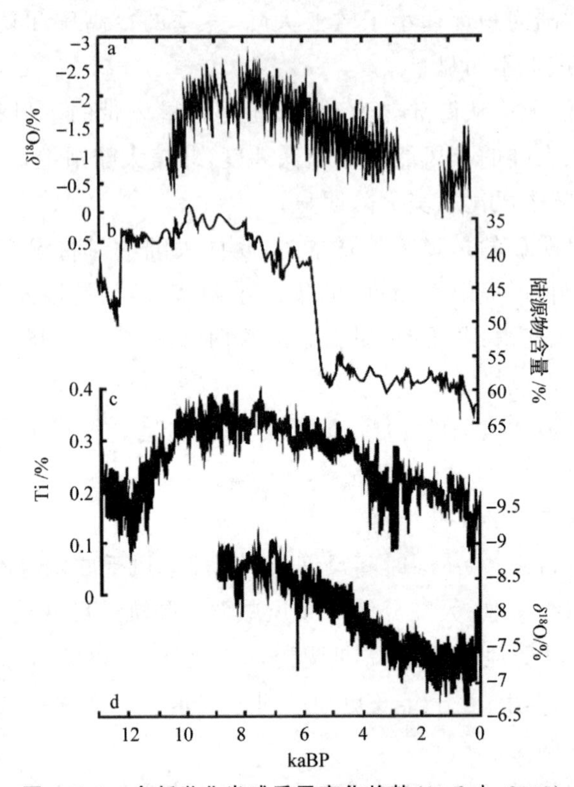

图 6.1.3　全新世北半球季风变化趋势(汪品先,2009)

a. 南亚季风，阿曼南部石笋 δ^{18}O 记录(Fleitmann et al.，2003)；
b. 北非季风，大西洋西非岸外 ODP658 孔的陆源物质含量(deMenocal，1995)；
c. 北美季风，委内瑞拉近海卡里亚柯盆地 ODP1102 岩芯(10°43′N)Ti 记录(Haug et al.，2001)；
d. 东亚季风，华南董歌洞石笋的 δ^{18}O(Wang et al.，2005)。

岁差周期造成的夏季辐射量变化在南北半球趋势相反，南半球的季风应当在全新世早中期较弱,到晚期加强。孢粉资料指示南美亚马孙河的雨林近 3 ka 来范围大为扩张(Mayle et al.,2000)；秘鲁 17°S 附近著名的高山湖泊的的喀喀湖(Lake Titikaka)在 8—5.5 ka 前最干，5 ka 前开始变湿，3 ka 前出现高湖面(Baker et al.,2001)，反映出南美夏季风在全新世晚期加强，与北半球正好相反。

第二节　地质时期的气候变化

地质时期的气候变化是气候变化研究的主体，又称古气候研究。主要框架从地球表面的冰雪覆盖状况——冰期/间冰期建立起来。变化的时间尺度在万年以上，变化幅度大，强烈影响地貌和生态系统，并在地层中保存着丰富的记录。

地球古气候史的时间划分采用地质年代表示。地质历史上曾存在 5 次大冰期（第三章第三节），见表 6.2.1，包括古元古代大冰期、新元古代大冰期、早古生代大冰期、晚古生代大冰期和第四纪大冰期。也有 3 次或 7 次大冰期的说法，3 次大冰期的说法认为早古生代不存在大冰期，而且不考虑古元古代大冰期；7 次大冰期的说法则认为新元古代大冰期是 3 次大冰期的旋回，在中生代也存在一次冰期，也不考虑古元古代大冰期。本书将两次大冰期期间的长时间温暖时期称为无冰期。大冰期和无冰期交替出现使全球气候呈现出冷暖交替旋回变化特征。目前的研究认为，无冰期，即地球的暖期时间比冰期长得多。图 6.2.1 所示是 Frakes(1979)勾画的地质时期气温和干湿变化趋势，可以认为这是人们对地质时期气候变化的总体看法。

一、古元古代大冰期气候

古元古代大冰期发生在元古代早期（2.4—2.1 GaBP，也有文献认为在 2.7—2.3 GaBP），也称为休伦大冰期。该冰期持续时间达 200～300 Ma，中间又可分为 3 次冰期。这一时期地球属冷干气候，极端寒冷，两极冰盖扩张，至少覆盖到中纬度。由于在该冰期期间曾发生古元古代巨氧事件（第五章第三节），在 2.5 GaBP 前后，海洋中的铁元素已大部分被氧化，海藻等海洋植物放出的氧气开始进入大气，大气氧含量逐渐上升，其后果是大气中的 CO_2 和 CH_4 开始减少，减弱了大气温室效应，大气平流层出现臭氧，减弱了到达地表的太阳辐射。火山喷发可能是古元古代冰期得以恢复的原因（Kump et al., 2011）。

二、新元古代大冰期—大间冰期气候旋回

古元古代大冰期之后，地球为暖湿气候，直到元古宙末期，进入新元古代大冰期，变为冷干气候。该次冰期可能是，冰期—间冰期—冰期—间冰期—冰

表 6.2.1 气候变化地质年代表

宙	代		纪	世	距今年代(Ma)	构造过程	气候概况	
							冰期	气候变化
显生宙	新生代Kz		第四纪 Q	全新世	0.01	喜马拉雅期新阿尔卑斯期	第四纪大冰期	氧含量达到现代水平，气温降低
				更新世	2.5			
			新近纪 N	上新世	5		中生代无冰期	东亚大陆趋于湿润
				中新世	24			
			古近纪 E	渐新世	37			全球气候变暖，表现为热带气候，湿热气候；大气氧增加，氧化作用加强
				始新世	58			
				古新世	65			
	中生代Mz		白垩纪 K		137	燕山期旧阿尔卑斯期印支期		
			侏罗纪 J		203			
			三叠纪 T		251			
	古生代Pz	晚古生代	二叠纪 P		295	海西期	晚古生代大冰期	气候明显分区
			石炭纪 C		355			
			泥盆纪 D		408	广西期加里东期		
		早古生代	志留纪 S		435		早古生代大冰期	
			奥陶纪 O		495			
			寒武纪 E		540			
元古宙Pt	新元古		震旦纪 Z		650	晋宁期	新元古代大冰期	
					1000			
	中元古				1800	吕梁期		
	古元古				2500	五台期	古元古代大冰期	
太古宙Ar	新太古				2800			
	中太古				3200	劳伦期		
	古太古				3600			
	始太古				3800			
冥古宙 HD					4600			

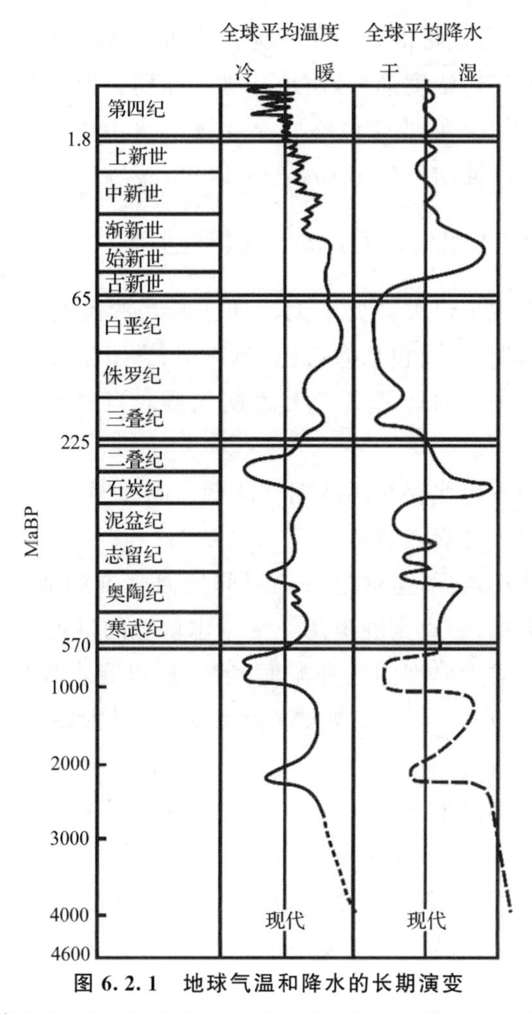

图 6.2.1　地球气温和降水的长期演变

（杨怀仁，1987；Frakes，1979；Candie and Sloan，1998）

期，3 次冰期两次间冰期旋回模式，包括震旦纪大冰期。在亚、欧、非、北美和澳大利亚的很多地区发现了该次冰期的冰碛层，说明曾经发生过具有世界规模的大冰期气候。在我国长江中下游广大地区都有震旦纪冰碛层，表示这里曾经历过寒冷的大冰期气候。但在黄河以北地区，震旦纪地层中分布有石膏层和龟裂纹现象，指示那里当时曾是温暖而干燥的气候。

据估计，该次冰期持续时间有 200 Ma，冰期时地球气温可能下降到 −50 ℃，地表可能完全被冰雪覆盖，赤道地区海冰厚可达 1～2 km，陆地冰川厚度可达数千米。

研究认为，新元古代可能是由于罗迪西亚古陆将陆地集中在热带，强降水冲刷导致大气温室气体浓度降低，使地球进入冰期。当两极冰盖扩张至30°纬度时，由于冰雪正反馈，使地球最终完全结冰。火山喷发使温室气体浓度增加，地球增温，导致冰期结束(Hoffman and Schrag，2000)。

三、古生代大冰期与大间冰期气候旋回

有人认为整个古生代大都处于无冰期。新元古代大冰期之后，全球进入长时间的温暖湿润期，这里包括寒武纪、奥陶纪、志留纪、泥盆纪和石炭纪5个地质时期，共经历330 Ma，都属于无冰期气候。当时整个世界气候都比较温暖。

也有研究认为古生代存在间冰期—冰期—间冰期—冰期的旋回。

我们倾向于后一种观点。

新元古代大冰期之后，全球进入长时间的温暖湿润期，寒武纪是暖期，所以有寒武纪生物大暴发，直到晚奥陶纪—早志留纪的早古生代大冰期。

石炭纪是古气候中典型的温和湿润气候，所以有古生代中期大间冰期之说。当时森林面积极大，最后形成大规模的煤层，树木缺少年轮，说明当时树木终年都能均匀生长；具有海洋性气候特征，没有明显季节区别。在我国，石炭纪时期全国都处于热带气候条件下，到了石炭纪后期出现3个气候带，自北而南分布着湿润气候带、干燥带和热带。

晚古生代地球可能又进入冰期，即石炭—二叠纪大冰期，发生在300—200 MaBP间，属冷湿气候。从所发现的冰川迹象表明，受到这次冰期气候影响的主要是南半球。在北半球除印度外，目前还未找到可靠的冰川遗迹。而印度这段时期也在南半球。

从石炭纪末期开始，在南半球的南极周围，气候急剧变冷，直至二叠纪初期，存在较强烈的冰川活动。晚石炭纪时极地位于南极洲东部，当时处在极地附近的南美、南非和南极洲均广布冰盖，冰川沉积物广泛分布在古南纬60°内，冰盖面积比1 MaBP以来北半球冰盖的最大范围还要大，但北半球未发现冰川遗迹，可能与当时北极为大洋有关。关于石炭纪—二叠纪冰期的成因，尚无一致的意见，值得注意的是，冰期时正是大气中CO_2减少、温室效应减弱的时期。模拟结果表明，大气中的CO_2含量在400 MaBP以后迅速下降，从现代大气CO_2含量的12倍急剧下降到300 MaBP与现代相近的水平。二叠纪时气候有变暖趋势，大气中CO_2的含量呈回升趋势，但气候可能一直比较凉爽，南

半球仍有冰川活动的记录，只是规模有所缩小。

这时我国处于温暖湿润气候带、干燥带和炎热潮湿气候带。

古植物学家 Wing 和古生物学家 Huber 组织了一个松散的研究组，他们把不同观察结果，包括树轮、冰芯、海底沉积物记录，不同模型的模拟结果，不同程序的计算结果，及不同假设，结合在一起，构建了如图 6.2.2 所示的显生宙全球地表气温变化曲线(Voosen，2019b)。

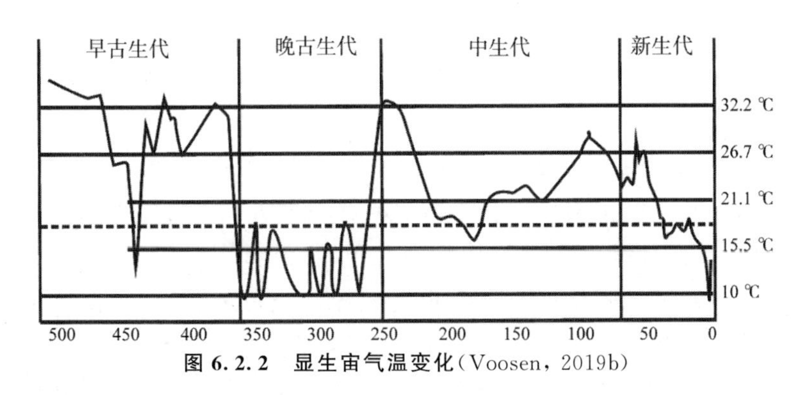

图 6.2.2 显生宙气温变化(Voosen，2019b)

可以看出，显生宙全球地表气温发生过大的变化。古生代的气温是过山车式的。图 6.2.2 中虚线是极地是否存在冰盖的气温指示，对应于 3 次大冰期，在晚古生代和晚新生代极地存在冰盖；早古生代极地也存在冰盖，但时间较短；在中生代的侏罗纪也存在短时间的极地冰盖，有人推测可能存在侏罗纪大冰期。

在早古生代大部分时间、晚古生代的早泥盆纪、中生代早三叠纪、白垩纪和新生代的古新世，与现代相比全球为极端高温气候。图 6.2.2 中，晚古生代长期低温与目前的认识不相符，特别是与早石炭纪是暖期的认识不一致。当然 Wing 等也认为随认识的变化，曲线形式会有变化。

四、中生代无冰气候

中生代无冰期(250—65 MaBP)，包括整个中生代的三叠纪、侏罗纪、白垩纪，总体是暖干气候。到新生代的第三纪时，世界气候更趋暖化，共计约为 220 Ma。

中生代开始，冈瓦纳古陆与劳亚古陆已聚集在一起，使地球成为呈南北向延伸从南极至北半球高纬度的联合古陆(图 2.2.3)，导致呈南北方向的全球大气环流和大洋环流格局。生物礁的分布达到南北纬 30°以外，与信风相关联的上升流区的燧石沉积分布在30°线之间。白垩纪是一个全球性的温暖时期。当时太平洋底层水的水温比现代高5～7 ℃,海水向下温度梯度不到现代的一半。之后,北半球的劳亚大陆和南半球的冈瓦纳大陆的分离与北大西洋的诞生使大气—海洋环流转变成东西方向。

中生代大部分时间内大气 CO_2 含量较现代高3～5倍,温室效应更为强烈,形成全球性的温暖期,从赤道到极地的温度都较现代高,气候从整体上较现代更为温暖干燥。多种方法估计的全球年平均气温比现代高10 ℃,当时的海陆分布格局阻碍了冰盖的形成。温带气候几乎延伸到极地,比现代高20个纬度。

由于极地无冰盖存在,温度的纬向梯度明显小于石炭纪、二叠纪和现代。氧同位素以及大量的生物地理和岩石学证据均表明中生代气候和生物地带分异小,类型简单。森林带一直延伸到南北极圈之内,当时位于70°S的新西兰和距北极数个纬度的阿拉斯加均有白垩纪煤层分布。欧亚大陆上,北部西伯利亚古植物区可能为温带,南部印—欧古植物区可能为热带—亚热带,界限位于44°～52°N。作为现代热带—亚热带植物的棕榈,当时一直分布到英格兰的南部及北美相近纬度的地区。蒸发岩与煤层的分界线在45°N～55°S,蒸发岩占据的宽度可达25个纬度,干旱区的范围一直延伸到45°N和55°S,副热带下沉空气区域的位置可能比现代高15°以上

在我国,三叠纪的气候特征是西部和西北部普遍为干燥气候。侏罗纪地层普遍分布着煤、黏土、耐火黏土等,由此可以认为我国当时普遍在湿热气候控制下。侏罗纪后期到白垩纪是干燥气候发展的时期,当时我国曾出现一条明显的干燥气候带,西起新疆经天山、甘肃,向南伸至大渡河下游,再到江西南部,都有干燥气候下的石膏层发育。

第三节　新生代的气候变化

新生代包括第三纪和第四纪,从65 MaBP至今。第四纪从2.5 MaBP至今,所以第三纪涵盖了新生代的主要时间区间。进入新生代,全球现代海陆分布格局大体已经形成,只有南极、澳大利亚和印度还在向现在位置移动中。澳大利亚与南极分离,德雷克海峡打开,巴拿马海路关闭,特提斯海关闭是影响全球气候的主要构造因素。

到了早第三纪，世界气候普遍变暖，格陵兰具有温带树种，我国当时的沉积物大多带有红色，说明我国当时的气候比较炎热。晚第三纪时，东亚大陆东部气候趋于湿润。晚第三纪末期全球气温普遍下降。喜热植物分布区域逐渐向低纬度退缩。

人们用海洋沉积物有孔虫氧同位素组成建立了新生代气候变化框架，Zachos等(2001)对此进行了总结。结果表明，气温逐渐降低是新生代气候变化的最主要特征。

一、全球气候变化与深海沉积物底栖有孔虫氧同位素记录

环境变化可分为渐变过程、周期性过程和事件。新生代气候变化为3种过程的叠加。①长期变化趋势，在10^6～10^7 a时间尺度，变化过程扩展在整个新生代；②气候旋回，周期在10^4～10^5 a时间尺度；③气候事件，单个事件持续时间在10^3～10^4 a尺度。以上各个过程在海洋沉积物底栖有孔虫氧同位素组成($\delta^{18}O$)曲线上均有反映。

海洋有孔虫氧同位素组成($\delta^{18}O$)近似与海水温度负相关[式(4.5.1)]，即地质历史上有孔虫骨骼(碳酸盐)氧同位组成变化反映海水温度变化，按照深层水由极地水下沉形成的思想，认为深层水温度受极地表层水水温约束，海洋表层水水温与上覆大气温度协变，所以深海沉积物有孔虫氧同位素组成可以用来指示气温变化。

本节以下用“$\delta^{18}O$”表示海洋沉积物底栖有孔虫氧同位素组成。新生代，$\delta^{18}O$变化为5.4‰，大约3.1‰是由深层水变冷引起的。其余是陆地冰盖冰量增加，使海平面下降，海水$\delta^{18}O$上升引起的，南极冰盖的贡献约1.2‰，北半球冰盖的贡献约1.1‰。

(一)长期演变趋势

新生代气候的长期变化趋势包括构造过程前提下的气温变化，南极冰盖消长，海冰形成和南大洋底层水温度变化。

在新生代和白垩纪界面，曾有流星撞击地球，之后经历大西洋继续扩展(54 MaBP)、印度板块与欧亚板块碰撞(54 MaBP)、澳大利亚板块与南极板块分离并北移(50 MaBP)、德雷克海峡打开(29 MaBP)、安第斯山(26 MaBP)和青藏高原抬升(22 MaBP)、巴拿马海路关闭和地中海关闭(6—5 MaBP)等构造过程。

研究认为，新生代早期气候变暖，之后气温总体呈下降趋势，到第三纪末，

进入晚新生代大冰期——第四纪冰期。

新生代早期，从中古新世(59 MaBP)到早始新世(52 MaBP)，$\delta^{18}O$ 减少了1.5‰，气候变暖，并在早始新世出现气候适宜期(early Eocene Climate optimum，EECO，52—50 MaBP)。该时期，全球温热，高纬度有森林，南极无冰雪，南极附近海水温度比现在高 18 ℃(王绍武，2011a)。

EECO 之后，从始新世中期、晚期到早渐新世(50—34 MaBP)，长达 17 Ma，气温下降，$\delta^{18}O$ 上升了 3.0‰。中始新世，$\delta^{18}O$ 增长约 1.8‰，被认为是深海水温度降低造成的，深海水温度从 12 ℃降低到 4.5 ℃，降低了 7 ℃。在 34 MaBP，$\delta^{18}O$ 快速正偏 1.0‰。基于底层水和热带温度约束，粗略估计约 $\delta^{18}O$ 变化的一半(约 0.6‰)是冰盖体积增加的贡献，但是，由底栖有孔虫 Mg/Ca比值，作为独立的气温指示参数，估算出冰盖体积增长可能使 $\delta^{18}O$ 增加 0.8‰～1.0‰。以上深海长期冷暖变化模式，与基于海陆地球化学和化石证据重建的早新生代亚极地气候变化一致。

图 6.3.1 中垂直宽竖线表示大概冰量，断续线表示冰量低于现在的 50%，连续线表示冰量超过现在的 50%。

渐新世，德雷克海峡打开，南大洋环绕南极，南极绕极流形成，阻挡了低纬度海洋暖流到达南极海岸，使南半球热带向极地输运的热量减少，南极逐渐变冷，南极大陆冰盖开始扩大，形成永久冰盖，冰量约为今天南极冰盖的一半。南北半球高纬度陆地降温约 10 ℃。深海$\delta^{18}O$的值仍相对较高(>2.5‰)。大洋深层水水温下降 4～5 ℃，底层水温度约为 4 ℃。南极周边出现大面积海冰，持续到渐新世晚期(26—27 MaBP)。

之后，气候转暖，使南极冰盖退缩，直到中中新世(约 15 MaBP)，全球冰量保持较低水平，底层水温度稍有升高。温暖趋势在中中新世后期达到峰值，发展成为中中新世气候适宜期(17—15 MaBP)。随后，新一轮变冷逐渐开始，并在 10 MaBP，形成了南极大冰盖。

在晚中新世到早上新世(6.2—5 MaBP)地中海关闭，$\delta^{18}O$ 持续缓慢上升，全球降温，西南极和北极均出现小规模的冰盖扩张。早上新世开始有一个微弱的变暖迹象，到 3.2 MaBP，$\delta^{18}O$ 再一次增长，开始了北半球大冰期。

(二)气候旋回

新生代的气候变化存在周期性，但不及第四纪那么直观明显。从深海沉积物有孔虫氧和碳同位素变化曲线(图 6.3.1)可以直观看出 4 MaBP、14 MaBP、24 MaBP、34 MaBP、44 MaBP、54 MaBP 和 64 MaBP 存在气候突

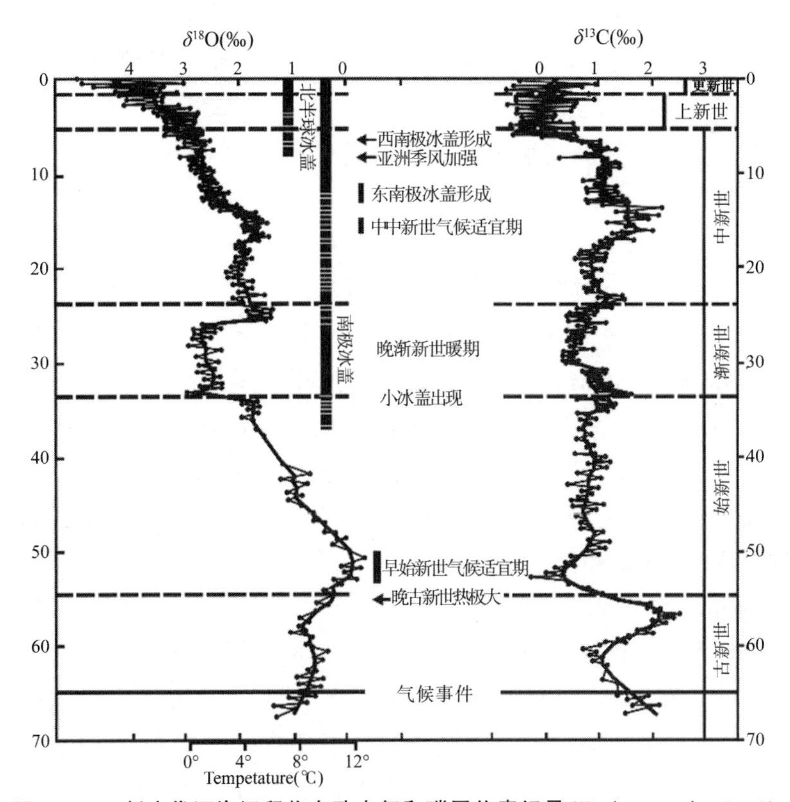

图 6.3.1　新生代深海沉积物有孔虫氧和碳同位素记录(Zachos et al., 2001)

变，间隔刚好是 10 Ma，由此，我们推论新生代气候变化存在 10 Ma 周期，Boulila 等(2012)的研究认为周期是 9 Ma。更短时间尺度，文献对环境变化指示参数分析发现可能存在 4 Ma、2.4 Ma、1.2 Ma、400 ka、100 ka、41 ka、23 ka 和 19 ka 周期。

400 ka、100 ka、41 ka、23 ka 和 19 ka 被认为是天文理论预言的气候变化周期，其中 400 ka 和 100 ka 称为偏心率周期，41 ka 称为倾角周期，19 ka 和 23 ka称为岁差周期。天文学理论在第四纪气候变化研究中得到广泛应用，更多相关的内容见本章第四节第四纪气候变化。

在图 6.3.1 中的 $\delta^{18}O$ 和 $\delta^{13}C$ 曲线中不能直观看出天文理论预言的气候变化周期，而要利用傅里叶变换等数学方法进行推算才能发现这些气候变化周期。

Zachos 等(2001)的研究表明，自早渐新世开始，气候变化的 41 ka 周期较明显，再就是偏心率周期。例如，伴随着中更新世转变后的最后 800—900 ka，

$\delta^{18}O$ 变化的 100 ka 周期非常明显，但弱于早更新世和上新世时期，因为早更新世和上新世时期的信号以 41 ka 周期带为主。在晚渐新世和早中新世，发生了类似的具有 100 ka 周期的长期转变。在早中新世，400 ka 周期非常明显，然而在更新世和早渐新世相对较弱。

（三）气候事件

在第三纪，除总体上气候逐渐变冷和可能存在的气候旋回之外，存在事件性高温和低温期，持续时间在 10^3～10^5 a 量级。

事件性气候异常多发生在世过渡期，其中有晚古新世极热期（late Paleocene thermal maximum，LPTM）、早始新世气候适宜期（EECO）、渐新世冰期（Oligocene glaciation）、晚渐新世暖期（late Oligocene warming）、中新世冰期（Miocene glaciation）、中中新世气候适宜期（mid-Miocene climate mptimum，MCO）和上新世气候暖期（Pliocene warming）。其中以晚古新世极热期、渐新世冰期和中新世冰期最为突出。

晚古新世极热时期（LPTM），发生在古新世和始新世的边界上（55 MaBP）。LPTM 期间深海水温度 10 ka 上升了 5～6 ℃，沉积物有孔虫氧同位素负向偏移大于 1.0‰。由浮游生物同位素的偏移推算得，海洋表层水温度在高纬度地区增加8 ℃，向赤道方向的增加稍小。从事件开始经历了 200 ka，才恢复到正常。此次气候事件中全球变得更加潮湿，降水更加充沛，这一情况也被大陆风化的特征和模式变化证明。该时间的显著特点是海洋、大气和陆地碳库中的碳同位素下降了约 3‰；大范围海底碳酸盐溶解；海底有孔虫大量灭绝；外来浮游有孔虫的大量繁殖；腰鞭毛藻暴发；北半球陆生植物和哺乳动物辐射迁移。海洋及陆地生产力上升，有机碳沉积增加，标志着环境恢复。

渐新世冰期发生在始新世和渐新世的边界（E/O 边界，34 MaBP）上，被称作 Oi－1 的过渡期。这是一个长达 400 ka 的冰期，从南极大陆突然出现巨大冰盖开始。该事件与气候和海洋系统的重建有关，因为此时全球范围的海洋生源沉积物的分布发生变化，海洋肥力全面增长，碳酸钙的补偿深度大大下降。具有特别意义的是在 E/O 边界现代鲸鱼出现，陆地植物种群发生更替。

中新世冰期发生于渐新世和中新世边界上（O/M 边界，23 MaBP），是一个短时间但是很强的冰期。这个被称作 Mi－1 的异常事件发生后，出现了一系列断续的小冰期。这个时期异常气候，变化范围比 LPTM 要小，但周转率加快，某些生物种群发生变化，在 O/M 边界上的加勒比海珊瑚灭绝。

在渐新世冰期和中新世冰期，两个异常气候的特点均是碳同位素的小幅快速增长(约 0.8‰),暗示着全球碳循环受到干扰。尽管在记录中,渐新世和中新世仍有许多更小的异常事件,但没有一个能达到 Oi-1 和 Mi-1 这种规模。

二、撒哈拉干旱气候的形成

撒哈拉沙漠的形成与构造过程有关。中生代和新生代非洲板块北移使得北非的大部分地区从湿润的赤道地区移动到干燥的热带地区。另外有两个因素加剧了北非地区晚新生代的干旱化,一是随着始新世之后南大洋和北大西洋的变冷,高纬地区冰盖的逐步扩大,南极大陆上的大冰盖的规模在 10 MaBP 达到最大,北半球冰盖的体积在 2.5 MaBP 突然增大。冰盖建立的影响之一是增大赤道和极地之间的温度和气压梯度,导致贸易风的风速增大,加大的风速更利于把日益变干的撒哈拉地区地表的沉积物改造为沙漠。另一个因素是晚第三纪青藏高原的隆起以及因此出现的东风急流,导致干燥空气在中东和北非等地区下沉,加速干旱化过程。

三、自然气候带的形成

随着全球环境变冷变干,低纬度地区与高纬度地区的温度梯度增大,各地区水分条件的差异也明显加大,由此导致气候带类型的多样化(图 6.3.2)。早第三纪时,全球气候带十分简单,总体以热带亚热带环境为主。至上新世时,地带分异增强,出现了亚热带干旱气候带和热带季风气候带,高纬度地区出现亚极地气候。至第四纪,呈现现代气候带分布。

四、新生代中国的气候变化

中国大陆整体上处于温带,可大致分为东部季风气候区、西北部干旱半干旱气候区、和青藏高原高寒气候区。中国大陆南部所处纬度带,整个北非、阿拉伯半岛、西亚、中东,大都是干旱半干旱气候,只有东亚属季风气候,温暖湿润。中国西北部,包括黄土高原为干旱半干旱气候。中国西北位于西风带上,由于西风从欧洲登陆,经过长距离输运,其中的水汽已耗尽,能为中亚提供的水汽有限,因此形成干旱半干旱气候。

研究认为,早新生代的古近纪,除东北外,整个大陆为干旱半干旱气候(郭正堂,2017),与同纬度其他地区一样。之后,随着青藏高原隆升,中国东部气候随时间发生变化,季风气候逐渐发展,到中新世,基本形成目前的气候分布格局。

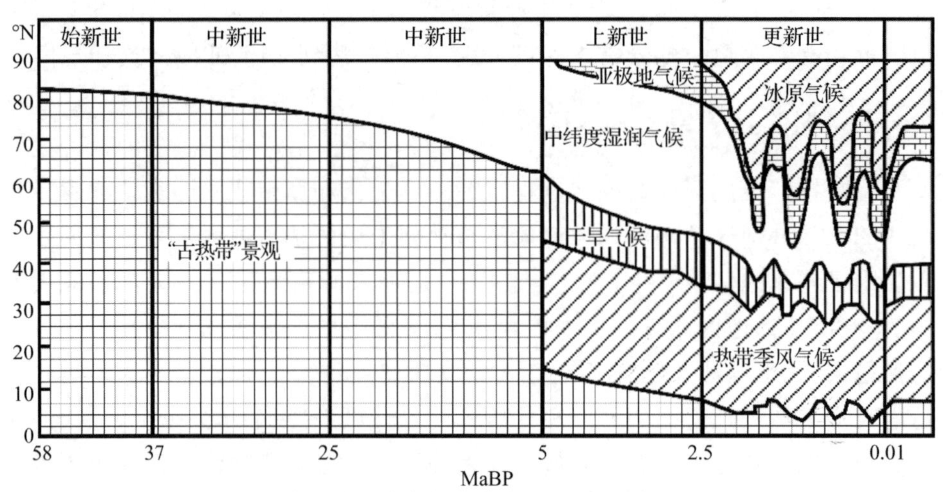

6.3.2 新生代以来气候带的变化(张兰生等,2000)

始新世,中国大陆继承了古新世气候。渐新世青藏高原隆起,中国南方气候变得湿润。中新世,青藏高原两次隆升,西南季风逐渐形成;上新世,继续隆升,海拔可能达 2000 m;第四纪以来,青藏高原继续抬升,600 kaBP 平均海拔达到 4200 m,中国当前的气候分布格局更加明显,西北部仍为干旱半干旱气候,东部为季风气候,青藏高原为高寒气候。从中新世到上新世,西北半干旱气候有进退,但整体格局变化不大。

第四节　第四纪气候变化

第四纪从 2.5 MaBP 开始直到现在,处于大冰期。研究认为第四纪的气候是极不稳定的。80—15 kaBP 为末次冰期,自 15 kaBP 起,冰川开始融化,大约在 10 kaBP 冰川消退,各大陆形成为现代气候的特点。

一、气候变化的天文学理论——米兰柯维奇旋回

地球绕太阳运行一周是一年,地球自转一周是一天。地球的这两种运动产生了年和日的变化周期。月球绕地球运行一周是一个月。地球环境的周期性变化就在人们的日常生活中。

地球漂浮在宇宙空间,日地引力和离心力使地球绕太阳稳定运行,那么谁

固定地轴方向？月亮具有使地轴指向稳定的作用，也是春夏秋冬周期性稳定变化的保证。

地球绕太阳公转轨道的偏心率、地轴倾角是变化的，而地球自转轴方向在缓慢进动。这 3 种运动的参数，偏心率、地轴倾角和岁差，存在周期性变化。

南斯拉夫学者米兰科维奇建立了气候旋回理论，他认为地球日照率及其分布控制地球气候发生周期性变化，而日照率及分布变化受控于地日几何参数，包括轨道偏心率(e)、地轴倾角(ε)和岁差(P)。由于有引力，所有空间存在的物体对其他物体存在引力作用，太阳对地球的作用在地球的运行中起主导作用，其次是月球，其他星球对地球运动的影响表现在使地球绕太阳运行参数(偏心率、地轴倾角、岁差)发生周期性变化。

(一)偏心率(eccentricity)

地球绕太阳运行的轨道呈椭圆形，太阳在地球运行的椭圆轨道的一个焦点上。现在 1 月初地球距太阳最近，地球在近日点；7 月初地球距太阳最远，地球在远日点。地球绕太阳运行椭圆轨道半长轴 $a=149597870$ km，半短轴 $b=149576980$ km，焦点距原点的距离——半焦距 $c=2500000$ km。偏心率是指地球轨道偏离正圆的程度，数学上叫离心率，定义为

$$e=\frac{c}{a}=\sqrt{\frac{a^2-b^2}{a^2}}$$
$$=0.0167114$$

当 c　　0，即 e　　0 时，太阳在圆心，地球运行的轨道是圆。约以 400 ka 和 100 ka 为周期，e 在 0.005～0.060 之间变化。目前地球轨道的偏心率为 0.0167。偏心率越大，季节长短的差异越大。400 ka 和 100 ka 称为偏心率周期。

(二)地轴倾角(obliquity)

地轴倾角是黄道面与赤道面的夹角，所以也称为黄赤交角。以 41 ka 为周期在 22.1°～24.5°之间变化，目前的黄赤交角为 23°27′。黄赤交角越大，季节差异越大，即冬季更冷，夏季更热；而黄赤交角小时，夏季相对较凉，易出现冰期。41 ka 称为倾角周期。

(三)岁差(precession)

由于月球和太阳对地球的吸引，地球自转轴的方向做缓慢的进动，进动周期约 26000 年。目前地轴指向北极星。进动与地球沿椭圆轨道的公转一起决定了近日点的时间，从而决定了地球最靠近太阳时地轴的指向。近日点时间的变化，即岁差的实际周期为 19 ka 和 23 ka，比进动周期要短。岁差可以使一个半球

的季节差异较大,而另一个半球的季节差异变小。19 ka 和 23 ka 称为岁差周期。

二、第四纪气候变化的特点

第四纪气候的主要特征是冰期与间冰期交替发生。第四纪包含有多个冰期—间冰期旋回,它们在深海沉积物、黄土—古土壤序列和冰芯中都有很好的记录(刘嘉麒等,2001)。现在的全新世,处于间冰期。

(一)冰期旋回

根据对欧洲阿尔卑斯山冰川的研究,已确定第四纪大冰期中有 6 个冰期。在冰期内,平均气温比现代低 8～12 ℃。在两个冰期之间的间冰期内,气温比现代高,北极的气温比现代高 10 ℃以上,低纬度地区比现代高 5.5 ℃左右,覆盖在中纬度的冰盖消失,甚至极地冰盖整个消失。在每个冰期之中,气候也有波动,如在大理冰期中就至少有 5 次冷期(或称小冰期),而其间为相对温暖时期(或称小间冰期),每个相对温暖时期一般维持 10 ka 左右。

(二)极地冰芯和海洋沉积物氧同位素证据

在冰芯记录方面,1998 年,美国、法国和俄罗斯在南极的东方站(Vostok)钻探得到了 3623 m 长的冰芯。由于火山灰层显示在 3310 m 以下冰芯已经扰动,因此只取该冰芯 3310 m 以上部分的数据。经计算得出 3310 m 处年龄为 0.423 Ma,涵盖了 4 个冰期—间冰期旋回(图 5.4.4)。总体上,冰期和间冰期温度相差约 12 ℃,后两个旋回比前两个旋回历时要长。

Imbrie 等(1984)综合海洋沉积物岩芯氧同位素资料,建立了氧同位素曲线,之后人们不断完善,发现 800 kaBP 以来的一段时期可分为 10 个气候旋回(图 4.5.3)。

从图 4.5.3 和图 5.4.4 可以直接看出气候变化存在 100 ka 周期。

(三)中国黄土的气候变化指示

黄土是陆地上广泛分布的第四纪地层。中国的黄土分布广,厚度可达 410 m,底界年龄约 2.5 MaBP。黄土是冰期沉积物,自第四纪初就开始发育,而在间冰期里,气候湿润,发育了棕壤,形成黄土和棕壤交替沉积剖面,记录了冰期—间冰期的气候循环,是研究大陆第四纪环境变化理想的记录介质。已有的研究认为黄土的记录可以和深海沉积物记录对比,对陕西洛川剖面的研究表明,900 kaBP 的黄土层序与海洋^{18}O阶段 1～23 有较好的对应关系(丁仲礼等,1989;丁仲礼和刘东生 1991)。

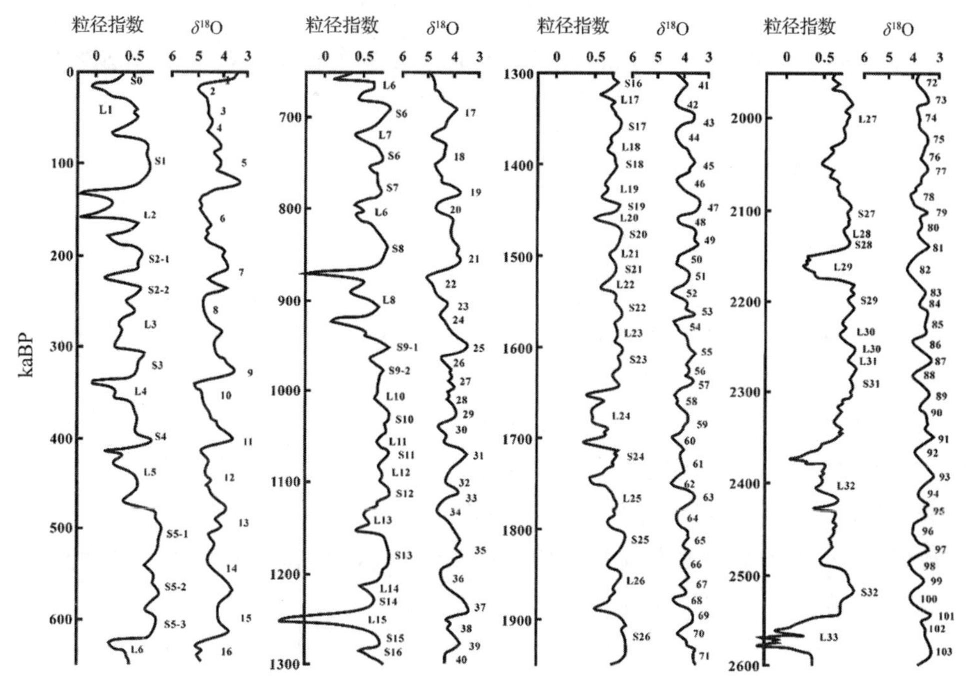

图 6.4.1　第四纪气候旋回的中国黄土与深海氧同位素指示比较(Ding et al.,2002)

每个图左边一列是中国黄土粒径指数曲线(Chiloparts, Chinese loess partical timescale),右边一列是深海洋氧同位素曲线

中国科学家对黄土记录的气候变化进行了广泛深入的研究。通过黄土地层和磁性地层的对比,证明中国黄土在第四纪的气候旋回上是连续的,共有37层古土壤,与此相对应的是37层黄土。每一层黄土—古土壤代表一个冰期—间冰期旋回,这样,2.5 MaBP以来中国黄土—古土壤序列共记录了37个冰期—间冰期旋回。其中,2.5—1.5 MaBP共有10个黄土—古土壤组合(S23－L33),气候旋回以100 ka为主周期;1.5—0.8 MaBP之间共有15个黄土—古土壤组合(S9－L23),气候旋回以41 ka为主周期;800 kaBP至今共有12个黄土—古土壤组合(S0－L9),气候旋回又以100 ka为主周期。

(四)第四纪气候变化的周期性

第四纪冰盖的增长和退缩的主要周期是21 ka、41 ka和100 ka。这些周期与天文驱动因子符合得很好,这种驱动作用在不同纬度是不同的。例如,41 ka周期在高纬度地区影响最明显,是冰川区域变化的主要驱动力;相比之下,21 ka周期在中纬度到低纬度地区影响更普遍;而100 ka周期是北大西洋变化的主要驱动力。同时，这些周期对不同时期气候变化的影响并不一样，41 ka 的周期在时间跨度为 2.5—0.7 MaBP 的整个松山期均具有明显影响，而 100 ka 周期仅在布容期(约 0.73 MaBP 以来)具主导地位。

三、全新世间冰期

全新世包括新石器时期和有历史记录(约 11 kaBP 至现在)以来一段时期。有人认为是一次新的间冰期，又称冰后期，对应于深海氧同位素第一阶段。由于有考古发现和历史文献记录可资利用，沉积物岩芯记录也较易获取，因此有大量研究报道。

末次冰盛期(约 21 ka)过后，冰期开始结束过程(termination，TI)，经过冰消期(deglaciation)，气温逐渐升高，冰盖迅速崩溃，海平面上升，到全新世伊始全球气温、降水分布已大概处于现在的轮廓水平。总体看冷暖和干湿变化没有冰期—间冰期旋回那么剧烈，但有冷期(或小冰期)和暖期变化。冷期气温可能比现在低 2～3 ℃，暖期气温可能比现在高 2～3 ℃。有人将全新世分为 3 个阶段，9.5 kaBP 之前为升温期(microthermal，anothermal)；9.5—2.5 aBP为暖期(megathermal，altithermal)，有文献称为大暖期或气候适宜期；之后称小冰期(katathermal，medithermal)或降温期。也有人将全新世分为5 个时期(刘嘉麒等，2001；Antevs，1953；刘金陵，1989)。实际上全新世的气温和降水变化要复杂得多，变化幅度不够大，持续时间不够长，不同地区暖期或冷期出现与结束时间不同，所以又有不同研究者按地域命名分期，经常难以勾画出全球一致的冷暖与干湿变化趋势。

研究发现，在温暖期中，存在短期冷事件，影响最大的突然降温事件开始于 8400 aBP，大约 8000 aBP 结束，持续约 400 a。其强度相当于新仙女木期(Younger Dryas)事件的一半，并以一个快速的较现在温暖和潮湿的气候事件结束(Alley et al.，1997)。格陵兰冰芯的研究表明，该事件是冷干事件，气温下降可达 6 ℃，降雪下降 20%。该事件具有全球性，但不同地区降温和降水变化幅度不同。

北美洞穴方解石氧碳同位素记录显示，气候在 5900 aBP 快速上升了 2 ℃，在 5000 aBP 下降了 1 ℃，又在 3600 aBP 前后下降了 3 ℃(Dorale et al.，1992)。在 5300—5050 aBP 前后，欧洲阿尔卑斯地区出现了一个持续 300 a 的冷事件(Baroni and Orombelli，1996)。王开发通过对孢粉植物群、氧同位素、冰川进退、海面变化和副热带干湿变化比较，发现在 5000—4000 aBP 间，全球气候曾发生一次短暂变冷降温事件。在中国降温开始时间北方早于南方，北方一般开始于 5500 aBP，而南方约在 4500 aBP 开始（王开发，1990）。

全新世中期，4000 aBP 前后，北美、北非、地中海、中亚及东亚，15°～45°N，出现持续约 200 a 的干旱期，降水比平时减少 20%～30%。包括东非大裂谷湖水水位下降，尼罗河流量减小。Booth 等（2005）报道了北美中部干旱地质记录，包括阿米巴虫指示的密歇根湖水深，明尼苏达湖沉积物密度和纹层厚度，怀俄明、内布拉斯加和伊利诺依沙丘，加拿大艾伯塔尼碳累积速率，均指示北美中部 4.3—4.1 kaBP 干旱发生。

为了顺序记录，有时称以上 3 个时期的冷事件为 8 ka、5 ka、4 ka 事件，王绍武（2011a，b）称其为 8.2 ka、5.5 ka 和 4.2 ka 事件。

更近时期气候变化在本章第五节有更多的论述。

四、绿色撒哈拉

撒哈拉沙漠位于非洲北部，阿特拉斯山脉和地中海以南（约 35°N 线），约 14°N 线以北，西起大西洋海岸，东到红海之滨，横贯非洲大陆北部，东西长约 5290 km，南北宽约 1700 km，总面积约 9.065×10^{6} km^{2}，约占非洲总面积的 32%。现在的撒哈拉地区，年平均日气温的变幅约 20 ℃；冬季凉爽，平均气温为 13 ℃；夏季极热，利比亚的阿济济耶（Al-Aziziyah）最高气温曾达到创纪录的 58 ℃。大部分地区年降雨量不超过 50 mm，潜在蒸发量在 2000 mm 以上，高者达 4500～6000 mm。夏季，撒哈拉沙漠地区长时期、大范围的晴空万里、骄阳似火，使得沙漠处于异常高温之下，造就了超大规模的高温上升气流，使阵雨在半空中完全蒸发掉，形成所谓“旱雨”，是地球上最不适合生物生存的地方之一。

研究认为，全新世开始，或往前到 15 kaBP，直到 5.5 kaBP，撒哈拉并非现在这样的气候。整体上温暖湿润，遍地湖泊，植被多样化，很多萨凡纳景观，人们称其为绿色撒哈拉。deMenocal 等（2000a，b）对毛里塔尼亚大西洋近海 ODP658C 岩芯的研究发现（图 6.4.2）5.5 kaBP 以来，沉积物中陆源物质含量接近 60%，而在 15—5.5 kaBP 为 40%～50%，说明该时期北非属湿润气候。古湖泊和古植被的研究也支持以上结论。

五、末次冰期

末次冰期对应于氧同位素 2—4 段，74—10 kaBP。在欧洲末次冰期通常

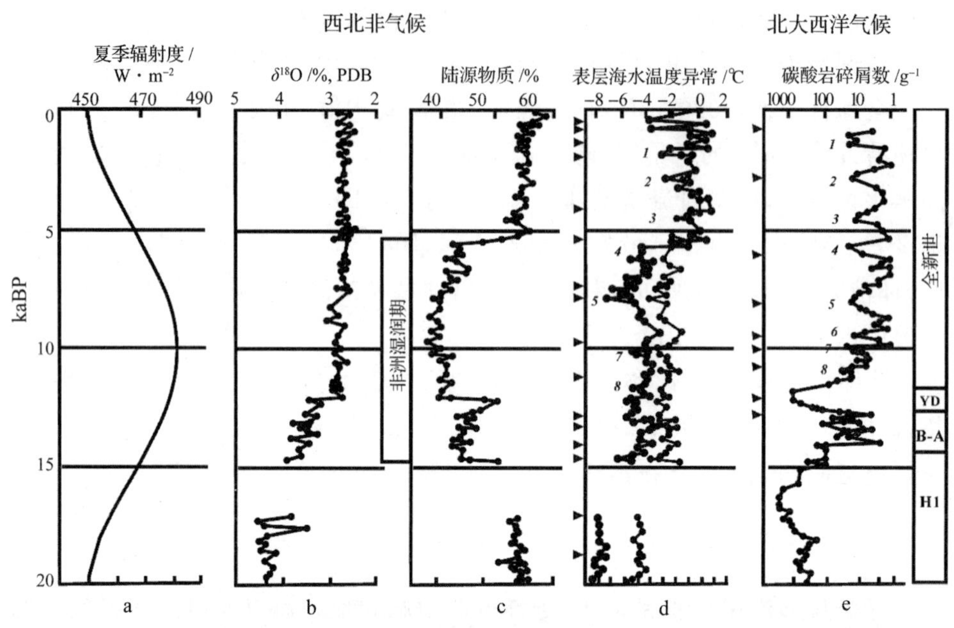

图 6.4.2 冰后期和全新世撒哈拉地区的气候变化记录(deMenocal et al., 2000a,b)

被划分为 2 个亚期:早期对应于 MIS5a－5d 段,117—74 kaBP;晚期对应于 MIS2－4 段,74—10 kaBP。也有人将末次冰期划分为 3 个亚期:早期对应于 MIS5a－5d 段,117—74 kaBP;中期对应于 MIS3－4 段,74—24 kaBP;晚期对应于 MIS2 段,24—10 kaBP。

末次冰盛期在北半球主要有 3 个大陆冰盖。斯堪的那维亚冰盖曾向低纬伸展到 51°N 左右;北美冰盖曾向低纬伸展到 38°N 左右;西伯利亚冰盖分布于北极圈附近 60°～70°N 之间,有时可能伸展到 50°N 的贝加尔湖附近。估计冰盛期陆地有 24%的面积为冰所覆盖,还有 20%的面积为永久冻土。在这次大冰期中,气候变动很大,冰川有多次进退。

末次冰盛期(last glacial maximum,LGM)从严格意义上讲是指最近一次冰盖体积最大的时期,并不一定是最近一次温度最低的时期。例如,在北大西洋及其周边地区,温度最低发生在冰川大规模倾泻入海的时候,即 Heinrich 事件。事实上,LGM 发生在 HE1 和 HE2 之间,日历年龄为 21—18 kaBP。聂高众等(1996)根据黄土粒度曲线认为 LGM 在 20—18 kaBP。然而,许多人认为末次冰盛期应是最近一次温度最低的时期,出现在 14.3 kaBP。

末次冰期向全新世过渡期又称晚冰期或后冰期。随着末次间冰期的结束,在持续近 100 ka 的末次冰期内发生了一系列全球性或区域性的气候突变事件和短期的冷暖交替过程，包括 Dansgaard-Oeschger 事件、Heinrich 事件、老仙女木期（Oldest Dryas）、Bølling 暖期、中仙女木期（Older Dryas）、Allerød 暖期和新仙女木期（Younger Dryas）。在这些波动中最为强烈的是 Heinrich、Dansgaard-Oeschger 及 Younger Dryas 事件。这些事件保存在格陵兰冰芯、北大西洋的深海沉积物岩芯和欧洲、北美的沉积物的孢粉记录里，说明它们在北大西洋区域表现尤为强烈。

六、末次间冰期

末次间冰期称为上一次间冰期可能更合适。关于末次间冰期的定义有两种意见，一种是相当于深海氧同位素曲线 5 期，跨越时段为 130—74 kaBP；另一种是只相当于深海氧同位素曲线 5e 期，其时段为 127 ka—116 kaBP。不过在纬度较高地区，只有 5e 段表现出明显的气候变暖，所以末次间冰期在欧洲指埃姆间冰期（Eemian），在北美为桑加蒙间冰期（Sangamon），而将 5e－5d 划为早维塞尔冰期（Weichsel），即末次冰期早期。

聂高众等（1996）根据渭南黄土剖面古土壤的发育状况及年龄测定结果，认为末次间冰期是近 150 ka 来全球最暖的时期，整体的气候状况与全新世间冰期相似，表现为海洋表层水温相近，海面稍高。由于两次暖期具有相似性，可以通过类比末次间冰期来预测当前间冰期的持续时间，研究在以后可能发生的气候突变，因此对这一时期气候状况的研究一直是古气候研究的热点。

末次间冰期气候存在很大的不稳定性。欧洲孢粉记录显示在 Eemian 开始时温度上升很快，在 126—125 kaBP 达到最高值，在 125—124 kaBP 下降了 4 ℃，随后的 4 ka 缓慢变冷，自 120—118 kaBP 温度快速下降约 7 ℃，恢复到 Eemian开始前的温度。海侵在 124 kaBP 达到最大值，比温度最高值滞后 2 ka。根据 GRIP 和 GISP2 冰芯记录，Eemian 的时段为 133—114 kaBP，持续约 20 ka。它明显的有 3 个暖阶，5el、5e3、5e5；2 个冷阶，5e2、5e4，分别持续 2 ka 和 6 ka。据氧同位素推算，Eemian 的暖阶至少比气候适宜期要高 2 ℃，冷阶比全新世低 5 ℃。

七、丹斯—奥什事件

对格陵兰冰芯的研究发现，末次冰期内存在多次持续几百年至几千年级的、快速的、大幅度的冷暖变化事件，即丹斯加德—奥什格尔（Dansgaad-Oeschger，D-O）事件或旋回，我们将其简称为丹斯—奥什事件。在丹斯—奥什旋回中，每一个暖期之后紧接着是一个冷期。在115—14 kaBP共出现了24个旋回（图6.4.3），变幅达15 ℃的相对温暖期，在短短的几十年内就可完成，持续100～2000 a，平均持续约1500 a。

早期格陵兰深冰芯记录曾受到怀疑，并认为这很可能是由于冰层扰动引起的。然而，在冰体流动简单、夏季温度低于0 ℃的格陵兰顶部所获得的GRIP和GISP2两个深孔冰芯，其记录均表明以前格陵兰冰芯记录的发现是正确的，即在末次冰期内存在D-O事件。冰芯电导率反映出在相对温暖阶段内，气候也是不稳定的。例如，在Allerod和Bolling温暖期内存在100 a尺度的冷事件。格陵兰中部冰川积累量所指示的降水量变化随着D-O事件的发生，也存在突变。

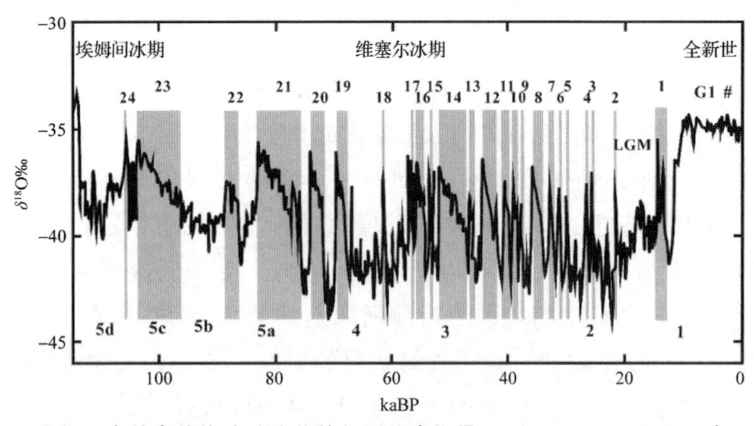

图6.4.3 丹斯—奥什事件格陵兰冰芯的氧同位素记录（Mogensen，2009；王绍武，2011a，b）

研究认为，D-O事件很可能与北大西洋海水盐度变化导致的海洋环流变化有关。最近发现D-O事件也存在于古里雅冰芯记录之中。如果格陵兰冰芯记录到的D-O事件的持续时间超过2 ka，这一事件在南极冰芯记录中也有明显的表现。南极Vostok冰芯中过量氘（D）变化所揭示的其水汽源区洋面温度的变化与格陵兰冰芯记录的末次冰期气候变化存在一致性。D-O事件在不同地区气候记录中的存在，表明其发生应该存在某种共同的原因。

八、Heinrich事件

德国科学家Heinrich等（1988）发现，在北大西洋多个海区沉积物岩芯存在6个不连续的碎屑层，如图6.4.4所示。碎屑层沉积物的年龄在16.8～66 ka之间，其大约时代依次分别为16.8 kaBP、24.1 kaBP、30.1 kaBP、35.9 kaBP、

46 kaBP 和 66 kaBP，与末次冰期时间一致；碎屑持续时间为 208～2280 a，平均为 495 a。Heinrich 的同事用钾氩法对这些碎屑进行了测年，得到这次碎屑的年龄为 20 亿年，Heinrich 提出这些碎屑是源于加拿大劳伦泰德冰盖冰山的冰碛物，是末次冰期北大西洋发生的大规模的冰川漂移事件，称为 Heinrich 事件。

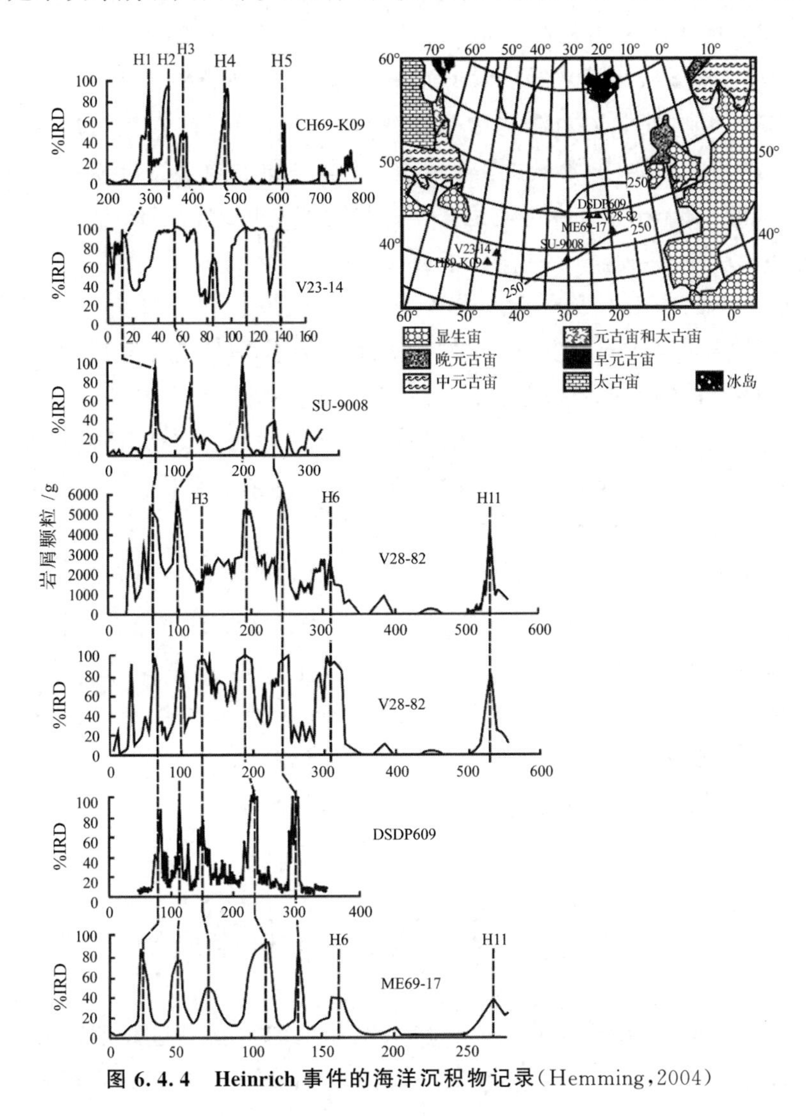

图 6.4.4 Heinrich 事件的海洋沉积物记录（Hemming，2004）

Heinrich 事件在信号上与 D-O 事件恰好相反，发生在 D-O 旋回中的最冷期，表示气候快速变冷。根据格陵兰 GISP2 冰芯记录，几次大的 Heinrich 事件中气温在末次冰期的背景下又下降了 3～6 ℃。每一个 Heinrich 事件代表上一次的旋回的结束，随后的变暖又代表新的旋回的开始，这说明 Heinrich 事件与 D-O 旋回并不是两个孤立的气候演变过程。

Bond 等(1992,1993)的研究发现 Heinrich 事件伴随有海面温度和盐度降低，有孔虫数量急剧减少。发现 Heinrich 事件沉积物岩芯大都分布在 40°～55°N 之间。由于冰山的瓦解和消退引起的冰雪融水的减少会增强大洋温盐环流，从而增加了从热带来的热量的水平对流，导致气候的突变。淡水的注入会阻止温盐环流，使北大西洋地区变得寒冷。这种短时间气候变冷现象在佛罗里达的湖泊沉积物中以及中国的黄土、日本海和中国南海沉积物岩芯中都有记录，说明 Heinrich 事件可能是末次冰期北半球普遍的气候振荡事件。

据沉积层中碳酸盐屑的存在和非碳酸盐屑的地球化学特征可以推断 Heinrich 事件的冰山主要来源于劳伦冰盖；但又发现在 Heinrich 事件中，北半球不同冰帽的岩屑同时沉积，说明劳伦冰盖并不是 Heinrich 沉积层的唯一来源。劳伦冰盖的冰山外泄是由高纬度频繁的不稳定性引发的，冰盖底部的热量积聚，能阶段性地产生冰帽的不平衡，从而导致冰山突然外泄。这说明大陆冰盖与海平面变化有很大关系，当冰盖达到一种不平衡状态时，海平面的变化将对其产生重要影响。

Bond 等的研究发现，大西洋沉积物冰碛层所处时期，与现在北大西洋暖流为主的洋流格局不同。按现在的大洋环流模式，无论是拉布拉多海的冰山，还是格陵兰、冰岛的冰山都不会向南漂向北大西洋东南部。研究认为 Heinrich 事件时期，属冷期，由于陆地冰川外泄，大量淡水注入北大西洋，使挪威海与格陵兰海不能形成下沉的高密度水，大西洋径向环流停滞或反转，因此源于北方冰盖的冰山漂向北大西洋南部，形成冰碛层。

九、仙女木事件

仙女木事件分为老仙女木事件、中仙女木事件和新仙女木事件(许靖华，2016)。

新仙女木事件(Younger Dryas)是末次冰期向全新世过渡期升温过程中的气候快速转冷事件。它以丹麦 Allerød 冰缘沉积物中发现的北极苔原植物仙女木(Dryas octopetala)命名，是迄今在冰芯、陆地和海洋沉积物的古气候记录中研究最为详细的一次快速气候变冷事件。当时在北欧和北美的一些地区，已进入快速消融期，大陆冰盖又发生短期的再扩张，并在其外围留下一道明显的但不连续的冰碛物。

格陵兰冰芯记录表明，这一时期的温度低于现今 15 ℃左右，并伴随 50% 的净积累量减少，以及尘埃、海盐离子含量的增加和 CH_4、N_2O 含量的减少。分辨率为年的格陵兰冰芯记录还表明，新仙女木事件的持续时间大约为 1.3 ka (12.9—11.6 kaBP)，其建立和结束是极为迅速的，仅在 5～20 a 的时间内就完成了。青藏高原古里雅冰芯和欧洲湖泊沉积记录中也有明显的表现。南美热带冰芯研究也表明，新仙女木事件的存在。对于南极内陆冰芯记录的研究，未发现新仙女木事件存在，而发现了在北半球新仙女木事件发生之前存在一个相对较弱的冷期(14.4—12.9 kaBP)，被称为南极气候逆转变冷事件(ACR 事件)，ACR 事件超前北半球新仙女木事件至少 1.8 ka。对于取自南极 Taylor Dome 冰芯的研究发现，在北半球新仙女木事件发生时，该冰芯记录中也表现出一个弱的冷期，这似乎表明新仙女木事件信号从北半球到南半球的衰弱。综合不同地域冰芯中的尘埃记录，可以发现新仙女木事件时期大气中的尘埃含量在北半球增加，而在南半球并未表现出显著增加趋势，大气中尘埃含量的变化与大气环流强度和尘埃源区的干湿变化有关，新仙女木事件时南半球大气尘埃未表现出增加趋势，很可能表明这一时期南半球气候较为湿润。

新仙女木事件在地理分布上有明显的差别，以北大西洋和格陵兰地区表现最为强烈，在北美洲 45°N 以南地区却很弱。不过在全球其他地区的海洋和陆地古气候记录中也能找到相应的印记。新西兰冰川在新仙女木事件时期的前进，一直被认为是南半球新仙女木事件存在的最好证据。然而，最近关于新西兰孢粉的研究结果，显示这一时期气候以湿润为特征而不是以寒冷为特征。新西兰泥炭的花粉记录，在大约 1.36 kaBP 时发生了一次冷事件，并且持续了大约 1000 a。所以认为冷事件有可能先在南半球发生，然后传播到北半球。

对于新仙女木事件的形成机制，不同学者站在不同角度有不同的解释。一些人认为该事件是由瓦解的北极冰架产生的板状冰块汇集引起的，深海岩芯的证据支持这个假设；另一些人则认为新仙女木事件的发生与结束和北大西洋环流模式的变化有关，可能是由密西西比河与圣劳伦斯河冰川冰雪融水的汇流而引发的。

中国东部近海新仙女木时期的几次强烈降温是西伯利亚—蒙古冷高压向南侵袭的干冷气流所造成的。那时，西伯利亚—蒙古冷高压的加强，与高纬度大陆冰盖的消融吸热有关。

目前对新仙女木事件比较流行的解释是北大西洋表层水盐度的降低，引起温盐环流的减弱或中断，从而影响海洋向北半球的热量输送，甚至可能控制

大气 CO_2 浓度。

第五节　历史时期的气候变化

历史时期，指从 5000 aBP(公元前 3000 年)到 19 世纪末。人们可以从历史文献中发现环境变化的记录，或利用考古发现推演过去的气候和环境变化。当然，地质记录也是历史时期环境变化信息的重要来源，包括冰芯、树轮、海洋沉积物、湖泊沉积物和洞穴沉积物，都有用来研究历史时期环境变化的报道。对 3 kaBP 以前的全新世暖期，很少文献记录，所以基于文献记录的事件性气候变化主要着眼于 3 kaBP 以来一段时期，包括黑暗时代、中世纪暖期和小冰期。与地质时期相比，由于时间尺度短，变化幅度小，全球尺度上的意义不突出，因此历史时期的气候变化经常带有地域特征。

为了将两种年代表示相对应，本节同时用公元纪年和距今年代纪年(从公元 2000 年算起)，如公元 960 年为 1040 aBP。

对历史时期的气候变化，竺可桢(1973)的《中国近五千年来气候变化的初步研究》具有里程碑的意义，该文建立了中国气候变化的总体框架，本节很多次引用该文的结果。

一、历史时期的气候变化趋势

Wanner 等(2008)总结了 6 kaBP 以来全球 12 个站位气温变化和 4 个站位的降水量变化。全球范围，6 kaBP 以来，总体上，气温呈下降趋势，降水量呈减少趋势(图 6.5.1)。

高山雪线的升降与当地气候有密切关系，某一时期气候温暖，则雪线上升；气候寒冷，则雪线下降。挪威的冰川学家曾做出冰后期的 10 kaBP 以来挪威的雪线升降图(竺可桢，1973)(图 6.5.2)。曲线变化表明气候波动，可以看出，10 kaBP 以来雪线有明显的升降，7—3 kaBP 为暖期，与全新世暖期时间一致，推测当时气温比现在高 3～4 ℃；1 kaBP 以来为冷气候，其中 1550—1850 年为冰后期以来最寒冷的阶段，称小冰期，当时气温比现在低 1～2 ℃。3—1 kaBP 一段时间气温与现在相当。

竺可桢根据历史典籍总结了 5 kaBP 以来中国的气候变化，大体上与同时期挪威雪线的变化相似。总体看，5—1 kaBP 长期为暖期，但其中在3 kaBP，

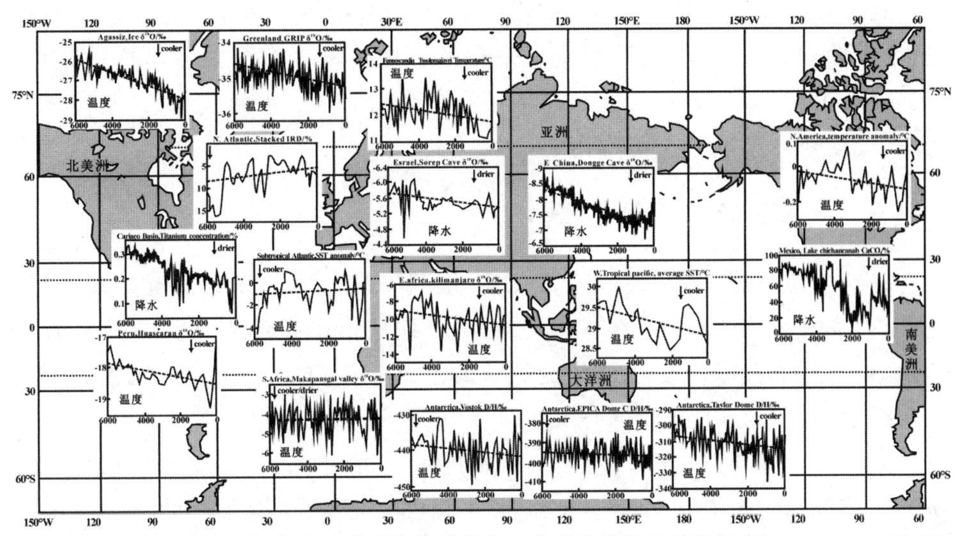

图 6.5.1 6 kaBP 以来全球 12 个站位气温变化和 4 个站位的降水量变化(Wanner et al.,2008)

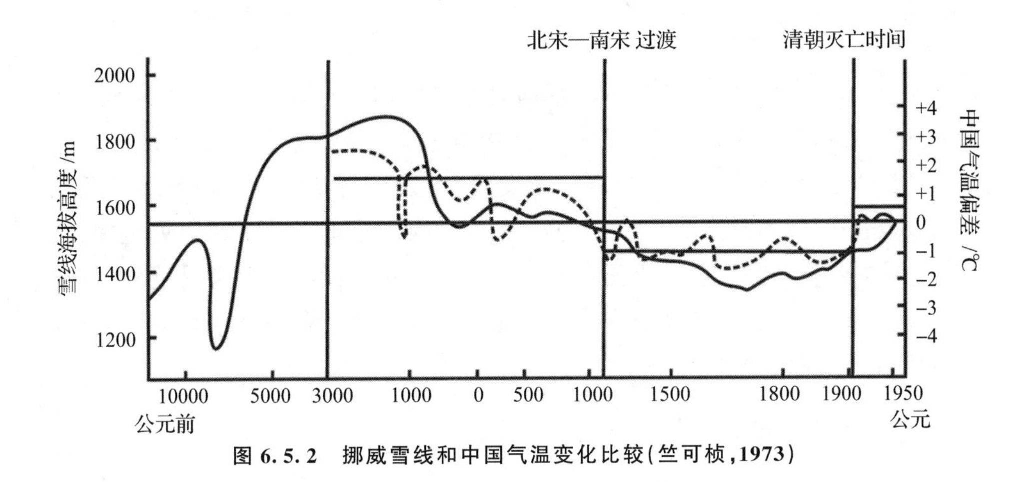

图 6.5.2 挪威雪线和中国气温变化比较(竺可桢,1973)

2 kaBP和 1 kaBP 左右出现冷事件。从 1 kaBP 到 100 aBP(公元 1000—1900 年)整体上为冷期,但中间有暖事件。

二、气候适宜期与西周冷事件

在 5—3 kaBP 的两千年中,即从仰韶文化到殷墟时期,大部分时间的年平均温度比现在高 2 ℃左右,1 月份气温比现在高 3～5 ℃,年降水比现在多200 mm,是中国 5000 年来最温暖的时期。黄河流域有竹子、象和水牛,是气候适宜期。

约3 kaBP(公元前1000年)的周朝初期,气候有一系列的冷暖变动。特征是:温暖期愈来愈短,温暖的程度愈来愈低。从生物分布可以看出这一趋势。例如,《竹书纪年》记载公元前903年和公元前897年汉水两次结冰,紧接着又大旱,气候寒冷干燥。这可称为3 ka冷事件。

三、周汉暖期与魏晋冷事件

3 ka冷事件过后,气候温暖,《春秋》记载山东(鲁国)冬天没有冰,《史记》记载竹、梅等亚热带植物分布偏北。温暖时期象群栖息北限移到淮河流域及其以南,公元前659—627年淮河流域有象栖息。直到公元纪年开始(2 kaBP),仍属暖期。

到公元225年(三国时期)淮河结冰;公元366年前后(晋朝),从昌黎到营口的冬季渤海海面连续3年全部结冰,春季物候比现在晚15～23 d。这可称为2 ka冷事件。

四、黑暗时代

公元475年(1500 aBP),罗马帝国灭亡之后,到10世纪(1000 aBP),欧洲及地中海沿岸国家更迭频繁,战争不断,文化衰落,人民生活在艰难困苦之中,历史学家称之为黑暗时代。气候学家发现,在这一时期,欧洲属冷期,尽管时间与历史分期并不完全一致。研究认为约500 a时间气候有较大的波动,可能有2～3次的冷暖交替。有证据显示,欧洲之外,格陵兰、北美为冷期,热带非洲、阿拉伯海、南亚、东南亚和东亚为干旱气候。西方的这段黑暗时期,在中国则大部分时间在隋唐盛世。

五、北宋冷事件

宋朝公元960年(1040 aBP)建立。文献显示,北宋向南宋过渡时期(约1 kaBP,公元1000年左右),中国的气候逐渐变冷。公元650年、669年和678年的冬季,西安(长安)无冰雪。关中能生长梅、桔,8世纪梅树生长于皇宫,9世纪初西安还有梅。公元1000—1200年间,华北无野生梅,公元1111年太湖冬季全部结冰,公元1131—1260年杭州每10年降雪最迟日期是4月9日,比之前晚1个月左右。公元1153—1155年苏州附近的南运河经常结冰。公元1110年和1178年,福建荔枝两次冻死。我们称其为千年(1 ka)冷事件。

六、中世纪暖期

中世纪暖期(medieval warm period,MWP)因在发生时间上与历史上的中世纪(Middle ages;公元 476—1453 年)大体一致,所以得名,也曾称为小气候适宜期(little climate optimum)和中世纪气候异常(medieval climate anomaly)。

中世纪暖期发生的大致范围在公元 800—1300 年之间,报道的最小持续时间为公元 950—1200 年,即中国的唐朝后期、五代时期和北宋一段时期。在这段时期的前半段,中国属于暖期;后半段属于冷期(表 6.5.1 和图 6.5.2)。

七、末次小冰期

小冰期一词是 Matthes 在 1939 年用来描述全新世高温期,即泛指气候适宜期之后,大约从 2000 aBP 开始的冷期。后来愈来愈多的学者把广义的冷期称为新冰期,而小冰期则专指近数百年中出现的冷期。冰后期曾有多次大范围的寒冷期,一些文献称为小冰期,离现在最近的一次寒冷期称为上一次或最后一次小冰期,我们称为末次小冰期,或末次冷期。很多文献的小冰期指末次小冰期。对于小冰期的开始时间,不同学者意见不尽相同,有的认为从 16 世纪开始,也有的认为从 13 世纪开始;结束时间都比较认可在 19 世纪末(表 6.5.1)。

表 6.5.1　末次小冰期寒冷阶段年代(刘嘉麒等,2001)

地　区	方　法	公　元　年			研究者
		第 1 冷期	第 2 冷期	第 3 冷期	
中国	历史资料	1470—1520	1620—1720	1840—1890	竺可桢,1973
中国	树木年轮	1257—1344, 1422—1529	1591—1744	1775—1833	康兴成等,1997
中国/最冷期	综合		1620—1690	1820—1890	张德二,1991
中国	综合	1300—1390, 1450—1510	1560—1690	1790—1890	王绍武,1995
敦德冰芯	冰芯氧同位素	1451—1500	1601—1690	1791—1880	姚檀栋等,1990
中国北回归线以南	历史资料	1375—1425, 1485—1555	1715—1725, 1755—1765	1835—1895	储国强,1999
瑞士	冰进	1350 前后	1650 前后	1850 前后	Clapperton,1990

续表

地　区	方　法	公　元　年			研究者
		第1冷期	第2冷期	第3冷期	
南极地区	冰进	1200—1450	1720—1780	1825—1880	Birkenmajer, 1981
南极半岛/最冷期	冰芯氧同位素		1760—1780	19世纪中期，20世纪40年代	Peel and Mulvaney, 1996
秘鲁热带地区	冰芯氧同位素		17、18世纪		Thompson et al., 1986
北大西洋马尾藻海	同位素	约1400—1800	约1400—1800		Keigwin, 1996
北极德文岛/最冷期	冰芯氧同位素	1430，1520	1680—1730，1760		Bradley, 1990
格陵兰GISP2/最冷期	冰芯氧同位素	1350	1650，1750	1920	Meese et al., 1994

很多研究者将末次小冰期分为3个阶段(表6.5.1)，可能与地域有关，不同研究者给出的3个阶段并不相同，相差可达数百年，最早的可以与北宋冷事件相接。

在小冰期内，1645—1715年，太阳黑子数极少，称为蒙德极小期。人们试图将蒙德极小期和小冰期联系起来。

许靖华认为，5000年以来曾出现过5次小冰期(许靖华，1998)，每次小冰期的出现时间为600年左右，中间存在约600年的小间冰期，所以形成约1200年的周期。

八、中国历史时期气候波动与世界其他地区比较

竺可桢认为，历史时期的气候的波动是全球性的，虽然最冷年和最暖年可以在不同的年代，但彼此是先后呼应的。将欧洲历史上的气候变迁，与中国同期气温变化曲线做一对照可以发现，两地温度起伏是有联系的，欧洲的波动往往落在中国之后，如12世纪是中国近代历史上最寒冷的一个时期，但是在欧洲，12世纪是一个温暖时期，到13世纪才寒冷下来。再如17世纪的寒冷，中国也比欧洲早了50年。欧洲和中国两个地区，冬天都受西伯利亚高气压的控制，如西伯利亚的高气压向东扩展，中国北部西北风强，则中国严寒而

欧洲温暖。相反，如西伯利亚高气压倾向欧洲，欧洲东北风强，则北欧受灾而中国温和。当西伯利亚高压足以控制全部欧亚时，两方就要同时出现严寒。

中国五千年来气温升降与挪威的雪线相比大体是一致的，但有先后参差之别。图 6.5.2 中温度 0 线是现今的温度水平，在殷、周、汉、唐时代，温度高于现代，唐代以后，温度低于现代，挪威雪线也有这种趋势。

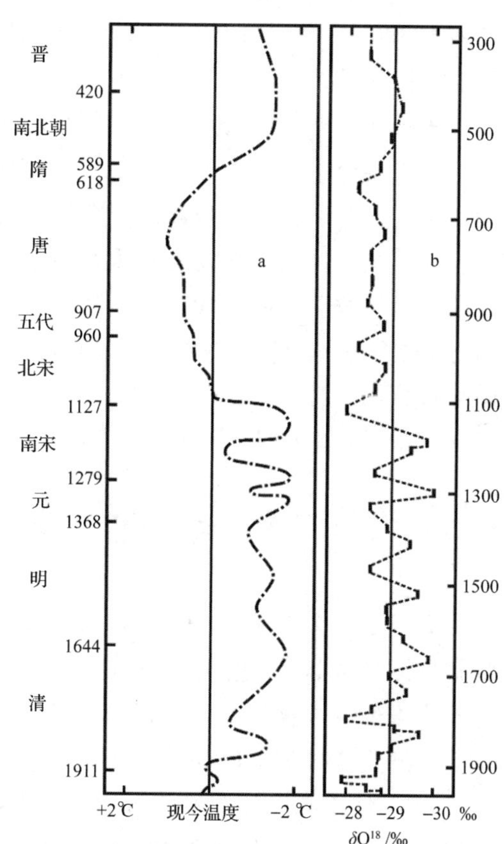

图 6.5.3　1700 年来世界气温变化（竺柯桢，1973）

a.中国历史气温变化；b.格陵兰冰芯 $\delta^{18}O$ 分布。

Dansgaard 等(1969)在格陵兰 Camp Century 采集的冰芯中，测定氧同位素，研究结冰时的气温，结果给出，气温高时，降雪中具有高 $\delta^{18}O$，气温增加 1 ℃，$\delta^{18}O$ 增加 0.69‰。将 Dansgaard 等的 1700 aBP 来格陵兰气温升降图与同时间中国气温图做一比较，如图 6.5.3 所示。从 3 世纪到现在，中国气温波动曲线与同时期格陵兰冰芯氧同位素曲线变化趋势一致。从三国到南北朝(约 1800—约 1400 aBP)时期的低温，唐代的高温到南宋清初的两次骤寒，两地都是一致的。12 世纪初期(约 800 aBP)格陵兰尚高温，中国南宋严寒时期已开始，但相差也不过三四十年，格陵兰气温就迅速下降至平均以下。若与欧洲相比，则欧洲在十二三世纪天气非常温暖，与中国和格陵兰均不相同。若追溯到三千年以前，中国《竹书纪年》中所记载的寒冷，在欧洲没有发现，到战国时期，欧洲才冷了下来。但在文献(Johnsen et al.，1972)报道 3000 aBP 前格陵兰曾经历一次两三百年的寒冷时期，《竹书纪年》的记录则在 2500—2000 aBP，即在我国战国秦汉间，说明格陵兰古代气候变迁与中国是一致的。格陵兰与中国相距约 25000 km，而古代气温变化趋势一致，足以说明这种变动是全球性的。由于格陵兰和我国纬度高低不同，但都处在大陆的东缘，虽面临海洋，但仍然是大陆性气候。

加拿大地质调查所对安大略省(50°N，90°W)古代土壤孢粉研究结果，也揭示出 3000—2500 aBP 有一次寒冷时期，但之后又转暖的情况，与中国和格陵兰相似。

我国涂长望(竺可桢，1973)曾研究“中国气温与同时世界涛动之相关系数”，得出结论中国冬季十二月至二月温度与北大西洋涛动是正相关的，即中国冬季气温与北美洲大西洋海岸冬季气温有类似的变化。

地球上气候大的变动是受太阳辐射控制的，所以冰期的寒冷是全世界一致的。但气候上小的变动，如年平均气温 1～2 ℃的变动，则受大气环流控制，大陆气候与海洋气候作用不同，如欧洲大陆的气候与中国和格陵兰的气候变化就不一致。

第六节　近代气候变化

近代 200 多年来，有了仪器记录，有了实测数据，人们可以用实测的气象资料分析气候变化。据说，中国最早的气象观察在福建厦门，为 1698—1699 年，但至今未发现数据资料。真正的气象观察从 19 世纪后期开始，所以实际上真正有仪器观察数据的时间也就 100 年左右，而且开始观察站较少，之后不断增加。1957 年在南极开始气象观察，数据覆盖面有了很大改善，开始了全球性的气象观察。1980 年开始卫星气象观察后，全球数据覆盖面有了很大提高。与历史时期相比，近代(100 多年)时间更短，变化幅度更小，所以数据系列有更明显的地域特色。那些从全球尺度研究气候变化的人会很失望，很多情况下找不到全球一致的变化趋势。

政府间气候变化专门组织(Intergovernmental Panel on Climate Change，IPCC)，由世界气象组织和联合国环境规划署共同创建，旨在提供一个关于科学认识气候变化的权威性国际声明。IPCC 定期发表关于气候变化的起因、影响及可能的对策的评估报告，受到学术界、政府和公众的重视。本节大量引用该组织出版的报告 IPCC2007 的内容，下文中各图题均有标注，文中不再标注。

本节将用公元年叙述。

一、气候变化影响因素

学界认为目前全球气候在变暖，且将原因归于人类活动使大气 CO_2 等温室气体浓度的升高。例如，森林砍伐使植物吸收 CO_2 的量减少，使用化石燃料使大气 CO_2 浓度增加等。

太阳光（短波辐射）能穿过大气到达地面使地面升温，地面发射的长波辐射易被 CO_2 等温室气体吸收，这是地球大气保温的主要机制，也是人们认为人类活动使 CO_2 浓度升高造成气候变暖的主要原因。

气候变暖除气温升高外，还改变降水量和分布、海平面上升、海冰减少、积雪和冻土融化、植被改变、农作物受到影响等。

二、100 年来的气温变化

各个学者所获得的观测资料和处理计算方法不尽相同，所得出的结论也不完全一致，但总的趋势是大同小异的，不同地区的气温变化也大同小异。图 6.6.1 所示是 IPCC 报告的 1850 年以来全球气温变化，图中直线是利用不同时间段的气温距平数据做出的变化趋势。

从图 6.6.1 可看出，不同时段的数据得到的气温变化趋势都表明，近代全球气温有变暖趋势，而且所用数据时段距今时间越短，直线斜率越大。IPCC（2007）的报告给出，近 100 年来气温上升 0.74±0.18 ℃。20 世纪的两个增温阶段，1910—1940 年升温为 0.35 ℃，1970 年至今增温为 0.55 ℃。

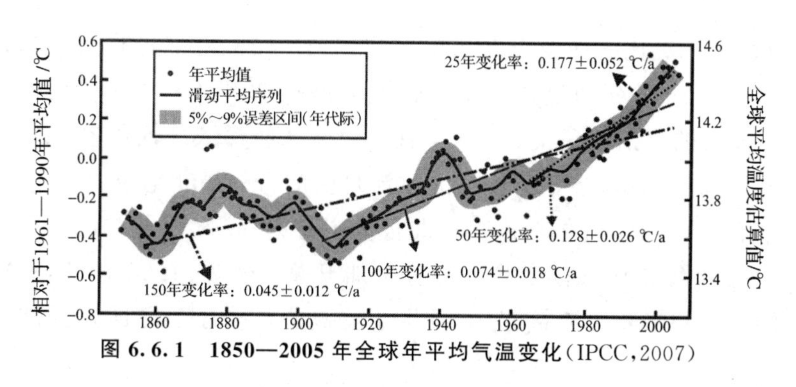

图 6.6.1　1850—2005 年全球年平均气温变化（IPCC，2007）

从 1850 年以来，全球气温呈现出上升趋势，但存在涨落。1860 年起，气温开始上升，到 1880 年左右，达到极大值；之后呈下降趋势，到 1910 年左右，到最低气温；之后又上升，到 1940 年左右，又达到气温极大值；之后，全球气温又下降，到20世纪50年代又开始上升，直到现在。

不同地区的气温变化有所不同，海洋与陆地也不同，如图6.6.2所示。

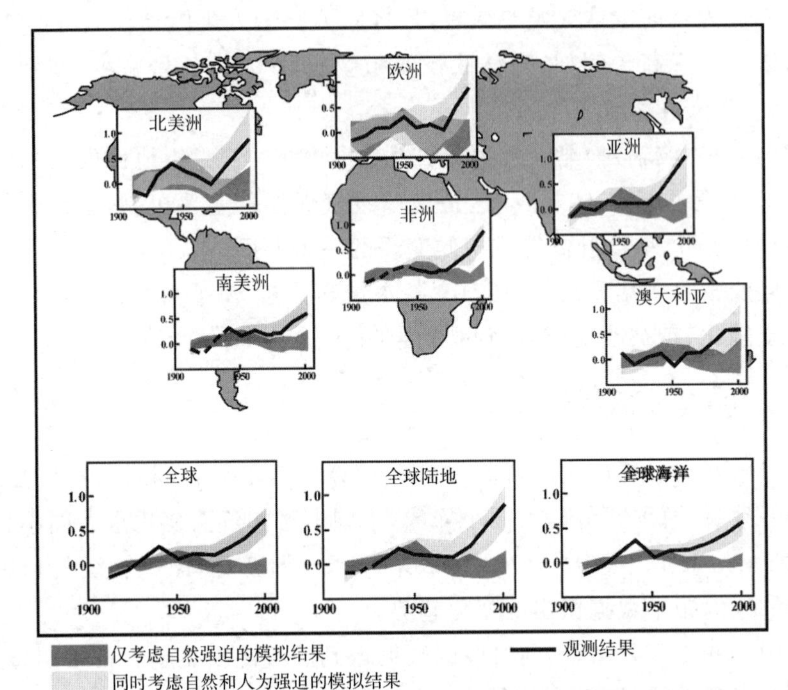

图6.6.2 公元1906—2005年不同地区气温变化观察与模拟结果(IPCC,2007)

深色阴影表示仅太阳活动和火山作用的模拟结果，浅色阴影表示同时有自然和人为作用的模拟结果

20世纪40年代的增温在北极最突出，1919—1928年间的巴伦支海水面温度比1912—1918年时高出8 ℃。巴伦支海在20世纪30年代出现过许多以前根本没有的喜热性鱼类，1938年有一艘破冰船深入新西伯利亚岛以北海域，直到83°05′N，创世界上船舶在北冰洋自由航行的最北纪录。

20世纪60年代，气候变冷。以北极为中心的60°N以北，气温更冷，进入60年代以后高纬地区气候变冷的趋势更加显著。例如，1968年冬，海冰将隔着大洋的冰岛和格陵兰连接起来，发生了北极熊从格陵兰踏冰走到冰岛的罕见现象。

图6.6.3所示是1960年以来不同高度层气温的变化，从图中可以看出：①所有层气温都不是平稳变化的，有波动；②火山使下平流层气温脉冲式升高，其他时间平流层气温波动小于对流层；③平流层气温总体呈下降趋势，下

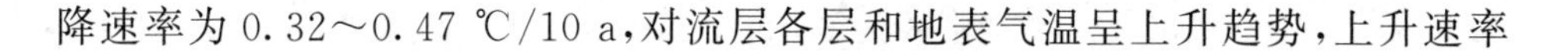

降速率为 0.32～0.47 ℃/10 a，对流层各层和地表气温呈上升趋势，上升速率

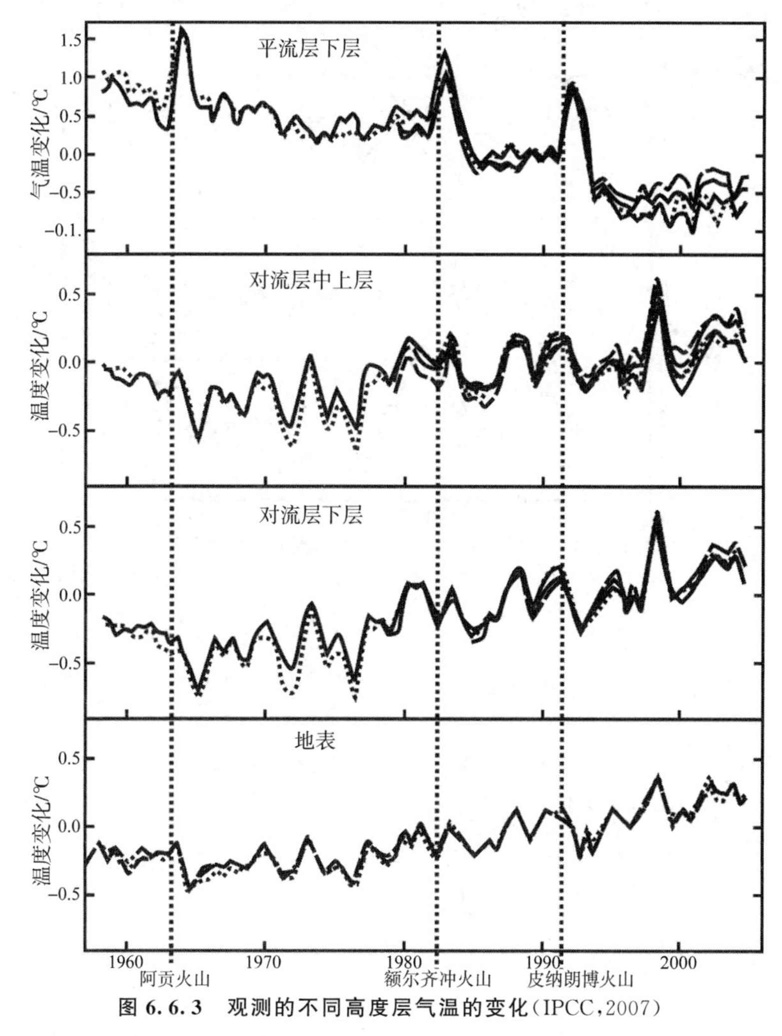

图 6.6.3　观测的不同高度层气温的变化(IPCC，2007)

实线指示相对于 1979 至 1997 年的 7 月滑动平均值月平均距平，虚线指示火山爆发时间

为 0.04～0.20 ℃/10 a。

1870 年以来，中国气温的变化总体趋势与全球气温基本相同(丁一汇，2010)，20 世纪 20 年代开始，气温呈升高趋势，直到 40 年代中开始下降，到 70 年代又开始上升。1906 年到 2005 年，各个序列给出的变暖速率为 0.34～1.20 ℃/100 a，平均为 0.73 ℃/100 a，也与全球气温变化速率接近。

近百年来，中国不同纬度地区气温变化趋势相同，速率不同。图 6.6.4 所示是 1905—2007 年中国不同纬度带的气温变化，低纬度 30°N 以南气温变化为 0.34 ℃/100 a,30°～40°N 地区为 0.75 ℃/100 a,40°N 以北地区为 2.02 ℃/100 a。高纬度变化比低纬度大。

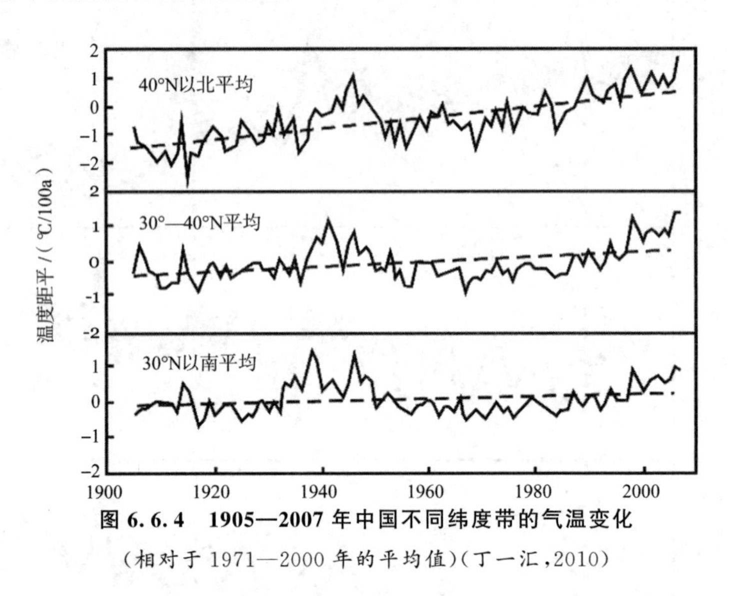

图 6.6.4　1905—2007 年中国不同纬度带的气温变化

(相对于 1971—2000 年的平均值)(丁一汇,2010)

三、降水与冰冻圈的变化

大气中的水汽是主要的温室效应气体,可能贡献温室效应的 60%。水汽凝结并降落到地面形成降水。水汽携热量输运。图 6.6.5 所示是 1988—2004 年的全球海洋大气柱水汽储量距平变化趋势,以平均值作为参考值。可以看出,15 年间大气水汽含量呈增加趋势,增加速率为 1.2%/10 a,厄尔尼诺年大气水汽含量高,如 1991—1992 年、1997—1998 年、2002—2003 年,具有明显的高大气水汽含量。

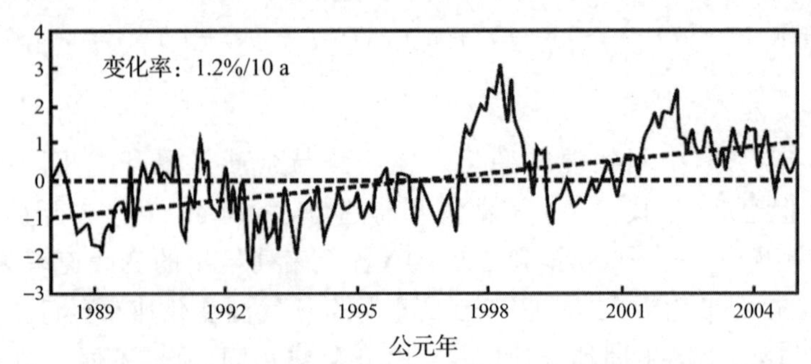

图 6.6.5　1988—2004 年全球海洋大气柱水汽含量变化(IPCC,2007)

估算全球平均降水量变化非常困难，目前可以得到的最长全球平均降水变化资料是美国的全球历史气候网 GHCN 序列(1900—2005)和英国的东英吉利大学气候研究部 CRU 系列(1901—2002)。图 6.6.6 所示是 100 年来全球陆地降水变化，从中可以看出，全球降水变化不像气温那样有明显的趋势，仅 20 世纪 50—80 年代表现为明显的正距平。显然降水与大气水汽不具有明显的相关性。

图 6.6.6 中，棒图是 GHCN 系列的距平，参考值是 1981—2000 年的平均值。各序列变化方向比较一致，1955 年和 1975 年前后为上偏离，但序列间峰值的绝对值相差较大。

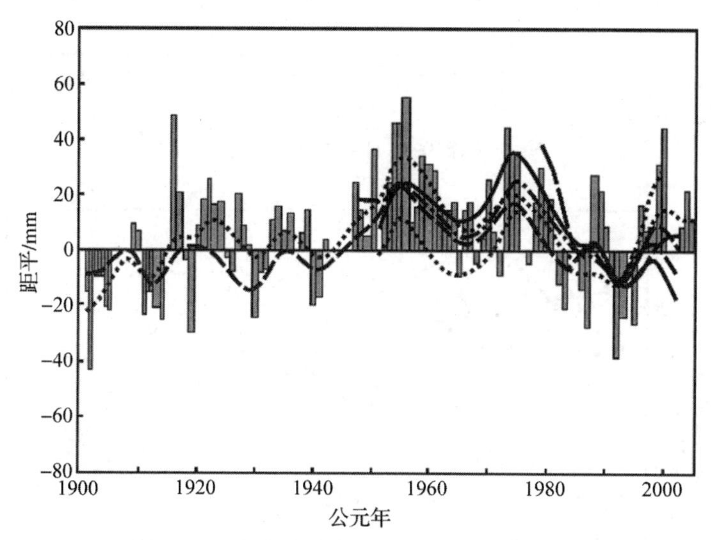

图 6.6.6　1900 年至 2005 年全球陆地年降水量距平的时间序列(IPCC，2007)

(距平变化相对于 1961 至 1990 年的平均值)

研究表明，20 世纪北半球高纬度降水明显增多，30°～85°N 增幅为 7%～12%(Hulme et al.，1998；丁一汇，2010)，且以秋冬季显著；副热带地区降水量明显减少，非洲北部表现尤为明显。不同地区降水变化差异很大。

冰冻圈对气候冷暖变化非常敏感。

陆地冰雪和冻土的变化影响径流。冰冻圈冻结的天然气水合物和有机物随着陆地冰冻圈的状态变化影响温室气体浓度和生态系统的碳循环。

图 6.6.7 所示是 20 世纪以来北半球 3—4 月积雪面积的变化趋势。20 世纪晚期，北半球积雪覆盖面积显著减少。图 6.6.8 所示是北冰洋海冰面积变

化，40年来北冰洋海冰的面积呈逐渐减小的趋势，但研究也表明同期南极邻近海域海冰的面积变化不是这种趋势。

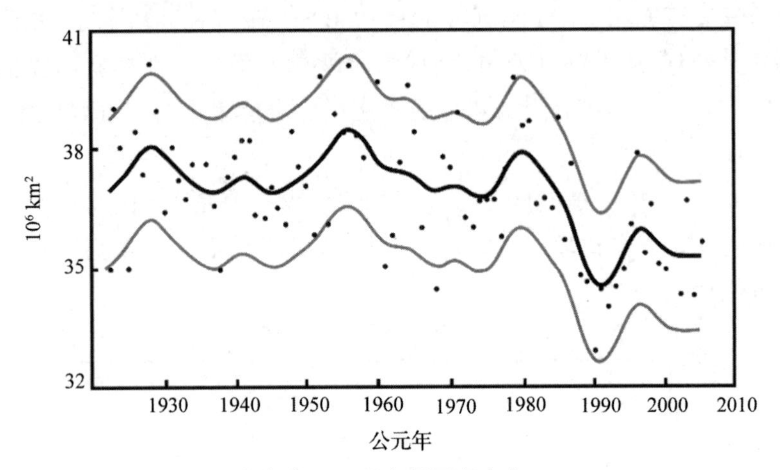

图 6.6.7 北半球 3—4 月积雪面积变化(IPCC，2007)

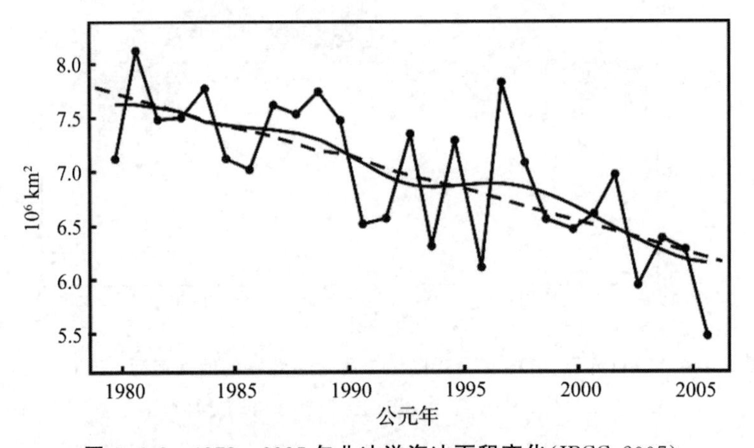

图 6.6.8 1979—2005 年北冰洋海冰面积变化(IPCC，2007)

参考文献

安芷生，刘晓东，2000. 东亚季风气候的历史与变率[J]. 科学通报，45(3)：238-249.

安芷生，吴锡浩，汪品先，等，1991. 最近 130 ka 中国的古季风——Ⅰ.古季风记录[J]. 中国科学 B，21(10)：1076-1081.

安芷生,吴锡浩,汪品先,等,1991. 最近130 ka中国的古季风——Ⅱ.古季风变迁[J]. 中国科学B,21(11):1209-1215.

安芷生,吴锡浩,卢演俦,等,1991. 最近18000年中国古环境变迁[J]. 自然科学进展——国家重点实验室通讯,1(1):153-159.

布赖恩特.E,2004. 气候过程与气候变化[M]. 刘东升,等译.北京:科学出版社:244.

陈旭,阮亦萍,布科 A J,2001. 中国古生代气候演变[M]. 北京:科学出版社:325.

储国强,1999. 广东湖广岩码珥湖600年来古气候、古环境变化[D]. 北京:中国科学院:159.

邓胜徽,卢远征,赵怡,等,2017. 中国侏罗纪古气候分区与演变[J]. 地学前缘[中国地质大学(北京);北京大学],24(1):106-142.

丁晓东,郑立伟,高树基,2014. 新仙女木事件研究进展[J].地球科学进展,29(10):1095-1109.

丁仲礼,刘东生,刘秀铭,等,1989. 250万年以来的37个气候旋回[J]. 科学通报,34(19):1494-1496.

丁仲礼,刘东生,1991. 1.8 Ma以来黄土—深海古气候记录对比[J]. 科学通报,36(18):1401-1402.

丁一汇,2010. 气候变化[M]. 北京:气象出版社:437.

丁一汇,任国玉,2008. 中国气候变化科学概论[M]. 北京:气象出版社:281.

方修琦,候光良. 2011. 中国全新世气温序列的集成重建[J]. 地理科学,31(3):385-393.

方修琦,刘翠华,候光良,2011. 中国全新世暖期降水格局的集成重建[J]. 地理科学,31(11):1387-1295.

费雷克斯 L A,1984. 地质时代的气候[M]. 赵希涛,甄勇毅,李文范,译,北京:海洋出版社:327.

葛全胜,2011. 中国历朝气候变化[M]. 北京:科学出版社:709.

葛全胜,郑景云,郝志新,等,2012. 过去2000年中国气候变化的若干重要特征[J]. 中国科学:地球科学,42(6):934-942.

葛全胜,郑景云,满志敏,等,2004. 过去2000年中国温度变化研究的几个问题[J]. 自然科学进展,14(4):449-455.

郭正堂,2017. 黄土高原见证季风和荒漠的由来[J]. 中国科学·地球科学,47(4):421-437.

郝青振,张人禾,汪品先,等,2016. 全球季风的多尺度演化[J]. 地球科学进展,

31(7):689-699.

康兴成，Graum lihch L J，Shepard P，1997. 青海都兰地区1835年来的气候变化——来自树轮资料[J]. 第四纪研究，(1):70-75.

李东，谭亮成，安芷生，2016. 我国季风区5 kaBP气候事件[J]. 地球环境学报，7(5):468-479.

李吉均. 1999. 青藏高原的地貌演化与亚洲季风[J]. 海洋地质与第四纪地质，19:7-17.

刘东生，郑绵平，郭正堂，1998. 亚洲季风系统的起源和发展及其与两极冰盖和区域构造运动的时代耦合性[J]. 第四纪研究，18:194-204.

刘嘉麒，倪云燕，储国强，2001. 第四纪的主要气候事件[J]. 第四纪研究，21(3):239-248.

刘金陵，1989. 长白山区孤山屯沼泽地13000年以来的植被和气候的变化[J]. 古生物学报，24(4):240-248.

孟宪伟，夏鹏，张俊等，2010. 近1.8 Ma以来东来季风演化与青藏高原隆升的南海沉积物常量元素记录[J]. 科学通报，55(34):3328-3332.

聂高众，刘家麒，郭正堂，1996. 渭南黄上剖面十五万年以来的主要地层界线和气候事件——年代学方面的证据[J]. 第四纪研究，(3):221-231.

秦大河，陈宜瑜，李学勇，等，2005. 中国气候与环境演变(上卷，下卷)[M]. 北京：科学出版社:562,397.

施雅风，汤懋苍，马玉贞，1998. 青藏高原二期隆升与亚洲季风孕育关系探讨[J]. 中国科学·地球科学，28:263-271.

王鸿祯，1997. 地球的节律与大陆动力学思考[J]. 地学前缘，4(3):1-12.

王开发，1990. 全新世温暖期中低温事件的初步研究[J]. 第四纪研究，(2):168-174.

王绍武，1995. 小冰期气候的研究[J]. 第四纪研究，(3):202-212.

王绍武，2011a. 全新世气候变化[M]. 北京：气象出版社:283.

王绍武，2011b. D/O循环与H事件[J]. 气候变化研究进展，7(6):458-460.

王绍武，罗勇，赵宗慈，等，2015.10万年冰期旋回之谜[J].气候变化研究进展，11(4):298-300.

王绍武，闻新宇，黄建斌，2013. 东亚冬季风[J]. 气候变化研究进展，9(2):154-156.

王绍武，闻新宇，罗勇，等，2007. 近千年中国温度序列的建立[J]. 科学通报，52(8):958-964.

王绍武，谢志辉，蔡静宁，等，2002. 近千年全球平均气温变化的研究[J]. 自然科学进展，12(11):1145-1149.

汪品先，2005. 新生代亚洲形变与海陆相互作用[J]. 地球科学，30:1-18.

汪品先，2009. 全球季风的地质演变[J]. 科学通报，54(5):535-556.

汪品先，田军，黄恩清，等，2018. 地球系统与演变[M]. 北京:科学出版社:565.

威廉·伯勒斯，2007. 21 世纪的气候[M]. 秦大河，丁一汇，等译.北京:气象出版社:260.

魏凤英，谢宇，2005. 近百年长江中下游梅雨的年际及年代季振荡[J]. 应用气象学报，16(4):492-299.

吴锡浩，安芷生，1996. 黄土高原——古土壤系列与青藏高原隆升[J]. 中国科学(D 辑)，26:103-110.

吴锡浩，王苏民，安芷生，等，1998. 关于晚新生代 1.2 Ma 周期构成气候旋回[J]. 地质力学学报，4:1-10.

徐钦琦，1980. 地球轨道与气候演变的关系[J]. 科学通报，(4):180-182.

徐钦琦，黄玉珍，1992. 气候变迁的周期表[J]. 海洋地质与第四纪地质，12(2):43-46.

许靖华，2016. 气候创造历史[M]. 2 版. 北京:三联书店:284.

许靖华，1998. 太阳，气候，饥荒与民族大迁移[J]. 中国科学，28(4):367-384.

杨怀仁，1987. 第四纪地质[M]. 北京:高等教育出版社:428.

姚檀栋，谢自楚，武筱聆，等，1990. 敦德冰帽中的小冰期气候记录[J]. 中国科学(B 辑)，11:1197-1201.

叶笃正，1952. 西藏高原对于大气环流影响的季节变化[J]. 气象学报，23:33-47.

张德二，1991. 中国的小冰期气候及其与全球变化的关系[J]. 第四纪研究，(2):104-111.

张兰生，方修琦，任国玉，2000. 全球变化[M]. 北京:高等教育出版社:341.

张林源，1981. 青藏高原上升对我国第四纪环境演变的影响[J]. 兰州大学学报，17:142-155.

张强，李裕，陈丽华，2011. 当代气候变化的主要特点、关键问题及应对策略[J]. 中国沙漠，31(2):492-499.

张月明，杨勋林，黄帆，等，2013. 重庆丰都高分辨率石笋 $\delta^{13}C$ 记录与 AD1250—1750 a 季风气候变化[J]. 西南大学学报(自然科学版)，35(3):117-123.

张菀莹，1991. 气象学与气候学[M]. 北京:北京师范大学出版社:420.

郑度，姚檀栋，2004. 青藏高原隆起与环境效应[M]. 北京:科学出版社:564.

周淑贞，1997. 气象学与气候学[M]. 3版. 北京：高等教育出版社：260.

竺柯贞，1973. 中国近五千年来气候变化的初步研究[J]. 中国科学，16(2)：226-256.

ALLEY R B，MAYEWSKI P A，SOWERS T，et al.，1997. Holocene climatic instability：a prominent，widespread event 8200 yr ago[J]. Geology，25：483-486.

AN Z，KUTZBACH J E，PRELL W L，et al.，2001. Evolution of Asian monsoons and phased uplift of the Himalaya-Tibetan plateau since Late Miocene time[J]. Nature，411：62-66.

ANDERSON D，CONDIE A，PARKER A，2007. Global environments through the Quaternary，exploring environmental change[M]. Oxford：Oxford University：359.

ANTEVS E，1953. Geochronology of the deglacial and neothermal ages[J]. The journal of geology，61(1)：195-230.

BAKER P A，SELTZER G O，FRITZ S C，et al.，2001. The history of South American tropical precipitation for the past 25000 years[J]. Science，291：640-643.

BARONI C，OROMBELLI G，1996. The alpine "Iceman" and Holocene Climatic Change[J]. Quaternary research，46(1)：78-83.

BASSINOT F C，LABEYRIE L D，VINCENT E，et al.，1994. The astronomical theory of climate and the age of the Brunhes-Matuyama magnetic reversal[J]. Earth and planetary science letters，26：91-108.

BERGER A，IMBRIE J，HAYS J，et al.，1984. Milankovitch and climate：understanding the response to astronomical forcing（Part Ⅰ，Ⅱ）[M]. Dordrecht：D. Reidel Publishing Company：895.

BIRKENMAJER K R，1981. Raised marine features and glacial history in the vicinity of Arctowski station，King George island（South Shelands，West Antarctica）[J]. Bulletin de I' academie polonaise des sciences，29：109-117.

BOND G，HEINRICH H，BROECKER W，et al.，1992. Evidence for massive discharges of icebergs into the North Atlantic ocean during the last glacial period[J]. Nature，360：245-249.

BOND G C，BROECKER W S，JOHNSEN S，et al.，1993. Correlation between climate records from North Atlantic sediments and Greenland ice [J]. Nature, 365:143-147.

BOOTH R K, JOCKSON S T, FORMAN S L, et al., 2005. A severe centennial-scale drought in mid-continental North America 4200 years ago and appearent global linkages[J]. The Holocene, 15:321-328.

BOULILA S, GALBRUN B, LASKAR J, et al., 2012. A ~9 myr cycle in Cenozoic δ^{13}C record and long-term orbital eccentricity modulation is there a link? [J]. Earth and planetary science letter, 317-318:273-281.

BRADLEY R S, 1990. Holocene paleoclimatology of the Queen Elizabeth islands, Canadian, Arctic[J]. Quaternary science reviews, 9:365-384.

BROOK E J, BUIZERT C, 2018. Antarctic and global climate history viewed from ice cores[J]. Nature, 558:2000-2008.

BROOKS C P E, 1970. Climate through the ages: a study of the climatic factors and their variations[M]. New York: Dover Publications:395.

BÜNTGEN U, TEGEL W, NICOLUSSI K, et al., 2011. 2500 Years of European climate variability and human susceptibility[J]. Science, 331(6017):578-582.

CAO L J, ZHAO P, YAN Z W, et al., 2013. Instrumental temperature series in eastern and central China back to the nineteenth century[J]. Journal of geophysical research: atmospheres, 118:8197-8027.

CANDIE K C, SLOAN R E, 1998. Origin and evolution of earth:principles of historical geology[M]. Upper Saddle River NJ: Prentice Hall:482.

CHENG H, EDWARDS R L, BROECKER W S, et al., 2009. Ice age terminations[J]. Science, 326(5950):248-252. DOI:10. 1126/science.1177840.

CLAPPERTON C M, 1990. Quaternary glaciations in the Southern Ocean and Antarctic Peninsula area[J]. Quaternary science reviews, 9(2-3):229-252.

CLARK P U, DYKE A S, SHAKUN J D, et al., 2009. The last glacial maximum[J]. Science, 325:710-714.

CLIFT P D, HODGES K V, HESLOP D, et al., 2008. Correlation of Himalayan exhumation rates and Asian monsoon intensity[J]. National geoscience, 1:875-880

CLIFT P D, PLUMB R A, 2008. The Asian monsoon: causes, history and effects[M]. Cambridge: Cambridge University Press:266.

CROWLEY T J, 2000. Causes of climate change over the past 1000 years[J].

Science, 289(5477):270-277.

DANSGAARD W, JOHNSEN S J, MOLLER J, 1969. One thousand centries of climatic record from Camp Century on the Greenland ice sheet[J]. Science, 166:377-381.

DEMENOCAL P B, 1995. Plio-Pleistocene African climate[J]. Science, 270: 53-59.

DEMENOCAL P B, 2011. Climate and human evolution [J]. Science, 331(6017):540-542. DOI:10. 1126/science.1190683.

DEMENOCAL P, ORTIZ J, GUILDERSON T, et al., 2000a. Abrupt onset and termination of the African Humid Period: rapid climate responses to gradual insolation forcing [J]. Quaternary science reviews, 19(1-5): 347-361.

DEMENOCAL P, ORTIZ J, GUILDERSON T, et al., 2000b. Coherent high- and low-latitude climate variability during the Holocene Warm Period[J]. Science, 288(5474):2198-2202. DOI:10. 1126/science.288. 5474. 2198.

DELAYGUE G, 2009. Oxygen isotopes[M]//Gornitz V. Encyclopedia of paleoclimatology and ancient environments. Dordrecht: Springer:666-673.

DING Z L, DERBYSHIRE E, YANG S L, et al., 2002. Stacked 2. 6-Ma grain size record from the Chinese loess based on five sections and correlation with the deep-sea $\delta^{18}O$ record[J]. Paleoceanography, 17(3):5-1-21.

DING Z L, YU Z W, RUTTER N W, et al., 1994. Towards and orbital time scale for chinese loess deposits[J]. Quaternary science reviews, 13:39-70.

DORALE J A, GONZÁLEZ L A, REAGAN M K, et al., 1992. A high-resolution record of Holocene climate change in speleothem calcite from Cold Water Cave, Northeast Iowa[J]. Science, 258(5088):1626-1630.

EDDY J A, 1976. The Maunder minimum[J]. Science, 192(4245):1189-1202.

EMILIANI C, 1955. Pleistocene temperature[J]. Journal of geology, 63(6): 538-578.

FLEITMANN D, BURNS S J, MUDELSEE M, et al., 2003. Holocene forcing of the Indian monsoon recorded in a stalagmite from Southern Oman[J]. Science, 300:1737-1739

FRAKES L A, 1979. Climates throughout geologic time[M]. Amsterdam: Elsevier:310.

GASSE F, 2000. Hydrological changes in the Africa tropics since the last Glacial Maximum[J]. Quaternary science reviews, 19:189-211.

GUO Z T, RUDDIMAN W F, HAO Q Z, et al., 2002. Onset of Asian desertification by 22 myr ago inferred from loess deposits in China[J]. Nature, 416:159-163.

GUPTA A K, ANDERSON D M, OVERPECT J T, 2003. Abrupt changes in the Asian southwest monsoon during Holocene and their Links to the North Atlantic Ocean[J]. Nature, 421:354-357.

HAUG G H, HUGHEN K A, SIGMAN D M, et al., 2001. Southward migration of the Intertropical Convergence Zone through the Holocene[J]. Science, 293:1304-1308.

HAUG G H, GÜNTHER D, PETERSON L C, et al., 2003. Climate and the collapse of Maya civilization[J]. Science, 299:1731-1735.

HAYS J D, IMBRIE J, SHACKLETON N J, 1976. Variations in the Earth's orbit: pacemaker of the Ice Ages[J]. Science, 194(4270):1121-1132.

HEINRICH H, 1988. Origin and consequences of cyclic ice rafting in the northeast Atlantic Ocean during the past 130,000 years[J]. Quaternary research, 29:142-152.

HENKES G A, PASSEY B H, GROSSMAN E L, et al., 2014. Temperature limits for preservation of primary calcite clumped isotope paleotemperatures[J]. Geochimica et cosmochimica acta, 139:362-382

HEMMING S R, 2004. Heinrich events: massive late Pleistocene detritus layers of the north atlantic and their global climate imprint[J]. Review of geophysics, 42, RG1005, 1-43. DOI:10.1029/2003RG000128.

HOFFMAN P F, SCHRAG D P, 2000. Snowball Earth[J]. Scientific American, 22:62-75.

HULME M, OSBORN T J, JOHNS T C, 1998. Precipitation sensitivity to global warming: comparison of observation with HadCM2 simulations[J]. Geophysical research letter, 25:3379-3382.

IMBRIE J, HAYS J D, MARTINSON D G, et al., 1984. The orbital theory of Pleistocene climate: support from a revised chronology of the marine $\delta^{18}O$ record[M]//BERGER A, IMBRIE J, HAYS J, et al. Milankovitch and climate: understanding the response to astronomical forcing (Part

Ⅰ). Dordrecht:Reidel Publishing Company:895.

IPCC, Intergovernmental Panel on Climate Change, 2007. Climate change 2007: the physical science basis[M]. Cambridge: Cambridge University Press:996.

JOHNSEN S J, DANSGAARD W, CLAUSEN H B, et al., 1972. Oxygen isotope profiles through the Antarctic and Greenland ice sheets[J]. Nature, 235:429-434.

KEIGWIN L D, 1996. The little ice age and medieval warm period in the sargasso sea[J]. Science, 274:1504-1507.

KENNETT D J,BREITENBACH S F M,AQUINO V V, et al., 2012. Development and disintegration of Maya political systems in response to climate change[J]. Science, 338:788-791.

KOSSIN J P, 2018. A global slowdown of tropical-cyclone translation speed [J]. Nature, 558: 104-107; Author Correction, 2018. Nature, 564: E11-E16.

KUMP L R, KASTING J F, CRANE R G, 2011. 地球系统[M]. 张晶,戴永久,译. 北京:高等教育出版社:491.

KUTZBACH J, 1981. Monsoon climate of the Early Hdocene: climate experiment with the Earth's orbital parameters for 9000 years ago[J]. Science, 214:59-61.

LANZANTE J, 2019. Uncertainties in tropical-cyclone translation speed[J]. Nature, 570:E6-E9.

LISIECKI L E, RAYMO M E, 2005. A Pliocene-Pleistocene stack of 57 globally distributed benthic $\delta^{18}O$ records[J]. Paleoceanography, 20, PA1003. DOI:10. 1029/2004PA001071.

LOWE J J, WALKER M J C, 2010. 第四纪环境演变[J]. 沈吉,于革,吴敬禄,等译. 北京:科学出版社:508.

MANN M E, BRADLEY R S, HUGHES M K, 1998. Global-scale temperature patterns and climate forcing over the past six centuries[J]. Nature, 392:779-787.

MARVEL K, COOK B I, BONFILS C J W, 2019. Twentieth-century hydroclimate changes consistent with human influence[J]. Nature, 569:59-65.

MAYLE F E, BURBRIDGE R, KIDEEN T J, 2000. Midemial-scale dynamics of Southern Amazonian rain forests[J]. Science, 290:2291-2294.

MEESE D A, GOW A J, GROOTES P, et al., 1994. The accumulation record from the GISP2 core as an indicator of climate change throughout the Holocene[J]. Science, 266:1680-1682.

MITCHELL JR J M, 1976. An overview of climatic variability and its causal mechanism[J]. Quaternary research, 6(4):481-493.

MOGENSEN I A, 2009. Dansgaard-oeschger cycles[M]//Gornitz V. Encyclopedia of paleoclimatology and ancient environments. Dordrecht: Springer:229-233.

MOON I J, KIM S H, CHAN C L, 2019. Climate change and tropical cyclone trend[J]. Nature, 570:E3-E5.

PEEL D A, MULVANEY R P, 1996. Climate changes in the Atlantic Sector of Antarctic over the past 500 years from ice-core and other evidence [M]//JONES P D et al. Climate variations and forcing mechanisms of the last 2000 years. Berlin: Springer Verlag:243-261.

PETER M, 2005. Mio-Pliocene growth of the Tibetan Plateau and evolution of East Asian climate[J]. Palaeontologia electronica, 8(1):2A:23p, 625KB.

PLAUT G, GHIL M, VAUTARD R, 1995. Interannual and interdecadal variability in 335 years of central England temperatures[J]. Science, 268 (5211):710-713.

RAYMO M E, RUDDIMAN W F, 1992. Tectonic forcing of late Cenozoic climate[J]. Nature, 359:117-122.

ROUTSON C C, MCKAY N P, KAUFMAN D S, et al., 2019. Mid-latitude net precipitation decreased with Arctic warming during the Holocene[J]. Nature, 568:83-87.

RUDDIMAN W F. 2008, Earth's climate: past and future[M]. 2nd. New York: W H Freeman and Company:388.

RUDDIMAN W F, KUTZBACH J E, 1989. Forcing of late Cenozoic northern hemisphere climate by plateau uplift in southern Asia and the American west[J]. Journal of geophysical research, 94:18409-18427.

RUDDIMAN W F, PRELL W L, RAYMO M E, 1989. Late Cenozoic uplift in southern Asia and the American West: rationale for general circulation modeling experiments [J]. Journal of geophysical research, 94:

18379-18391.

RUDDIMAN W F, RAYMO M E, 1988. Northern hemisophere climate regime during the past 3 Ma: possible tectonic connection [J]. Philosophical transactions of the royal society B, 318:411-430.

SALTZMAN B, 2002. Dynamical paleoclimatology: generalized theory of global climate change[M]. San Diego, Califonia: Academic press:350.

SIME L C, WOLFF E W, OLIVER K I C, et al., 2009. Evidence for warmer interglacials in East Antarctic ice cores[J]. Nature, 462:342-346.

SUN X, WANG P, 2005. How old is the Asian monsoon system? —Palaeobotanical records from China[J]. Palaeogeography palaeoclimatology palaeoecology, 222:181-222

THOMPSON L G, MOSLEY-THOMPSON E, DANSGAARD E, et al., 1986. The little ice age as recorded in the stratigraphy of the tropical Queccaya ice cap[J]. Science, 234:361-364.

TRENBERTH K F,FASULLO J,SMITH L, 2005. Trends and variability in column integrated atmospheric water vapor[J]. Climate dynamics, 24:741-758.

TUREKIAN K K, 1996. Global environmental change: past, present and future[M]. Upper Saddle River N J:Prentice Hall:200.

VOOSEN P, 2019a. New climate models forecast a warming surge[J]. Science, 364(6437):222-223. DOI:10. 1126/science.364. 6437. 222.

VOOSEN P, 2019b. Project traces 500 million years of roller-coaster climate [J]. Science, 364(6442):716-717. DOI:10. 1126/science.364. 6442. 716.

WANG B, DING Q, 2008. Global monsoon: dominant mode of annual variation in the tropics[J]. Dynamics of atmospheres and oceans, 44:165-183.

WANG P X, WANG B, CHENG H, et al., 2014. The global monsoon across timescales: Coherent variability of regional monsoons[J]. Climate of the past, 10:2007-2052.

WANG S W, ZHU J H, CAI J N, 2004. Interdecadal variability of temperature and precipitation in China since 1880[J]. Advances atmospheric sciences, 21(3):307-313.

WANG Y, CHENG H, EDWARDS R L, et al., 2005. The Holocene Asian monsoon: links to solar changes and North Atlantic climate[J]. Science, 308:854-857.

WANNER H, BEER J, BÜTIKOFER J, et al., 2008. Mid-to late Holocene climate change: an overview [J]. Quaternary science reviews, 27: 1791-1828.

WENDT K A, DUBLYANSKY Y V, MOSELEY G E, et al., 2018. Moisture availability in the southwest United States over the last three glacial-interglacial cycles[J]. Science advances, 4(10):eaau1375.

WILLEIT M, GANOPOLSKI A, CALOV R, et al., 2019. Mid-Pleistocene transition in glacial cycles explained by declining CO_2 and regolith removal[J]. Science advances, 5(4):eaav7337.

WILLIAMS M A J, DUNKERLEY D L, DECKKER P D, et al., 1997. 第四世环境[M]. 刘东升,等编译. 北京:科学出版社:304.

WRIGHT J D. 2009. Cenozoic climate change[M]//GORNITZ V. Encyclopedia of paleoclimatology and ancient environments. Dordrecht: Springer: 148-155.

ZACHOS J, PAGANI M, SLOAN L, et al., 2001. Trends, rhythms, and aberrations in global climate 65 Ma to Present[J]. Science, 292:686-693.

第七章　生物圈的演化

生物圈的演化以生物的演变为主线论述地球环境变化的历史。生物圈伴随着地球环境的演变发生变化;生物圈的变化是地球环境变化的一部分。生物圈的演化过程,亦即地球生态系统的形成与演替过程。生物圈的演化主要阐述地球上生物的出现、消失(绝灭)、发展过程,和与之相关的环境变化过程。

按五界系统分类,在植物界、动物界、真菌界、原生生物和原核生物中,人们关注多的是植物与动物,且生态系统宏观结构也以论述植物为主,但给出最多地质历史上环境变化信息的是原生生物,如有孔虫、硅藻及其他微型生物化石。

地球的大小和质量可能是生命产生与发展的第一条件,因为现在的地球质量维持了大气圈和水圈的存在。如果地球质量比现在小很多,则大气可能逃离地球,海洋可能也不会形成;如果地球质量比现在大很多,则大气密度增大,太阳光可能不能像现在这样加热地球表面,地表大气温度不会像现在这样适合生物发展。

地球距太阳的距离被称为生命宜居带。由于地球绕太阳运行的轨道接近圆,地球接受太阳的能量足以使地球表面加热到适宜生物产生和生存的条件,而且变化不剧烈,因此地球距太阳的距离是生命产生与发展的第二个条件。

第一节　生物圈

地球上的全部生物构成生物圈,也定义生物与其在地球表层中栖居的范围为生物圈(biosphere),包括生物本身及赖以生存的自然环境,可看作地球上最大的生态系统。在所有生物中,陆地植物约占地球生物总量的99%。

一定空间内生活在一起的动物、植物和微生物的结合体(assemblage)称为生物群落。生物群落的基本特征是:①具有一定的外貌和结构;②具有一定的物种组成，物种间具有相互作用；③具有一定的优势现象；④具有一定的分布范围和边界特征；⑤具有形成群落的环境；⑥具有一定的动态特征。

生物群落由优势种(dominant species)、从属种(subordinate species)、关键种(key species)、冗余种(redundancy species)和营养物种(trophic species)组成。

生态系统类型众多，地球整体，或者说生物圈就是一个大的生态系统，一般分为自然生态系统和人工生态系统。自然生态系统还可进一步分为水生态系统和陆地生态系统。人工生态系统则可以分为农业生态系统、养殖生态系统和城市生态系统。很多情况下人们据植被特征定义陆地生态系统，而经常以水域、水体或流系定义水生态系统。

在地球历史上，生态系统随气候变化发生演替。

一、陆地生态系统

陆地生态系统主要可分为森林、草原、荒漠和湿地生态系统。

(一)森林生态系统

森林生态系统形态和营养结构极端复杂，是地球上最高生产力的生态系统。森林生态系统范围占陆地面积的22%，可分为热带雨林、亚热带常绿阔叶林、温带落叶阔叶林和亚寒带针叶林生态系统。

1. 热带雨林

热带雨林主要分布在南北回归线之间的热带气候地区。热带雨林高温、高湿、多雨，动植物种类繁多，群落结构复杂，种群密度长期稳定。据不完全统计，热带雨林拥有全球40%～75%的物种，多为热带常绿、阔叶树，多板状根、气生根和藤本植物，附生植物发达。

2. 亚热带常绿阔叶林

亚热带常绿阔叶林主要分布在中纬度地区。我国长江流域、朝鲜南部、日本、美国东南部、智利、阿根廷、玻利维亚、巴西、新西兰、非洲东南沿海有分布。我国总面积的1/4分布着常绿阔叶林，北界在秦岭—淮河一线，南界在北回归线附近，西部以青藏高原东缘为界。主要树种有樟科、壳斗科、山茶科、木兰科等。

3. 温带落叶阔叶林

温带落叶阔叶林或称夏绿木本群落，主要分布在中国和日本，比如中国华北和东北沿海地区。这些地区一年四季分明，夏季炎热，冬季寒冷。常见树种有山毛榉、栎树、椴、桦等。

4. 亚寒带针叶林

亚寒带针叶林或称北方针叶林、泰加林，分布在寒温带及中、低纬度高山地区。植物以冷杉、云杉、红松为主

(二)草原生态系统(grassland)

草原生态系统分布在全球各地的干旱地区，占地面积 30×10^{6} km^{2}，占陆地总面积的24%。从东欧到中亚、西亚、西伯利亚、蒙古国，到中国的内蒙古和东北，形成一条宽阔的草原带；在北美中部、南美南部、非洲南部和澳大利亚也有草原分布。

相对于森林生态系统，草原生态系统群落结构较简单，年降水量少，受降雨影响大；不同季节或年份种群密度和群落结构常发生剧烈变化，景观差异大；稀树草原又称为萨凡纳草原，也是面积最大的生态系统之一，可能生长有伞形冠状乔木，动物以斑马、长颈鹿、狮子等大型动物为主。

放牧是草原生态系统能量和物质循环的重要环节，适度放牧可以促进草原生产力发展；过度放牧或过量啮齿类动物活动会破坏草原生态系统。

(三)荒漠生态系统(desert ecosystem)

荒漠生态系统包括沙漠和戈壁，主要分布在两半球15°～50°纬度之间。风沙活动频繁，地表干燥，裸露，沙砾易被吹扬，常形成沙尘暴，冬季甚多。植被稀疏，可能生长一些强抗旱性的植物，如柽柳属、仙人掌属植物等。荒漠中水源较充足地区会出现绿洲，具有独特的生态环境。

(四)苔原生态系统

苔原(tundra)生态系统分布在欧亚大陆和北美北部边缘地区，也存在于寒温带和温带的山地与高原。植被以苔藓、地衣、多年生草和耐寒小灌木为主。

(五)湖泊与湿地生态系统(wetland)

湖泊与湿地生态系统全球各地都有分布，包括沼泽、泥炭地、湖泊、红树林、水库、池塘、沿海滩涂、深度小于6 m的浅海，可作为生活、工农业用水的水源，补充地下水，水禽的栖息地，鱼类的育肥场所等。

(六)河流与流域生态系统

每一条大河流都是一个生态系统。以分水岭为界构成流域，可作为划分生态系统边界的依据。大河流经区变化大，不同地区表现出不同的特点，比如长江源头为高原湿地，中游为山地，中下游为平原。

二、海洋生态系统（marine ecosystem）

典型的海洋生态系统有河口生态系统、珊瑚礁生态系统、极地海区、盐沼、上升流生态系统、海底热液生态系统和红树林生态系统。盐沼和红树林可能是河口的一部分。海洋生态系也是水生态系统，但有别于陆地水生态系统。海洋生态系统或按大洋、边缘海、沿岸带划分生态系统。每一个海洋生态系统有生物特征区别，比如珊瑚礁生态系统和红树林生态系统，但很多情况下以区域区分。海洋生物包括浮游生物、大型藻类、鱼、海生哺乳动物以及其他无脊椎动物。生物群落受光照、温度、盐度、营养盐等因素影响较大。

（一）大洋生态系统

大洋是地球上最大的地理单元，是地球关键环境问题的控制性因素。由于分布在不同纬度，大洋环境参数存在很大变化，即使同一地域由于水深不同，环境参数也有很大不同。人们把大洋水分为上层水、中层水、深层水和底层水。大洋水的盐度差异不大，在 33～35 之间。

大洋上层水是海洋生物的主要栖息水层，由于光照和水温合适，大洋上层水存在从浮游生物到食物链顶端营养级的生物。从极地到赤道，水温变化很大，形成不同生物的生存环境，包括暖水种、冷水种和广布种。

大多数生活在大洋上层水的游泳生物可在浅海区和深海域之间活动，包括鱼类、头足类、海豹、鲸、鸟类、爬行类等。

大洋次表层水和中层水的主要动物包括磷虾、端足类、毛颚类、水母、鱼类等。鱼类有灯笼鱼、钻光鱼、褶胸鱼。业已发现，白天在 200～700 m 水深，夜晚更浅，存在大量灯笼鱼、磷虾、樱虾、乌贼和管水母活动层。大洋中层水食物少，所以栖息的生物多为机会型掠食者，甚至同类相残。

大洋深水层也栖息多种鱼类，例如，在 4000 m 水深的长尾鳕科。深层水鱼类大部分个体小，由于没有光线，很多鱼身体呈透明状。深层水的鱼类必须适应黑暗、食物稀少、种群少和高水压。

在深海底沉积物中栖息着大型（＞0.5 mm）动物，包括多毛类、双壳类软体动物和端足类、等足类、涟虫类等甲壳动物。还有小型动物（＜0.5 mm），主要有线虫、桡足类和有孔虫。由于没有附着基，软的海洋沉积物中固着生物少见。腔肠动物的海扇和海鳃非常适合深海生长，它们可以用一个长柄固定在沉积物中。棘皮动物在深海底也广泛存在。

在海山底部经常存在上涌水体，使浮游生物繁盛，出现食悬浮物种，如珊瑚、海百合、海绵等，常吸引大量捕食者，如鲨鱼、海龟、海鸟等。近些年，还在海底发现冷水珊瑚和海绵礁等。

(二)河口生态系统

河口是淡水与海水的交汇区，是陆海相互作用最活跃的地带。在河口区，盐度、潮汐和浊度可能是主要的环境因素。由于存在从零盐度到最大盐度的水体，因此多种化学过程和适合不同盐度的生物均可出现在河口区。

红树林和盐沼是人们最为关注的河口生态系统。盐沼可能存在于任何纬度，而红树林则分布于热带和亚热带靠近回归线的海区。盐沼和红树林都是海洋湿地系统。我国各大河口均有盐沼，而且不同河口湿地的植物构成不同。

很多河口还是大城市或城市群聚集地。人类污染和治水工程会极大地影响河口生态系统。

(三)上升流与洋流交汇区生态系统

人们发现，全球著名渔场都在上升流区或冷暖洋流交汇区，如秘鲁渔场、北海渔场等。这是由于上涌海水将海底营养物质携带到上层，使上层水浮游生物大量繁殖，为高营养级生物提供食物，使大型海洋生物得以密集生长。

人类的捕捞可能破坏这种生态系统。例如，纽芬兰渔场，由于过度捕捞，昔日可能在鱼群背上行走的海区竟已无鱼可捕，几十年不能恢复。

(四)海底热液生态系统

洋中脊、热点和与海沟相伴的海山链存在热液系统，水温可达 100～400 ℃。在这样的水体附近，生物主要靠化学合成有机物。在热液口附近栖息着大型管栖蠕虫、双壳类软体动物、十足目甲壳类、多毛类、海葵，以及虾、蟹、蛤、贝和鱼类。

深海热液呈酸性(pH 2～4)，属缺氧还原环境，微生物、硫细菌等，通过CH_4、H_2S、H_2、S等的氧化获得能量，化合成有机物，支持动物，构成热液生态系统。由于不依靠光生存，相对于光合作用支持的食物链，称热液口的营养传递为“黑暗食物链”。

(五)极地海区

极地海区指北冰洋及邻近海区与南极邻近海区。在这些海区，气候寒冷；冬季可能是极夜或日照很少，很多海区表面冬季冰封，上层海水在零度以下，可达−1.8 ℃；夏季，可能是极昼，海冰融化，浮游生物繁盛。南极海区的主要海洋生物有磷虾、海豹、企鹅、鲸鱼等，北极海区的大型海洋生物有海豹、北极熊、鲸鱼等。

(六)珊瑚礁生态系统

珊瑚是刺胞动物门珊瑚虫纲动物的统称,也称珊瑚虫。现生珊瑚约有6500种,化石珊瑚有数万种。珊瑚均海产,在海洋中分布很广,但主要产于热带和亚热带海域。单体珊瑚虫仅毫米大小,人们宏观看到的是珊瑚虫群体。珊瑚幼虫自动固定在先辈的遗骸上,由分泌出的碳酸盐形成骨架,并与钙质海藻类和贝壳胶结在一起,也称这种胶结体为珊瑚。珊瑚的主要化学成分是$CaCO_3$,也含有一定的有机质。

随时间推移,聚集在一起的群体珊瑚骨架不断扩展,形成珊瑚礁,这种珊瑚又称为造礁珊瑚,主要是石珊瑚。

造礁珊瑚的生长对水温、盐度、水深和浊度有严格的要求:①海水温度不低于18 ℃,最佳水温为23～29 ℃;②盐度为27‰～40‰,最适盐度为34‰～36‰;③在低潮面与水深50 m之间,最佳水深0～20 m。以上条件是利用珊瑚礁研究海洋环境变化的基础,包括海平面变化、海水温度变化、海水化学成分变化等。这些都是全球变化研究,特别是全球气候变化研究的重要课题。

研究发现,海平面稳定时,珊瑚礁在海平面下平铺发展,但厚度不大。当海平面上升或岛礁下沉时,珊瑚礁向上生长,发育成塔形或柱形。如果某时间段海平面是下降的,珊瑚礁会露出海面,珊瑚虫会死亡,珊瑚礁停止生长。

三、人工生态系统

人工生态系统有一些十分鲜明的特点:动植物种类稀少,人的作用十分明显,对自然生态系统存在依赖和干扰。人工生态系统也可以看成是自然生态系统与人类社会的经济系统复合而成的复杂生态系统。其主要有农业生态系统、养殖生态系统和城市生态系统。

(一)农业生态系统(farmland)

农业生态系统多称农田生态系统,是土地、水、气候、技术、产业组合,以农作物为主,包括昆虫、鸟类和杂草。被废弃后,农田生态系统将发生次生演替,成为自然生态系统。农业生态系统的功能是生产粮食、蔬菜、水果、食用动物等,生产过程具有周期性。

全球农业用地面积达36×10^6 km^2,占全球土地面积的28%～37%。我国的农业用地面积为1.35×10^6 km^2,其中69%以上是牧场,其余主要是农田。东南亚、东亚和欧洲的农业生态系统土地多为农田,其他地区以牧场为主。

由于人类的作用,使农业生态系统比自然生态系统简单化,比如一块农田可能仅包含一种或几种生物。

(二)养殖生态系统

养殖生态系统指人工水生态系统。由于社会进步,人民生活提高,人们对水产品需求量增加,天然水产品远不能满足生活需要,养殖成了公众食用水产品的主要来源,包括鱼类、虾蟹、贝类的养殖。生产过程改变了水域生物地球化学循环,饲料和药物的使用使水生态环境受到影响。

(三)城市生态系统

每个城市就是一个生态系统。

城市生态系统主要由以下多种成分组成:

(1)人群:各种人员,如居民、工人、教师、公务员等。

(2)建筑物:水、电、气、道路、楼房等。

(3)经济:生产单位、运输单位、银行、商业等。

(4)文化:学校、体育设施、广播电视等。

(5)生物:动物、植物、微型生物等。

(6)社会保障系统:政府机关、医院、警察局、法庭等。

城市生态系统的主要功能是:①容纳人口,也称为城市生态系统的生活功能;②发展经济,这是城市生态系统的生产功能。生态系统的功能:能量流、物质流和信息流得到充分实施,才能使城市正常运行。城市生态系统具有消耗再加工能源的特点。

四、深部与极端环境生态学

研究发现,在地层深处有微生物活动。早在20世纪20年代就发现油田水里有硫细菌活动。半个世纪后,钻探发现500 m深处有细菌。进一步的研究发现,在2800 m深处,温度达75 ℃的环境下存在细菌。人们称其为深部生物圈。研究认为深部生物圈除原核生物外,也存在真核生物,主要是真菌类微生物(汪品先等,2018)。

除深部生物圈外,人们也提出嗜极生物(extremophile)。不同生物适应不同的温度范围和酸碱度水体,鱼类生活水温不超过40 ℃,pH≥4;高等植物生存温度不超过48 ℃;真核生物生存温度上限为60 ℃;原核生物生存温度上限要高得多。植物和昆虫不能容忍的酸碱度分别为pH<2和pH<3;微生物可能在pH=0～11的范围内都有存在。在55 ℃仍能生存的称嗜热微生物(thermophile),90 ℃还能生长的叫极端嗜热微生物(hyperthermophile)。

第二节　生物演化三阶段与前寒武纪生命过程

地球上生命如何出现是长期争论的问题。我们把构成生物的有机分子称为生命物质。20 世纪 20 年代提出生命物质最初出现于还原大气中。20 世纪 50 年代,科学家在实验室的人造还原大气中,用火花放电产生了有机大分子,如氨基酸、腺嘌呤等,所以提出最早闪电在还原大气中产生了生命物质。20 世纪六七十年代,人们利用射电望远镜发现在星际空间存在有机大分子,如氰基(CN)、乙醛(CH_3CHO)、甲基乙炔(CH_3C_2H);将陨石粉末加热,发现有乙腈(CH_3CN)、腺嘌呤等化合物,于是认为生命物质可能存在于星际空间。随后,由于在海底热液口附近发现生物,人们又提出生命可能源于火山泥浆池或海底热液口。但是,即使原始生命物质来自星际空间,最早的生命,仍应出现于还原大气中。这是因为在氧气充沛的大气中,最简单的生命物质易于分解,难以发展。

一、生物演化的 3 个阶段

生命的进化经历了 3 个阶段(张昀,1998),早期为化学进化阶段(4.0—3.8 GaBP);中期为细胞进化阶段(3.8—0.7 GaBP);晚期(700 MaBP 以后)多细胞复杂生命出现,进入生物进化阶段。从早期到晚期,呈现从低层次向高层次进化的特征(表 7.2.1)。

人们推演的生命进化的历史进程,大多数重大的进化事件发生在地球历史的早期(4.0—3.5 GaBP)和晚期(700 MaBP 之后);而在中间 2.5 Ga(3.3—0.7 GaBP)左右的漫长时间里,只发生过一次重大的进化事件,即真核细胞起源,表明细胞进化比较缓慢。

(一)化学进化阶段

早期化学进化阶段,进化本质上是化学过程,但存在接近生物过程的迹象。生命的化学进化阶段出现在地球形成后的 4.0—3.8 GaBP 一段时期。格陵兰西部伊苏阿(Isua)的沉积变质岩是世界上最古老的岩石,年龄为 3.8 GaBP,其中有机碳的含量最高达 0.6%以上,高于地球沉积岩有机碳含量的平均值,其碳同位素比值($\delta^{13}C$)也偏向负值,是生物同化作用的产物,标志着地球已完成生命的化学进化,产生了原始生命。

表 7.2.1　生命进化的主要阶段

宙	BP	生命事件	进化阶段
冥古宙	4.6 Ga	地球形成	化学进化
	4.0—3.8 Ga	生命的化学进化	
太古宙	3.8 Ga	生命起源	细胞进化
	3.5 Ga	代谢途径进化	
	3.3 Ga	光合作用开始	
元古宙	2.0 Ga	真核细胞起源	
	1.0 Ga	真核生物多细胞化	
	700 Ma	有性生殖开始	
	600 Ma	动植物躯体结构复杂化、多样化	生物多样化
	560 Ma	动物外骨骼出现	
显生宙	530 Ma	物种多样性极大发展	
	500 Ma	脊椎动物起源	
		维管束植物起源	
		陆地动植物起源	
	200 Ma	被子植物起源	
		哺乳动物起源	
	2 Ma	人类起源	

(二)细胞进化阶段

细胞进化阶段(3.8—0.7 GaBP),进化发生在细胞内部结构和相关的生理过程上,细胞的生物化学组成和基本特征并无大的改变。

叠层石是记录细胞存在的直接证据,由有机碳酸盐和无机碳酸盐互层构成。形成叠层石的蓝藻是单细胞自养生物。在澳大利亚西部皮尔巴拉(Pilbara)地台发现蓝藻与现今蓝藻大小相近,年代为 3.5 GaBP,是目前发现最早的生物遗体证据。南非巴伯顿(Barberton)绿色岩中的叠层石形成于 3.4 GaBP。碳酸盐叠层石的出现表明,至少在 3.5 GaBP 前利用硫化物作为还原剂的光合作用和具有光合作用功能的微生物已经出现,以水作为还原剂的光合作用可能亦在这个时期或晚些时候出现。

光合作用的出现是仅次于生命起源的重大事件。具有光合作用功能、能沉淀碳酸盐并建造叠层石的细菌在3.5—0.7 GaBP一直在生物圈中占统治地位。大多数蓝藻在形态进化上十分保守，与现代蓝藻的形态十分相似。在此期间所发生的唯一的重大进化事件是在2.0—1.9 GaBP期间出现的真核生物，它们的细胞有染色体、细胞核及其他内部结构。美国加利福尼亚州南部的管状绿藻化石形成于1.4 GaBP，可能是已知最早的真核细胞化石。900—700 MaBP疑源类（acritarchs）单细胞真核生物繁盛，之后逐渐衰退，到晚古生代，疑源类生物已非常稀少。

（三）生物进化阶段

从单细胞生物到多细胞生物出现是一个漫长的时间过程，真核生物起源在2 GaBP，而多细胞生物出现在700 MaBP之后，相隔时间达1.3 Ga。

从700 MaBP起，开始了多细胞复杂生命进化过程，此后发生了一系列重大的进化事件。700—600 MaBP期间发生了真核生物的多细胞化、组织分化、性分化以及世代交替的生活史等一系列重大变革。产于澳大利亚的埃迪卡拉（Ediacara）动物群是新元古代最著名的多细胞软体动物群，包括水母、软珊瑚、蠕虫，还可能有腹足类。这时期的动物没有骨骼，所以很难形成化石。

在元古宙晚期（700 MaBP以后）的多细胞复杂生命进化出现之后，进化主要表现在组织器官结构及其功能的适应改变上，而这一时期的生命在生物化学、代谢途径、细胞结构等低层次特征表现得相对保守。

二、冥古宙

冥古宙指从地球形成到3.8 GaBP的一段时期。地球形成之后，依大碰撞假说，在45.3 GaBP时，原始地球与忒伊亚相撞，在原始地球周围产生一个尘埃环，这个环在数百万年之后形成月球。重力的拉扯使地球的自转轴倾斜，这是地球生命形成的环境条件之一。加上地球质量和距太阳的距离，在地球上生命产生必需的第一条件已经具备了，我们把它叫作地球生命产生必需的空间几何条件。

到约4.1 GaBP，地球表面温度降低使地壳得以凝固，大气与海洋形成，生命产生的第二和第三个条件具备。到4.0 GaBP，最早的生命形式出现，可能是能够自我复制的核糖核酸（ribonucleic acid，RNA）分子。维持生命的繁殖所需要的资源有限，所以不久之后便开始竞争。由于是在复制上更有效率的分子，因此脱氧核糖核酸（deoxyribonucleic acid，DNA）逐渐成为最主要的复制物。之后它们开始在膜内发展，这些膜拥有更稳定的物理与化学环境，形成了原始的细胞。此时大气中没有自由氧存在。又过了一亿年，地球、月球、火星及金星进入受小行星及彗星撞击的高峰期，海洋被完全煮沸，连续的干扰可能诱发生命的演化。细胞以及原核生物出现，以 CO_2 为碳源通过氧化无机物来摄取能量。后来原核生物演化了糖酵解，从葡萄糖等有机物释放出能量。糖酵解产生了现今所有生物都用到的腺苷三磷酸（adenosine triphosphate，ATP）储存能量。

三、太古宙

太古宙为 3.8—2.5 GaBP 一段时期。

到了太古宙，约 3.5 GaBP 的时候，细菌发展了光合作用的原始模式，但最初不会产生氧。这些生物通过电化学梯度产生腺苷三磷酸。到了 3.3 GaBP 时，能进行光合作用的蓝细菌出现，它们以水为还原剂，并释放氧气。氧首先将海洋中的铁氧化，产生铁矿石。不久之后，氧在大气层的浓度上升，对很多细菌都有毒。

研究认为，3.5—2.0 GaBP 间，地球生命进化缓慢，或说地球生命几乎停止了进化。

四、元古宙

太古宙是开始孕育生命的时期，元古宙是开始有了生命的时期。

古元古代（2.5—1.8 GaBP），一些细菌演化到有能力去使用氧来有效地从有机物中摄取能量。所有生物都用三羧酸循环及氧化磷酸来使用氧。到 2.1 GaBP 时，包含有细胞器的真核生物出现，这是生物进化史上的一次大的飞跃，实际上人们裸眼能看到的植物和动物都是真核生物。

伴随着生态系统的演替，超大陆形成，大气氧含量上升，海洋铁建造和陆相红层出现，大冰期，都是这个时期标志性的事件。这些事件之间的关系，及其与生物演替之间的关系是科学家关注已久的研究主题。

有细胞器的生物可能是从共生细菌衍生而来的。

中元古代（约 1.2 GaBP），已有生物在海洋及湖中出现，一些蓝细菌已经生活在湿润的泥土中。到 1.0 GaBP 时，多细胞生物出现，首先是生活在海洋中的海藻与海苔。Loron 等（2019）的研究表明，可能在 1.01—0.89 GaBP 就有真菌存在。

新元古代，出现有性生殖，引发更快的演化。600 MaBP 前的震旦纪，多孔动物、刺胞动物、扁形动物及其他多细胞动物在浅海出现。埃迪卡拉动物群是这个时期典型的生物多样性代表。

亦有研究显示，最早的动物也生活在湖泊环境中。到 580—540 MaBP 间，大气氧累积形成臭氧层，可以阻挡太阳的有害辐射，使生命有可能在陆地上发展。

五、生物演化地质年代表

生物演化的大概轮廓见表 7.2.2。太古宙，原核生物出现。元古宙，随着真核生物的出现，高级藻类和低等无脊椎动物出现。古生代，由于维管植物的出现，陆地出现植物；两栖类动物的出现，陆地出现动物，从此，地球上开始了植物和动物两种重要的生物进化途径。

植物界，元古宙海洋中出现高级藻类，元古宙晚期和古生代为孢子植物时代，中生代为裸子植物时代，晚中生代和新生代为被子植物时代。

动物界，元古宙海洋中出现低等无脊椎动物，早古生代为海洋无脊椎动物时代，泥盆纪为鱼类时代，石炭纪和二叠纪为两栖动物时代，中生代为爬行动物时代，新生代为哺乳动物时代，第四纪出现人类。

从 3.8 Ga—400 MaBP，为漫长的地质时期，生命是在海洋中产生和发展的。从 3.8—2.0 GaBP，地球上产生了生命；2 Ga—700 MaBP，大气氧浓度逐渐升高，地球形成适合生命存在的环境；700—400 MaBP 为海洋生物繁盛时期，而陆地上才开始出现生物。

当地日关系确定后，海洋和大气出现，约束生命演化的宏观条件可能是：①构造过程，包括板块的地理位置及地表无机过程；②海洋变化，主要是海平面变化和海流变化，特别是古生代的生物演化，海洋的变化可能起决定性作用；③大气成分，主要是 CO_2 和氧含量水平变化；④气候变化，即气温和湿度变化。目前的研究中，大气成分和气候变化已引起足够的重视；人们对海洋变化对生态系统的影响也进行了大量研究；对构造过程对生态系统的影响的研究尚处于开始阶段。

表 7.2.2 生物演化地质年代表(由徐茂泉等,2010 改编)

宙	代	纪	世	MaBP	主要生物进化 动物		主要生物进化 植物		生物灭绝
显生宙 Ph	新生代 Kz	第四纪 Q	全新世	0.01	人类出现		现代植物时代		
			更新世	2.5					
		新近纪 N	上新世	5	哺乳动物时代	古猿出现	被子植物时代	草原面积扩大	
			中新世	24					
		古近纪 E	渐新世	37					
			始新世	58		灵长类出现		被子植物繁盛	
			古新世	65					第五次
	中生代 Mz	白垩纪 K		137	爬行动物时代	鸟类出现，哺乳类出现	裸子植物时代	被子植物出现 裸子植物繁盛	第四次
		侏罗纪 J		203					
		三叠纪 T		251					第三次
	古生代 Pz 晚古生代	二叠纪 P		295	两栖动物时代	爬行类出现 两栖类繁盛	孢子植物时代	裸子植物出现	
		石炭纪 C		355					第二次
		泥盆纪 D		408	鱼类时代			大规模森林出现	
	古生代 Pz 早古生代	志留纪 S		435	海生无脊椎动物时代	陆生无脊椎动物发展和两栖类出现			第一次
		奥陶纪 O		495				小型森林出现	
		寒武纪 E		540		带壳动物爆发		陆生维管植物	
元古宙 Pt	新元古	震旦纪 Z		650					
				1000	低等无脊椎动物出现 真核生物出现		高级藻类出现 海生藻类出现		
	中元古			1800					
	古元古			2500					
太古宙 Ar	新太古			2800	原核生物(细菌、蓝藻)出现 (原始生命蛋白质出现)				
	中太古			3200					
	古太古			3600					
	始太古			3800					
冥古宙 HD				4600					

第三节　古生代

地球进入显生宙，开始了生命时代。显生宙分为古生代、中生代和新生代。古生代又分为早古生代和晚古生代。古生代具有高海平面，且经历由低海平面到高海平面，再到低海平面过程，极大地促进了海洋生物的辐射发展。古生代的气候经历无冰期—冰期—无冰期—冰期旋回，对生物的发展与演替存在正面的或负面的影响。

一、早古生代

早古生代包括寒武纪、奥陶纪和志留纪，在 540—400 MaBP 间。早古生代生物的主要活动场所在海洋中，寒武纪海洋生物大暴发，动物进化出骨骼，植物进化出维管结构，开始进军陆地，是重大生物进化过程。

（一）植物演替

早古生代，藻类取代了叠层石而繁盛于海洋，但生物仍然主要生存在海洋或湖泊中。寒武纪初期属低海平面，随后海平面上升，浅海面积增加，促进了海洋生物大暴发。

最早的陆生植物化石在奥陶纪的陆相和浅海沉积相中发现，为孢子植物。现生植物化石最早发现于早志留纪（约 430 MaBP），推测志留纪，一些藻类植物进化出具有输送水和养分的维管结构，使植物可以逐渐脱离水体进军到陆地，构成植物发展史上的一次重大飞跃。之后，陆上可能出现小片森林。植物与真菌可能是共生的，地衣就是共生的例证。

陆生植物的出现加速了陆地生态系统的发展。

（二）动物进化

600—400 MaBP 是海洋无脊椎动物繁盛时代。与埃迪卡拉动物群形成显明对比，570—540 MaBP 无脊椎动物外骨骼出现，无脊椎动物多样性极大增长。

寒武纪海洋生物大爆发，产生了现今动物的主要门。对动物化石研究推测，许多海洋生物是在早寒武纪首次出现的，包括原生动物、腔肠动物、古杯类、多孔动物、苔藓动物、软体动物、腕足动物、节肢动物、棘皮动物等。至中奥陶纪时，各门无脊椎动物都演化出来了。节肢动物是最大的动物类群，包括人们熟知的虾、蟹、蚊、蝇等，现生有120万种。早寒武纪中期起，节肢动物是海洋主要的动物种群，而且是生态系统的主要消费者，处于食物网的顶端。三叶虫在寒武纪繁盛，是寒武纪的标准化石。

寒武纪最著名的是伯吉斯动物群、中国的澄江动物群和最近报道的清江动物群，产出大量的生物化石（侯先光和冯向红，1999；段艳红等，2017；Fu et al.，2019）。

寒武纪海洋生物已形成复杂的食物网，包括生产者、消费者和分解者。生产者为藻类和一些细菌，浮游动物是初级消费者，上层生源颗粒物沉降到海底成为底栖生物食物来源，次级消费者为滤食生物和食碎屑生物。这个时期的古杯类、腕足类和腔肠动物都是滤食生物。高级消费者是肉食动物，比如三叶虫；还有更高级的消费者，比如奇虾。

奥陶纪具有地质时期最高的海平面，全球平地被海水淹没，而且全球气候暖湿。寒武纪主要生活在浅海陆架上的生物，进入奥陶纪向大洋深水海区辐射发展，占领了新领地，包括深水和洋底。无脊椎动物种群和体型也发生了变化，体型增大。到晚奥陶纪—早志留纪，随着冰期的发展，发生了第一次生物灭绝事件。

志留纪，无颌类是主要的生物种群。

二、晚古生代

晚古生代包括泥盆纪、石炭纪和二叠纪，在400—250 MaBP一段时间。

晚古生代主要板块逐渐聚集在一起，联合古陆形成，并使得陆地面积扩大，大陆的抬升，导致了普遍的海退和海域缩小。一方面破坏了海洋动物的栖息地，引起一些生物的减少，甚至绝灭，另一方面为植物和脊椎动物的进化提供了一个合适的陆地环境。晚古生代两栖动物繁盛，陆地出现裸子植物和爬行动物。

泥盆纪有老红砂沉积；二叠纪有新红砂沉积，并持续到中生代的三叠纪。

（一）植物的发展

随着大气中自由氧含量的增加，臭氧层形成，为生物的登陆创造了有利条件。植物、脊椎动物登陆并繁盛，结束了地球长达4.0 Ga的演化过程中陆上长期无高级生命活动的历史。生物界不再是无脊椎动物的一统天下，形成了无脊椎动物、脊椎动物和植物三足鼎立的局面，它们分别在各自的生态环境中发展、演化。

在孢子植物中，蕨类是进化水平最高的，现生约 12000 种。在植物界，蕨类与苔藓、裸子植物和被子植物为高等植物。

泥盆纪，海平面下降，海域缩小，陆地面积扩大，发生第二次生物灭绝事件，但不少原生于滨海、浅海和潮汐地带的藻类植物发生了适应性进化，改变了陆地上长期为不毛之地的局面，具有维管结构的裸蕨，成为地表占优势的陆地植物，并在滨海低地的局部地区形成小规模的森林。到晚泥盆纪(360 MaBP)，植物演化了能保护植物胚体及容易快速生长的种子结构。至泥盆纪晚期裸蕨绝灭，为石松类、节蕨类等所取代。

石炭—二叠纪期间(355—250 MaBP)，石松、节蕨、真蕨等空前发展，形成茂盛的高大乔木。陆生植物首次繁盛，构成植物发展史上的一次重大飞跃。石松纲、有节植物门及桫椤目的森林覆盖陆地。石炭纪和二叠纪是全球性的成煤期，地层中的煤系主要分布在沿海沼泽地区。蕨类植物繁盛的同时，裸子植物开始广泛分化，苏铁出现。

(二)动物进化

有脊椎的鱼类出现后，400 MaBP，脊椎动物的基本构架开始确立。继植物登陆之后，动物也开始了向陆地进军。总鳍鱼具有鳃和肺，使得在陆上用肺呼吸成为可能。

海洋无脊椎动物发生了重大调整，其中的三叶虫、笔石、鹦鹉螺等大大衰减，直至绝灭。鲨鱼出现。首条腔棘鱼出现，曾被误以为已经灭绝了，在 1938 年发现活体，并被认为是活化石。

陆地植物的广泛发育的同时，森林所提供的多样化的生态环境，也使昆虫得到发展，没有翅膀的昆虫，蠹鱼、跳虫及缨尾虫出现，昆虫达 1300 种以上。

鱼类是水环境最为显眼的生物种群，最早出现在奥陶纪，经过志留纪发展，到泥盆纪繁盛，泥盆纪被称为海洋鱼类时代。鱼类分为软骨鱼和硬骨鱼，硬骨鱼又分为肉鳍鱼和辐鳍鱼。大多数现生鱼类是辐鳍鱼。直到泥盆纪末，鱼类是地球上唯一繁盛的脊椎动物。

两栖动物是拥有四肢的脊椎动物。两栖动物在水中产卵，幼体生活在水中，成体大部分时间生活在陆地上。现生的两栖动物约 4000 种。青蛙是最常见的现生两栖动物。人们并不认为现生两栖生物是晚古生代演化过来的。

到晚泥盆纪，一些肉鳍鱼类发展了脚，出现了既能够在水里生活也能够在陆地上生活的两栖类的四足动物。可能长达 80 Ma 的时间，它们成为陆地上主要动物种群，所以石炭纪和二叠纪又称为两栖动物时代。

从石炭纪开始，随着羊膜卵的出现，使得动物可以脱离水体进行后代的繁殖，从而出现完全生活在陆地上的陆生脊椎动物——爬行类。

昆虫是节肢动物，是地球上数量最多的动物群体，约占生物种类的50%，目前已知的昆虫达100万种，占节肢动物的90%，常见的昆虫有蜜蜂、苍蝇、蟑螂、蝴蝶等。晚石炭纪到早二叠纪是昆虫时代。早二叠纪，昆虫已能够飞行，并出现了多个目，如古网翅目、巨翅目、透翅目及原直翅目。原蜻蜓目的巨脉蜻蜓，是最大的昆虫，翅展长达60 cm。

脊椎动物，包括两栖动物离片锥目、石炭蜥目及壳椎亚纲，早期的爬行动物无孔亚纲及下孔亚纲出现。似哺乳类爬行动物演化出盘龙类，外形酷似蜥蜴。

古生代末，发生二叠纪—三叠纪绝灭事件，过后，二齿兽、犬齿兽幸存下来。水龙兽是地表最常见的草食性动物。最初的初龙形动物出现。初龙类演化出其他的爬行动物。从辐鳍鱼纲演化出真骨鱼类，最后成为主要的鱼类。

三、气候带与植物区系

晚古生代，由于赤道与极地之间存在较大的温度梯度，气候纬向分异明显，晚古生代冰期尤其显著，该时期气候带的排列大致与古纬度平行。其中，反映热带环境的煤、珊瑚礁、蒸发岩、沙漠等，分布在南、北纬40°之间；反映潮湿气候的煤分布于南、北纬15°之间。大部分时期的气候与现代相似。

明显的气候分带导致不同的植物地理区系出现。中石炭纪可分为3个植物区系：

(1)热带、亚热带植物区。以石松、节蕨和科达树十分繁盛为特征，伴有大量的真蕨、种子蕨。乔木不具年轮，主要分布在中国东部、中亚、欧洲及北美北部。大羽羊齿是这个植物区系的重要代表。

(2)温带植物区系，也称安加拉植物区系。以草本真蕨类、种子蕨为代表，木本具年轮，典型的代表如匙叶，分布在中国天山、阴山以北地区。

(3)冈瓦纳植物区系。为温凉气候环境，以舌羊齿为代表的灌木草本植物为主。

四、古生代的生物绝灭事件

研究认为，地球上曾经存在过40亿种生物，其中99%的物种已不存在了，表明生物灭绝是生态系统的常态。有些时期物种灭绝率高，称为大灭绝

(mass extinction)。至今,人们还不清楚前寒武纪地球生物构成和生态系统的结构,从生态系统以动物和植物为主体的角度看,生物灭绝当发生在显生宙。有研究认为,生物种灭绝率达到75%以上的称为大灭绝(Jablonski,1994)。显生宙共发生过5次生物大灭绝事件,古生代有3次,分别发生在奥陶纪—志留纪过渡期、泥盆纪末、二叠纪—三叠纪之交。

(一)第一次生物绝灭

第一次生物绝灭发生在奥陶纪—志留纪过渡期(约440 MaBP)。奥陶纪气候温和,浅海广布,地球上许多陆地被浅海覆盖,海洋生物空前发展,包括笔石、珊瑚、腕足类、海百合、苔藓虫和软体动物类,但陆地生物还不繁盛。在奥陶纪末,现在的撒哈拉陆块位于南极,发生了大冰期。南极冰盖迅速扩张,海平面下降150 m以上,海洋生物生存空间大规模减小,造成笔石、三叶虫等海洋生物大量灭绝,种减少86%(王绍武,2011;Sutcliffe et al.,2000;Sheehan,2001)。

(二)第二次生物绝灭

第二次生物绝灭发生在泥盆纪末,或说泥盆纪与石炭纪之交(约367 MaBP)。该次绝灭生物种消失了75%(Bambach, 2006; Murphy et al., 2000)。海洋生物比淡水生物受到的影响大,珊瑚、腕足动物、菊石、海百合等无脊椎动物损失惨重,但同时陆地生物得到发展。有研究认为,该次生物绝灭是由伽马射线爆造成的。

(三)第三次生物绝灭

第三次生物绝灭是地质历史上最大的生物灭绝事件,发生在二叠纪—三叠纪之交(约250 MaBP)。二叠纪地球生物欣欣向荣,除海洋生物异常繁盛外,两栖和爬行动物深入内陆。生物灭绝发生,物种减少96%(Bowring et al., 1998; Erwin, 1994; Knoll et al., 2007; Payne et al., 2010)。海洋无脊椎动物受到重大影响,三叶虫、海蕾、蜓类、有孔虫、板足鲎类、四射珊瑚、四分之三的苔藓虫和许多头足类、海绵、腕足类、棘皮类,以及软体动物的许多科都绝灭了;3/4的海洋脊椎动物消失了,25%的两栖类的科和80%以上的爬行类的科消失了。

陆地植物在第三次生物绝灭中也受到很大影响。研究认为经过5 Ma后才逐渐恢复过来。

有人认为西伯利亚火山喷发,使大气氧含量下降造成这次生物绝灭(Renne et al., 1995),也有人认为可能是小行星撞击的结果(Becker et al., 2001)。

第四节　中生代

中生代从 250 MaBP 起，到 65 MaBP，包括三叠纪、侏罗纪和白垩纪。

中生代，从开始到结束，自然地理环境发生了巨大变化，无论是无机界还是有机界，均显示出快速过渡的特征。中生代末期的面貌已截然不同于初期，出现了现代地理环境的雏形。

三叠纪，超大陆形成，海平面下降，全球气候炎热，全球冰盖融化。由于大陆巨大，大部分地区接受不到海洋的水汽，内陆干旱少雨，形成大面积荒漠，只有大陆边缘适合动植物生存。到了侏罗纪，联合古陆解体，并逐渐远离，大陆间的海洋使气候变得温暖湿润。到晚中生代，形成现在大陆的分布格局，只有南极大陆、澳大利亚和印度大陆还在向自己现在位置的运动途中。

三叠纪可分为海洋生态系、滨海生态系和荒漠生态系，而侏罗纪和白垩纪的海洋生态系和森林生态系显得尤为突出。

中生代开始于第三次生物绝灭，中间经过第四次生物绝灭，结束于第五次生物绝灭。

中生代被称为裸子植物时代和爬行动物时代，被子植物和鸟类出现。

一、植物发展

在中生代，植物界发生了革命性的变化。

裸子植物最早出现在泥盆纪，经历石炭纪、二叠纪，在晚二叠纪，木贼、石松、真蕨、种子蕨、科达类等植物已大为衰退，出现了适应干燥、寒冷环境的银杏、苏铁、松柏等裸子植物。进入中生代以后，裸子植物迅速发展繁盛，它们种类繁多，分布广泛，成为主导植物。

三叠纪和侏罗纪时，陆地上最茂盛的是松柏类针叶植物，以及苏铁和银杏。苏铁类在侏罗纪时遍布于各大陆，是当时的全球性植物；在中生代，银杏相当繁茂，在北美洲、中美洲、欧洲、非洲南部和澳大利亚均见生长。

侏罗纪，由于气候温暖湿润，特提斯海周边陆地植被茂密，植物死亡后产生的残骸随河流进入海洋，与繁盛的海洋浮游生物共同构成初级消费者的粮食，使特提斯海海洋食物网空前发展。

在白垩纪中期以后，裸子植物很快被被子植物排挤到生态边缘，被子植物以乔木、灌木、草本等多种形式适应气候条件的变化，迅速繁衍。白垩纪早期，被子植物在维管植物中只占5%，至白垩纪晚期，已占到95%，成为植物王国的主宰。

二、动物进化

爬行动物从白垩纪由两栖动物发展而来，并演化出鸟类和哺乳动物。说到爬行动物，人们可能最易想到的是恐龙和蛇。早三叠纪，灭绝事件后，生物慢慢复苏，海洋六射珊瑚出现，到中三叠纪，各种爬行动物满地跑，海洋动物快速辐射发展。到晚三叠纪，似哺乳动物演化为哺乳动物。接着，由于气温急剧升高，发生第四次生物绝灭，大量生物消失，摧毁了多种生态系统，研究认为是由大陆分裂、火山喷发，大气温室效应气体浓度升高引起气温剧烈升高造成的。

在侏罗纪，海洋和陆地生物空前发展。

海洋中，海洋浮游生物出现新物种，在热带海洋珊瑚生长出壮观的生物礁。盘状的菊石和笔直的箭石在侏罗纪地层中特别丰富，硬骨鱼开始繁盛，以海星为代表的棘皮动物随处可见。菊石演化速度非常快，不同地层中可以找到不同的菊石，体型从纽扣大小到车轮尺寸都有，反映不同的海洋生态环境，是地层学的标准化石。海洋爬行动物，包括地蜥鳄、蛇颈龙、鱼龙，游弋于海水中，蔚为壮观。

现今的两栖类，滑体亚纲的无尾目、有尾目及蚓螈开始出现；最古老的哺乳动物吴氏巨颅兽和最古老能游泳的哺乳动物近亲獭形狸尾兽出现。接着是各种恐龙暴发式辐射发展，有暴龙、腕龙、迷惑龙、剑龙、异特龙、嗜鸟龙、奥斯尼尔龙。鸟类从兽脚亚目演化出来。

早白垩纪，爬行动物取代两栖类，并达到极盛，它们占领了所有的海陆空各种生态环境，特别是恐龙，极其繁盛，成为当时的统治者。禽龙、林龙、多刺甲龙和始暴龙出现。顾氏小盗龙、帝龙和森林翼龙在中国东北出现，顾氏小盗龙身长77 cm，四翼上有类似鸟类的羽毛；帝龙有羽毛，体长1.6 m；森林翼龙翼宽只有25 cm。这个时期肉食性恐龙有驰龙科的恐爪龙及棘龙科，草食性恐龙有波塞东龙、高吻龙及蜥结龙。100 MaBP，巨大兽脚亚目的鲨齿龙及南方巨兽龙出现。80 Ma时，蜥脚下目、鸭嘴龙科及角龙科等很多恐龙种类出现。早白垩纪，恐龙以松柏类植物叶子为食，被子植物开始繁盛，以被子植物为食，促进了恐龙的分异。晚白垩纪，恐龙多样性得到空前发展，在中生代的最后 30 Ma，被子植物开始繁盛，恐龙种数增加了一倍。

白垩纪亚洲和北美大陆联系在一起，所以两大陆的动物种群极为相似，肉食性恐龙在两大陆占主导地位。南美洲和非洲主要生活着植食性蜥脚类恐龙。

白垩纪，与有花植物繁盛联系在一起的是昆虫的繁盛。胎盘哺乳动物的祖先攀援始祖兽出现。110 MaBP，8 t 重及 12 m 长的帝鳄出现。

爬行类在统治地球 100 Ma 以后，中生代末期发生大规模绝灭，鸟类和哺乳类取代了爬行类的地位。

三、海洋微体生物繁盛与发展

海洋微型生物主要是浮游生物，也包括底栖种，像有孔虫，既有底栖种，又有浮游种，而且以底栖种为多。显生宙各纪均有海洋微型生物，但在中生代的演替最为突出。在几种重要的海洋浮游生物中，疑源类从元古代就存在于海洋中，放射虫则在寒武纪开始出现，约在志留纪，颗石藻和沟鞭藻断续在海洋中出现，直到三叠纪才大量涌现(图 7.4.1)(汪品先，2006，2009)。有孔虫和硅藻已大量应用于海洋环境和气候变化研究。

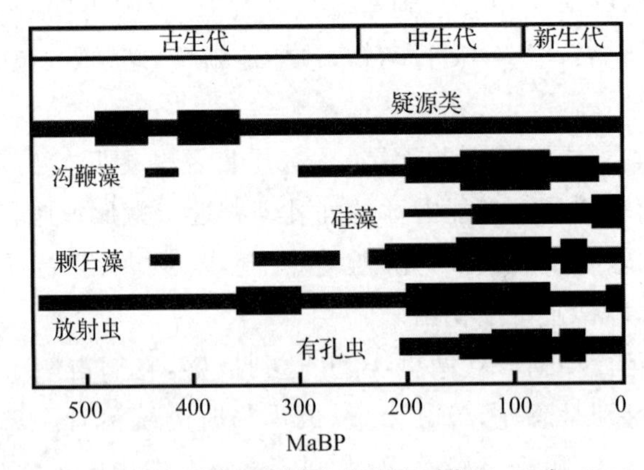

图 7.4.1 显生宙海洋主要浮游生物兴衰时期(汪品先，2006，2009)

(一)有孔虫

在早古生代有孔虫化石比较贫乏，前寒武纪岩芯中缺乏令人信服的有孔虫化石证据。奥陶纪前的有孔虫都是一些简单的类型，如单房室、树枝状、管状等。这是有孔虫的发生阶段。志留纪—泥盆纪是有孔虫的初期发展阶段，此阶段的有孔虫类型原始，钙质壳属种少、分异度低，以伪几丁质壳和胶结壳为主，代表性的有瓶形虫、砂盘虫、似砂户虫及少量内卷虫(赵秀丽和李守军,2017)。

石炭纪到二叠纪是有孔虫的第一个繁盛时期,钙质壳类达到极盛,内卷虫和纺锤虫在这一时期极大的发展,构成了这一时期的标准化石。胶结壳的曲杖虫开始出现并立即兴旺起来,小粟虫开始出现。钙质多孔壳类,如节房虫开始萌芽。古生代末生物大灭绝事件对有孔虫产生了极大的影响,纺锤虫全部绝灭,内卷虫90%以上的科绝灭。

三叠纪—侏罗纪是绝灭事件以后的一个复苏时期。曲杖虫和小粟虫新产生了40%的科,自寒武纪就开始出现的瓶虫和砂盘虫远比不上曲杖虫和小粟虫的发展。

钙质多孔壳有孔虫开始大量出现,产生了6个超科,同时,其孔虫的分异度开始回升。有重要意义的是新产生的双口虫和抱球虫。双口虫出现于三叠纪,而绝灭于中侏罗纪,演化快,可视为标准化石。同时,具有演化方面的意义,许多后来的钙质透明壳都是由它演化而来。

抱球虫超科是有孔虫中唯一的浮游类型,它的出现是有孔虫演化史上的一件大事,有着重要的地质意义。

晚三叠纪到侏罗纪,大量浮游有孔虫和颗石藻形成深海碳酸盐沉积,成为地球碳循环的重要环节,有效地调控和缓冲着大气CO_2的浓度。

白垩纪是有孔虫全面繁盛的起点,所有的目至此已全部出现,主要特点为:①新科大量出现,仅钙质多孔壳的就出现12个科;②胶结壳的曲杖虫超科达到极盛,新产生了两个新科和7个亚科;③抱球虫分为8个科,其中5个科出现于白垩纪;④大型底栖有孔虫类群和特有浮游类群的出现使白垩纪有孔虫呈现出独特的面貌,胶结壳的有圆锥虫,似瓷质壳的有蜂巢虫,钙质多孔壳以假圆片虫和货币虫为代表。

白垩纪高海平面使海洋面积比现在的72%大,达82%,而且海洋环流缓慢,赤道与极地温差远比现在小,赤道温度为30 ℃,极地为14 ℃;深层水水温达17 ℃,与表层水温度梯度也比现在小得多。大洋环流和表层水与底层水的交换较弱,浮游生物空前繁盛,全球形成大面积钙质沉积和石油储层,全球有一半的石油在白垩纪形成。

第五次生物绝灭事件中,底栖有孔虫中许多具白垩纪特色的科属完全绝灭。在古新世经历了短暂的停滞,始新世又开始了第三个繁盛时期,大量的新类型开始出现,如古新世绝灭的圆片虫等,新产生的如轮虫、盘环虫等。有孔虫从始新世进入全盛时期,成为重要的造岩生物,以致大半个欧洲都以“货币虫灰岩”作为“下第三系”的代名词，同时也出现了蜂巢虫石灰岩、小粟虫石灰岩等有孔虫灰岩。

有孔虫的种群结构（assemblage）主要受水温和盐度控制，钙质壳体氧同位素组成对水温有很好的指示作用。一些种的有孔虫生活在一定的水深，所以有孔虫在水温、水深和气候变化等研究中得到广泛应用。

（二）硅　藻

硅藻是一大类海洋浮游生物。硅藻死亡后下沉，大部分在沉降中溶解，小部分会埋葬在沉积物中形成蛋白石。硅藻最早可能始于侏罗纪，在白垩纪繁盛起来。新生代以来硅藻成为海洋浮游植物竞争的优胜者，凡是高营养盐的海区，只要硅的供应有保证，一定是硅藻蛋白石的大量沉积区。随着大洋营养盐和硅质分布的变化，世界大洋蛋白石的沉积区，即硅藻高生产力区，也在不断转移（汪品先，2006）。今天高值区在南大洋，2.7 MaBP 以前在北太平洋，而 4.5—7.0 MaBP 在热带太平洋（Cortese et al.，2004）。海洋的蛋白石沉积还可能与陆地植被的演化相关，始新世末地球系统从“暖室期”转向“冰室期”，使得陆地植被中草本植物大为繁盛，而草本植物干重的 15 %是蛋白石质的植硅石，草本植物的繁盛加速了溶解硅从大陆向大洋的输送。始新世末海洋硅藻的突然发展，很可能是与陆地草本植物的一种协同演化（Falkowski et al.，2004）。

海洋硅藻化石——蛋白石可用于研究海水温度、pH、盐度、碱度、水深、营养水平、元素组成等。

四、生物绝灭事件

中生代有两次大的生物绝灭事件。

（一）第四次生物绝灭

在三叠纪—侏罗纪过渡时期发生第四次生物集群绝灭事件（约 208 MaBP）。这次绝灭，属消失 47％，种减少 80％，海洋生物科减少 25％。有研究认为，这次绝灭可能发生在两个时期。该事件中，牙形石类全部绝灭，菊石、海绵动物、头足类动物、昆虫和陆生脊椎动物的多个门类绝灭。恐龙从绝灭事件中存活过来，并成长为巨大的体型。

有研究认为这次绝灭是由大陆分裂，引起超级火山喷发，温室效应气体浓度升高使气温剧烈上升造成的。也有研究认为是陨星撞击地球引发的。

(二)第五次生物绝灭

白垩纪末发生的第五次生物绝灭事件(约 65 MaBP),是中生代生物演化过程中一个极为重大的事件。当时活着的物种约有三分之一绝灭了,包括菊石类、箭石类、苔藓、双壳类软体动物、海胆、浮游有孔虫、珊瑚、腕足动物,爬行动物中的恐龙、翼龙、海龙、鱼龙、中龙等均绝灭,只有鳄鱼、蛇、龟和蜥蜴残存下来。陆生植物中,苏铁绝灭,其他裸子植物大量衰减。绝灭并非在同一时期发生,但是中生代结束的标志。据统计,白垩纪生物有 2868 属,经该事件,到第三纪仅剩约 1500 属,种绝灭率达 85%。

关于白垩纪末生物绝灭的原因有众多的解释,不论哪种解释,都是把绝灭归因于环境变化,绝灭的种属因不能适应环境而从地球上消失。其中主要的原因可能是大陆的抬升、陆缘浅海的撤退、气候变冷、陨石撞击、大陆解体、生物的生存竞争等。有相当的研究者倾向于由陨石撞击所导致的环境的巨大变化对生物产生的致命打击,包括撞击形成的化学元素异常对生物的毒害。

尤卡坦半岛小行星撞击被认为是最可能的第五次生物绝灭事件的起因。也有人认为印度德干高原火山喷发可能是该次生物绝灭的原因(Schoene et al.,2015,2019)。有研究认为这次绝灭之后经历了 1.5 Ma 地球植物才又繁盛起来,但被子植物取代了裸子植物。

第五节　新生代

新生代从 65 MaBP 到现在,包括第三纪和第四纪,第三纪从 65 MaBP 到 2.5 MaBP,涵盖了新生代的大部分时间。

新生代,大西洋和印度洋盆地的宽度增大,太平洋的宽度缩小,海陆分布格局已经基本形成,全球逐渐形成了现代地貌形式。现代大陆轮廓、山系的分布也都是在此阶段最终确立的。随着非洲、印度和欧亚板块的碰撞,特提斯洋关闭,高峻的阿尔卑斯—喜马拉雅山系形成。太平洋东岸山脉强烈隆起,西太平洋岛弧发育。

新生代,古新世气温逐渐升高,为暖湿气候,并在古新世末出现热极大。之后气温逐渐降低,到早渐新世,极地冰盖出现,更新世进入冰期,高纬度总体变得干冷。

新生代的另一个表现是现代生物的出现。现代所见的生命形式大都是在距今 65 Ma 以来兴盛起来的,并最终进化出人类。

新生代被称为被子植物时代和哺乳动物时代。哺乳动物有皮毛,更能适应气候的冷热变化。

一、植物演替

被子植物在早白垩纪出现,在中白垩纪,多样性已非常丰富,灌木,包括木兰、肉桂、冬青等;草本植物有百合、虎耳草等;还有攀缘植物葡萄藤、西番莲等。被子植物对环境非常敏感,不同生态条件会发展出不同的植物。新生代被子植物空前繁盛,取代了裸子植物,残存的松柏、杉树被被子植物挤压到温带和寒带,一些已濒于彻底绝灭的境地,像苏铁、买麻藤等。第三纪中期,被子植物适应了从湿热的热带到寒冷的极区的各种不同环境,许多现代种的起源都可以追溯到第三纪中期。35 MaBP 时,禾本科从被子植物中演化出来。

德国法兰克福附近的麦塞尔湖始新世化石群发现月桂、橡树、山毛榉、柑橘、棕榈、睡莲和针叶植物化石,说明这里曾经是葱翠的热带森林。

从渐新世起,草原面积不断扩大,一直到早中新世,地表还是以森林为主。之后,随着气候变冷,草原生态系统大面积出现。进一步的发展,出现了荒漠生态系,但与寒武纪之前的荒漠明显不同。

10 MaBP 时,气候开始变得干燥,草原代替了森林。$\delta^{13}C$ 的分析结果显示,在巴基斯坦的帕特瓦(Potwar)高原,7.3—7.0 MaBP 期间植物群发生了戏剧性的变化,在 7.3 MaBP 之前,C3 植物占优势,指示森林与乔木环境;7 MaBP之后,C4 植物丰富,指示热带草原在森林的空间中迅速扩展(图 7.5.1)。撒哈拉地区也发生类似的变化。在古新世和始新世期间,南撒哈拉地区的大部分地区为赤道雨林所覆盖,到渐新世和中新世,现代撒哈拉的大部分地区已转变为疏林和萨凡纳树林,至上新世时许多现代撒哈拉地区的植物成分都已经出现。

晚新生代,从西撒哈拉经阿拉伯到印度西北部的广阔热带干旱化,北半球变冷。世界许多地区的森林在晚第三纪时逐渐被草原取代,与之相适应,动物组合的分异和演化也朝着草食动物发展。北美变干的时间与巴基斯坦地区同时。在南美、南非和澳大利亚地区,地貌学、地球化学、动植物方面的证据均表明新近纪(25—2.5 MaBP)干旱化的趋向。

在第四纪开始的 2.4 MaBP 前后,全球环境干旱过程进一步加强。非洲的干旱导致森林退缩而草原面积扩大。孢粉信息显示,埃塞俄比亚的奥莫

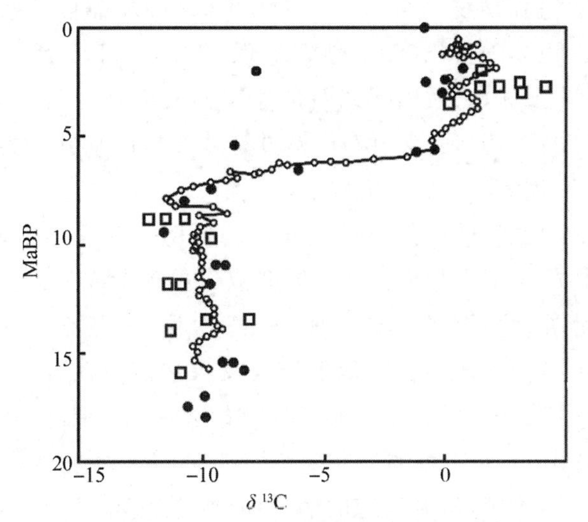

图 7.5.1　7 Ma 前后巴基斯坦和北美 C3 植物向 C4 植物的变化(Turekian,1996)

(OMO)谷地 2.6—2.4 MaBP 的气候比现代温暖湿润,但随后变得比现代更为冷干。阿尔及利亚、乍得和肯尼亚也发生了类似的变化。大量原始人类遗址的土壤样品碳同位素显示,在约 2.5 MaBP 之后东非不再有郁闭的森林,而出现了森林草原环境。中国从 2.4 MaBP 开始出现黄土沉积,但东部和南部是温暖半湿润气候,植物茂盛,地中海地区的夏季干旱也在此时出现。热带安第斯地区的植物群于 2.5 MaBP 发生显著变化。

二、动物进化

白垩纪—第三纪绝灭事件将差不多一半的动物物种(包括所有不能飞的恐龙)绝灭。新生代哺乳动物和鸟类迅速发展,占领了由爬行类动物绝灭而腾空的陆、海、空各种环境。在古新世(65—58 MaBP),没有了巨大的恐龙,哺乳动物的多样性得以增长。在始新世(58—37 MaBP),灵长目、象、犀、马、海牛和鲸,以及现代鸟类的大多数目和科均已出现。50 MaBP,细齿兽类出现,可能是狗、猫、熊、浣熊、狐狸、土狼、狐狼及麝猫的祖先。始新世的麦塞尔湖化石群保存状况极好,发现很多陆生哺乳动物和蝙蝠化石,包括食蚁兽、穿山甲、原古马,甚至毛发、羽毛、隔膜、内脏和胃容物都能分辨出来。

中新世,恐象出现,于 2 MaBP 前灭绝。熊的祖先出现,其体型只有狐狸般大,以植物及昆虫为食。第一类猫熊亚科分支出来,当中只有大熊猫能生存至今。距今 21 Ma 时,像獴的生物乘坐植物筏由马达加斯加漂至非洲,并成为所有当地肉食性哺乳动物的祖先。20 MaBP,犬科及猫科开始分支。象的祖先嵌齿象出现。距今 19 Ma 时,大地懒出现,于 8 kaBP 灭绝。马的全盛期开始,并扩展整个北半球,之后因偶蹄目的竞争而衰减。上新世,南北美洲陆地联结起来,哺乳动物由北美洲往南迁徙,并造成当地的哺乳动物绝灭。在更新世,北美洲出现斯剑虎,并向南美洲辐射发展。

哺乳动物的温血特性使其能适应复杂的环境。在海洋中,真骨鱼类随着海生爬行类动物的绝灭而相当繁盛。同时双壳类逐渐成为无脊椎动物中的重要类群。一些哺乳动物重回海洋,如鲸鱼、海牛目、鳍足亚目等。鲸鱼及海豚的祖先游走鲸可能像海狮般在陆地上行走及像水獭般在海中游泳,它们的脚有蹼,并且是以耳朵听声音。龙王鲸有呼吸孔,要把头部伸出水面呼吸。在渐新世(37—25 MaBP),龙王鲸的后肢开始缩小,听觉开始经下颚传至中耳。埃及的鲸鱼谷当时是水域,是龙王鲸的栖息场所。

16 MaBP,出现巨牙鲨,是巨大的鲨鱼,但于 1.6 MaBP 突然消失。3.5 MaBP,大白鲨出现。

在哺乳动物中,有袋动物的生产与其他哺乳动物不同,其他哺乳动物生来就会行动,有袋动物出生后要在母袋中养育一段时间后才能与母体分离。在北美发现最早的有袋动物,可能通过南美、南极到达澳大利亚,并演化成现在的样子。研究认为袋鼠的祖先在中生代就已出现,40 MaBP 前到达澳大利亚。

研究认为鸟类是由恐龙进化出来的,最早出现在侏罗纪,在白垩纪已多样化,但特征与现生鸟类还有很大差异。白垩纪有中华龙鸟与长城鸟,它们共同的祖先为始祖鸟。原始热河鸟在中国东北出现,它有大而强壮的翼,并保有像恐龙的长骨质尾巴。现生鸟类在新生代才辐射发展开来。

三、灵长类生物进化

部分是由于对人类起源的关注,新生代的灵长类动物受到较多的研究。

古新世,夜间栖息在树上吃昆虫的统兽总目分支出灵长目、树鼩及蝙蝠。灵长目有双目视觉及抓东西的指,可以帮助从一棵树跳往另一棵。更猴就是一个例子,但它于 45 MaBP 灭绝。

真灵长类最早在北美洲、亚洲及欧洲出现,如美国怀俄明州的辛普森氏果猴及中国云南的亚洲德氏猴。40 MaBP,灵长目分支成原猴亚目及简鼻亚目,简鼻亚目白天活动,是草食性的。30 MaBP,简鼻亚目分支成阔鼻小目及狭鼻小目。阔鼻小目有卷尾,迁移至南美洲,雄性是色盲的。狭鼻小目留在非洲,其中一种可能是埃及猿的祖先。现今的狐猴生活在巴基斯坦中部布格蒂丘陵的雨林中。

在中新世(25—5 MaBP),狭鼻小目分支成两个总科:猴总科及人型总科。猴总科没有卷尾,有些甚至完全没有尾巴。所有人型总科都没有尾巴。15 MaBP,猿从非洲迁徙至欧亚大陆,演化成长臂猿及猩猩。13 MaBP,猩猩的亲属开远禄丰古猿出现。10 MaBP,猴的数量激增,猿则减少。7 MaBP,最大的灵长目巨猿在中国、越南及北印度生活,于 300 kaBP 前灭绝。

4 MaBP,黑猩猩开始站立行走。3.7 MaBP,一些南方古猿在肯尼亚的火山灰中留下脚印。3 MaBP,南方古猿在非洲大草原演化,并被恐猫所猎杀。非洲南方古猿及鲍氏南方古猿,其他包括肯尼亚平脸人属出现。大猩猩在刚果河南岸消失。2.2 MaBP,大猩猩分裂成西部大猩猩和东部大猩猩。

四、新生代的海洋生态系变化

环境变化研究中区分渐近发展和快速变化是很重要的,Norris 等(2013)称其为平均状态(mean state)和瞬时状态(transient state)。我们称快速变化的瞬时状态为事件。Norris 等(2013)将新生代分为温室期(66—34 MaBP)和冰室期(34—0 MaBP)两个阶段,从环境条件和生态结构两方面讨论海洋生态系统的演化。

(一)新生代海洋生态系统演化记录

图 7.5.2 所示是新生代海洋生态系统演化过程曲线,包括:①大气 CO_2 证据,竖线显示工业化前 CO_2(10^{-6})浓度和估算得正常排放情况下 2100 年 CO_2 浓度;②由氧同位素和 Mg/Ca 比证据估算得大洋深层水水温,中间线是由底栖有孔虫氧同位素组成得到的长期平均水温,右边线是做过 pH 校正的水温,左边线是做过海水 $\delta^{18}O$ 效应校正的水温;③由多种有机物和 Mg/Ca 比估算得到的表层海水温度;④是全球底栖有孔虫估算得到的溶解氧分布;⑤珊瑚礁体积时间分布,大实心圆表示体积大于 20 km^3 的礁盘,空心圆表示小礁盘;⑥海平面变化,由底栖有孔虫 $\delta^{18}O$、Mg/Ca 比和新泽西海平面记录估算,中间线是长期平均值,最大和最小线是不确定度。点画竖线给出上新世和始新世平均海平面高程。

(二)温室环境条件(66—34 MaBP)

多个证据指出,在 54—34 MaBP 期间大气 CO_2 浓度达 800 μL/L。在 55—45 MaBP 期间,热带海域表面水温(SSTs)高达 30～34 ℃(图 7.5.2)。极

地不寻常的温暖冬季，没有大冰盖，气温在冰点之上。由于深层水由极地表层水下沉形成，当时的大洋深层水比现在热很多，早始新世(约 50 MaBP)为 8～12 ℃，而现在大洋深层水水温在 1～3 ℃。缺少冰盖储水，海平面比现在高约 50 m，有广阔的浅海台地。

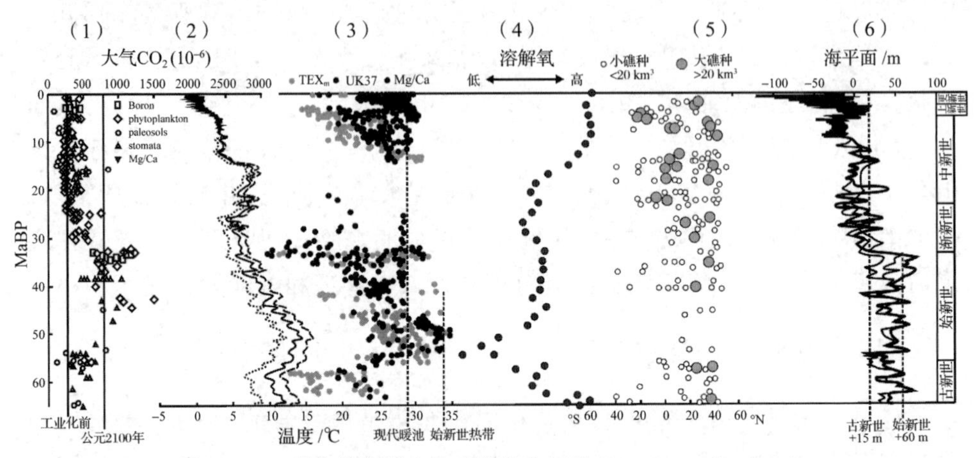

图 7.5.2　新生代海洋生态系统演化记录(Norris et al., 2013)

在温暖的始新世(约 50 MaBP)，南极、澳大利亚和南美在一起。温暖的亚热带水扩展接近南极海岸，阻止了巨大的南极冰盖形成，限制了海洋混合范围和营养盐向南大洋浮游生物的释放。构造障碍和强的向极风暴保持北冰洋为一个缺氧"湖"，通风不足的海水形成含盐表层水。北极表层偶尔被淡水蕨类植物占据，说明存在大量淡水径流输入。

(三)温室生态系统

早古近纪，温暖的海洋支持不同于现代情况的大洋生态系统(图 7.5.3)。温暖的始新世，贫营养的开阔大洋生态系统，扩展向中高纬度和高生产力的赤道和亚热带。海洋高初级生产力在温暖的低纬度，是由小型浮游生物形成的，具有高的有机物和营养盐再循环效率。皮克粒径的浮游生物为主的生态系统支持着长的食物链，所以营养级之间的能量损失限制顶级捕食种群的整体规模。很多大洋捕食者，包括鲸、海豹、企鹅和金枪鱼，在晚白垩纪和早古近纪的温室世界开始辐射进化，之后达到现代的形式和最大的多样性。由于风化造成高大气 CO_2 分压，使碳酸盐在部分深海积累。高海平面扩大沿岸浅海，珊瑚生长受高温和沿岸径流限制。

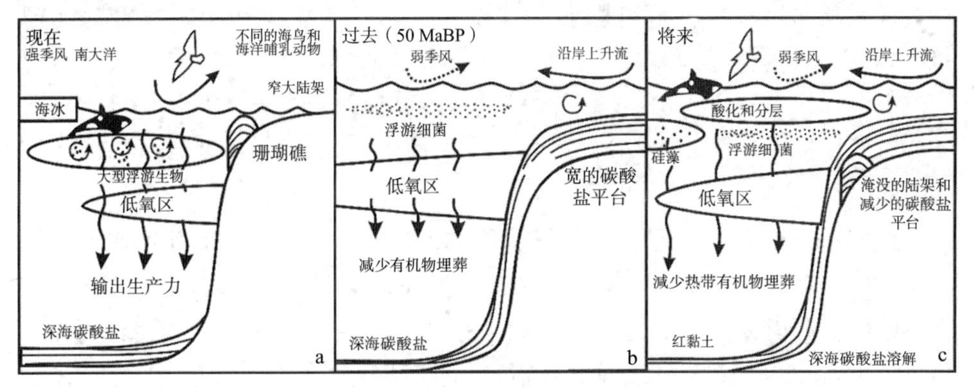

图 7.5.3　现在、古近纪和将来海洋生态系统的比较（Norris et al., 2013）

多种证据显示，早古近纪（65—45 MaBP）生态系统有机碳循环比现在更有效，使有机碳埋葬速率低。55—45 MaBP 期间，中层水鱼类，像灯笼鱼、琵琶鱼，也有重要的辐射进化。低氧环境使得浮游有孔虫种群也多样化。

古新世（66—58 MaBP），特提斯海的低到中纬度都有珊瑚藻礁。始新世（约 57—42 MaBP）气温高，CO_2 浓度高，大珊瑚礁被有孔虫藻礁海岸和浅滩取代。整个特提斯海、南亚、太平洋环礁和加勒比海出现礁石生长中断。可以注意到，很多现代礁鱼是在该时期之前或这段时期进化出来的，多细胞生物礁和广阔的大陆架对它们的演化有贡献。

（四）冰室环境条件

晚始新世期间，大气 CO_2 浓度由 700～1200 μL/L 下降，到始新世渐新世界面（约 36 MaBP）的 400～600 μL/L。

到 45 MaBP，温室气体浓度下降，热带海洋表层水温下降到现在西太平洋或西大西洋暖池（29～31 ℃）范围内。34—15 MaBP，在高纬度，大洋深层水温下降到 4～7 ℃。

在 34—30 MaBP 间，伴随着南极、澳大利亚和南美分离，CO_2 浓度水平下降，极地变冷，南极冰盖生长。南极绕极流的形成，增加了极地到赤道的温度梯度，使南大洋营养盐上涌，硅生产力提高，开始了现代极地生态系统。从 34 MaBP起，极冰逐渐增加，海平面下降约 50 m，到 2.5 MaBP，北半球冰盖扩展，海平面下降达 120 m。在北极，从 14 MaBP 起，海洋生态系统从缺氧湖演变成一个多年海冰覆盖的海盆。

（五）冰室生态系统

在 34 MaBP，在高纬度，南大洋风驱动混合支持以硅藻为主的食物链，生态系统发生变化。短食物链限制现代鲸、海豹、海鸟和远洋鱼多样性。在约28—23 MaBP，南大洋开始变冷，以鱼和鱿鱼为食的齿鲸出现，大食量的须鲸开始辐射进化。15 MaBP，北极气候变冷，海冰栖息地扩展，北极和南极海豹也开始多样化。10—5 MaBP 热带和上升流高生产力刺激鲸的长距离迁徙，促进海豚、企鹅和远洋金枪鱼的辐射进化。

在约 42 MaBP，特别是在北亚热带和西太平洋，珊瑚礁从低纬度向中纬度扩展。然而，大珊瑚礁的大量生长主要发生在约 20 MaBP 至现在一段时间，珊瑚礁区在西南太平洋和地中海扩展。几种与珊瑚礁相关的鱼，像濑鱼、鲽鱼和热带鱼，在 20—15 MaBP 间经历辐射进化。

海平面的变化对形成浅海生态系统有重大影响。在晚更新世，海平面下降，使浅海栖息地大量减少，先前连续的沿岸栖息地大量减少并破碎，破坏了大面积堡礁的生长

(六)古新世—始新世热极大的海洋生态系统

一个快速变化气候的例子是古新世—始新世极热事件(Paleocene-Eocene thermal maximum，PETM，约 56 MaBP)，是一个极强的温室时期，持续了约200 ka。PETM 时期，海表面水温度升高 4～8 ℃。喜热浮游生物向极迁移，热带和亚热带种群被明显的远足者取代。开阔海洋浮游生物被低生产力物种统治。然而，浅海陆架种群普遍变丰富，沿岸海域具有高生产力。

深海底栖有孔虫绝灭(50%灭绝)，幸存下来的底栖有孔虫减小了生长速率，增加了钙化，而且种群优势转向习惯于高食物供应和(或)低氧栖息地。PETM 期间，深海介形亚纲动物也变得矮小短寿，好多种离开深海，进入种遗区，成为残遗种。深海底栖有孔虫和介形亚纲(甲壳纲，节肢门)有时消失，被认为是由于海洋快速变暖，深海溶解氧下降，与大气 CO_2 高浓度相联系的碳酸盐饱和度减小，低中纬度层化，造成输出生产力下降所致。

有在 PETM 期间碳酸盐饱和度下降记录，像畸形钙化软骨浮游动物结石和浮游有孔虫出现。然而 PETM 期间，珊瑚礁生态系统的演化与严重的表层海洋酸化相矛盾。例如，太平洋环礁记录并没有明显的溶解事件。在特提斯海路，大珊瑚藻礁先于 PETM 消失，但珊瑚则坚持进入早始新世。因此，如果PETM 期间有海水酸化，其影响程度，并不产生上层海洋大量灭绝沉降。

(七)新生代海洋脊椎动物多样化

在白垩纪—古近纪界面(K/Pg)生物绝灭(65 MaBP)或之前，海鸟、金枪鱼、中远洋鱼和各种珊瑚礁鱼开始辐射进化。始新世气候适宜期(45—

55 MaBP)，鲸出现，大洋鸟(信天翁、海雀和企鹅)辐射进化，中层水灯笼鱼和琵琶鱼多样化，随着绕极流的发展，南极冰川逐渐建立(约 34 MaBP)，鲸鱼和企鹅多样化。在 15—8 MaBP 期间，极地与热带气候差异造成沿岸和远洋海豚、北极和南极海豚、海雀、现代企鹅、远洋金枪鱼和珊瑚鱼多样化(图 7.5.4)。

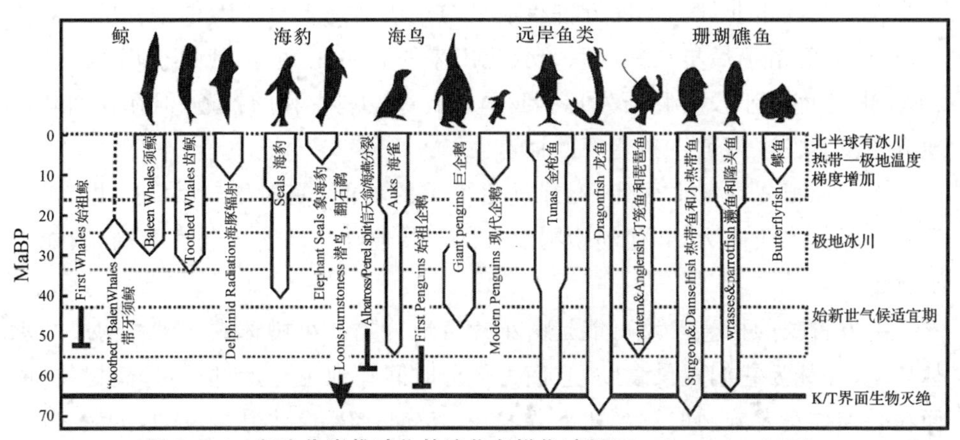

图 7.5.4　新生代脊椎动物的演化多样化过程(Norris et al., 2013)

第六节　第四纪

第四纪从 2.5 MaBP 起至现在，包括更新世和全新世，全新世从 10 kaBP 到现在，所以更新世占据了第四纪的大部分时期。更新世又分为早更新世(2.5—1.0 MaBP)、中更新世(1.0 Ma—100 kaBP)和晚更新世(100—10 kaBP)。

第四纪气候的特点是冰期与间冰期旋回，与之紧密相关的是冰期海退，间冰期海进。第四纪生态系统的演化最重要的方面是人类的进化，所以本节以人类的进化历程为主线阐述生态系统的演化。

一、人类的出现与发展

人类是从古猿进化来的，从猿到人是一个漫长的过程，该过程开始的标志是直立行走，完成的标志是开始制造工具。世界各地均发现有古人类化石。人类学界大多认为人类是从前人到能人再到直立人、早期智人和晚期智人的顺序进化的。人类起源的地点一般认为是在非洲或亚洲。目前,人类起源于非洲的证据多于亚洲。

人类的四大特征:独立行走、会思考、有完整的语言体系和会制造工具。

(一)前　人

前人的代表是南方古猿。由于首先在非洲发现南方古猿化石,因此有人主张人类起源于非洲。但南方古猿最早的年代不到 4 MaBP,根据分子人类学的研究,人的系统最早从猿的系统分化出来的时间在 7—8 MaBP 前后,在 8—4 MaBP 之间几乎没有化石发现。我国也有过发现古猿的报道,但在亚洲其他地方还没有发现南方古猿化石的报道。

人类原祖先在树上居住,锻炼进化了手的功能,使拇指与其余 4 指对合,具有了抓握东西能力,其他动物则没有。与其他哺乳动物为色盲不同,猿能识别颜色。

南方古猿的栖息环境可能是由小片草地分隔的小树林或杂树林构成的森林环境,森林为它们提供食物,它们大部分时间在地上行走,但不远离树林,以便在受到捕食者威胁时逃到树上躲避。2.5 MaBP,森林退缩,草原扩大之后,因可供食用的食物资源减少,古猿不得不频繁迁徙,在草原上的迁徙增加了遭受捕食者攻击的危险性,许多种群可能因此绝灭。大量的森林栖息地为草原所取代,也使得一部分种群因此而被迫放弃了林栖的习性,完全到地上生活。这一生活习性的转变打破了南方古猿长达 1.5 Ma 以上的稳定进化,为完成从猿向人的转化提供了机遇。由于环境改变,与捕食者之间的生存竞争,克服森林食物资源丧失造成的影响,对大脑的进化大有好处,特别是在智慧弥补生理的不足、增强合作性、制造复杂武器等方面。大脑的进步不仅被用于逃避捕食者,也被用于发展狩猎技术,从而扩展了地面上的食物资源。因此,南方古猿中的一部分,能够渡过环境危机,免遭灾难绝灭,并进化为人类。

确实能够直立行走的东非南方古猿化石时代在 4 MaBP,在埃塞俄比业阿法盆地发现的化石为 4.4 MaBP,被认为是迄今已发现的最古老的人类祖先。最晚的南方古猿化石年龄在 3 MaBP 左右。南方古猿以野生植物和被肉食动物杀死的动物的腐尸为食,与其他动物没有严格的区别,在生存竞争方面并不占有优势。

(二)能　人

最早的能人化石在 2.4 MaBP 发现。与生活在树上的祖先南方古猿不同,能人完全在地面上生活。最早的石器是在非洲发现的,时间与此相当,大概是能人制造的，它们是用经简单打制的砾石制成的，被称为奥杜威文化。虽然他们最初所制造的工具还相当简单，但它们是人类出现的标志，因此具有划时代的意义。

值得注意的是，能人出现的2.4 MaBP这个时间正是第四纪开始的时间。因此有学者指山，第四纪开始时全球环境变化所造成的栖息地和资源的变化驱动了自然选择，对人类的出现起了关键作用。在第四纪开始的2.4 MaBP前后，非洲发生严重干旱，导致森林退缩，草原面积扩大。这种变化对哺乳动物有深刻的影响，多种生活在森林环境的羚羊在此时绝灭；此后不长的时间里，出现了大象等众多在萨凡纳环境中生活的物种。

（三）直立人

根据现有资料，直立人最早在约2 MaBP出现于亚洲、非洲和欧洲。直立人被确认能够制造石器，并利用工具获取食物；他们制造了手斧、刮削器、尖状器、双面刮削器等多种用途的石器，创造了利用工具从自然界捕获和采集食物的生存模式。能制造工具以及随后学会的对火的使用，大大增强了人类的生存能力，使人类在捕获猎物及与其他动物竞争中处于更为有利的地位；借助火和工具建造的营地能够适应更为恶劣的环境，从而能在更为广泛的地区生活。在直到200 kaBP的漫长时间里，直立人的形态变化不大，他们所制造的石器也没有多大改进。因此，尽管直立人开发了广阔的资源，但他们的效率很低、专业化能力极差。即便如此，直立人已足以借助于他们的工具获得足够的植物和动物性食物，以维持生存和繁衍，并扩展其生存空间。直立人遍布非洲、欧洲、亚洲等一些条件比较好的地区，人类的居住空间得到了第一次发展，人类的数量也有所增加(表7.6.1)。

（四）智　人

继直立人之后出现的是智人。智人一般分为早期智人和晚期智人。早期智人在200 kaBP出现，在亚洲、非洲和欧洲的许多地点都有化石发现。晚期智人也叫现代智人，是指解剖结构上的现代人，在100 kaBP出现。

早期人类的进化十分缓慢，只是到了40 kaBP，进化的速度才开始加快。智人可以制造更为复杂的工具，出现了用于各种专门目的的工具，以及由几个部分组合在一起的复合工具。他们利用石头、动物骨头等制造了精巧的成套工具，包括形状规整、两面平行的石片，还有骨器和鹿角器。智人继承了直立人狩猎采集的传统，主动地适应环境和集体合作，就近采集野生植物和捕猎野生动物，从中获得能量。

表 7.6.1　一些旧石器时期古人类及遗址

	名称	遗址	年代	分类	最早发现时间
中国	北京人	北京周口店	780—680 ka	直立人	1921
	蓝田人	陕西蓝田公王岭	1.15 Ma—700 kaBP	直立人	1964
	元谋人	云南元谋县	1.7 MaBP,或 600—500 kaBP	直立人	1965
		河北阳原县泥河湾	约 2 MaBP		1924
	巫山人	重庆巫山县庙宇镇龙坪村	2 MaBP	直立人	1985
	丹尼索瓦人	中国、西伯利亚	100 kaBP		20 世纪 80 年代
欧洲	尼安德特人	德国尼安德特	120—30 kaBP		1856
	海德堡人	德国海德堡	500—400 kaBP	直立人	1907
	克罗马侬人	欧洲	30 kaBP		1868
非洲	鲍氏猿人（东非人）	坦桑尼亚北部奥杜威峡谷	更新世早期,2.6—1.2 MaBP		1959
	南方古猿	南非西北省塔翁地区	5.0—1.3 MaBP		1924
	罗百氏傍人	南部非洲	2.0—1.2 MaBP		1938
	乍得沙赫人	乍得	约 7 MaBP		2001
		南非布隆伯斯	70 kaBP		20 世纪 90 年代末
美洲	克洛维斯人	美国新墨西哥州	11.5 kaBP		1936—1938
东南亚	弗洛瑞斯人	印尼	800—13 kaBP		2003
	爪哇人	印度尼西亚爪哇岛	700—500 kaBP	直立人	1937

技术的进步使得晚期智人能够适应更为恶劣的环境，人类生存空间的扩展是一个极大的进步，这种扩展完全是建立在狩猎、采集和捕捞基础上的。他们通常对周围的环境有很深刻的认识，知道什么时间、什么地点可以收获植物、捕杀动物；哪有水源，哪些植物可以治病，等等。他们利用石头、动物骨头等制造捕杀动物的武器、采集植物的工具，以及日常生活用具。晚期智人通常共同劳动生活，依靠彼此的合作获得食物。他们占据了大面积的生活范围，在

那里他们或许进行了季节性迁徙。当食物变得匮乏时,他们就带上仅有的一点生活资料迁徙他处。

二、典型生态系

第四纪的大生态系统大都持续到了现代,所以人们可以对其进行较多的研究,如苔原生态系、山地与高原生态系、珊瑚礁生态系等。

(一)苔原生态系

第四纪冰期与间冰期旋回,生态系统随着冰盖的进退消退与建立,邻近永久冰盖的冻土区的苔原生态系与无冰环境有明显的差异。

由于供植物生长的季节非常短,只有那些耐寒植物可以生长,典型的有苔藓、地衣、莎草和矮化树。现代苔原生态系统的动物有北极狐、狼、驯鹿、野兔、田鼠、貂等,还有多种鸟类。更新世苔原的动物比现在更多。

在冰期,人类跟随驯鹿通过白令陆桥到达北美洲的同时,起源于北美的犬类在同一条路上沿着与人类相反方向到达亚洲,这条路主要是苔原区。

关于苔原生态系,人们最可能联想到的是猛犸象。但一些研究认为,苔原生态系不可能维持这种庞大的生物生存,猛犸象可能生活在邻近冻土的森林地带,至少一部分时间是这样,以获得足够的食物,而牛科动物可能会适应苔原生态系。

(二)美洲柯迪勒拉山系

柯迪勒拉山系是陆地最长的山系,沿美洲西部,从北美加拿大起,经美国、墨西哥、中美洲到南美最南端,长达 18000 km。该山系形成涉及北美板块、加勒比板块、南美板块、库拉板块、法拉隆板块、可可斯板块、纳斯卡板块和南极板块。

北美西海岸的法拉隆板块和北美板块边界是圣安的列斯断裂带,在该边界处,法拉隆板块向北运动,北美板块向南运动,为守恒边界。圣安的列斯断层持续活动,在洛杉矶形成拉布雷亚沥青湖,其中保存着完好的猛犸象、剑齿虎、美洲野牛等各种生物化石。

上新世,在中美洲,纳斯卡板块向加勒比板块俯冲,形成巴拿马地峡,将北美洲的洛矶山和南美洲的安第斯山连成一条山系——柯迪勒拉山系。通过巴拿马地峡,北美的动物向南美进发,对南美动物种群形成大的影响。

巴拿马隆起,阻断了大西洋与太平洋的水体交换,彻底改变了北大西洋环流模式,形成的北大西洋暖流携带的暖湿气流,使北美太平洋海岸、西欧和北欧的气候更适合生物生存。

柯迪勒拉山系的南美部分——安第斯山，长达10000 km，宽400 km，最高峰阿空加瓜海拔达6960 m。至今，由于可可斯板块、纳斯卡板块和南极板块的俯冲，安第斯山仍不断抬升。由于西部高山的存在，使南美洲较少荒漠化地区。

由于构造过程，柯迪勒拉山系多个火山还处于活跃期。

三、人类活动引起的自然生态系统的变化

整个第四纪的板块分布及大陆地形地貌没有发生巨大的和剧烈的变化。气候旋回造成的冷暖交替和海平面升降是影响生态系统变化的主要因素。从人类学会制造工具开始，直到10 kaBP前后的农业革命以前的近2 Ma时间里，采集与渔猎一直是人类唯一的生产、生存方式。简单的石器工具和低人口密度，使得人类对自然环境的影响十分有限，绝大多数生态系统均保持自然状态。

火的使用是人与环境关系上的一次重大革命。根据世界许多地区的考古发现，原始人类至少在50 kaBP前后已能够控制火的使用，至于人类开始利用火的时间应该更早，可能会超过1 MaBP。可能是火的使用促进了人类向欧亚大陆条件较恶劣地区的扩展。

火对原始人类可能有多种用途，可分为有目的地利用和随机利用两个方面，其中用火捕杀动物和烧烤食物可能是最重要的用途。人类也可能把火用于清除植被或促进植被的再生，刀耕火种就属于这种情况。因此，火可能是人类最古老的环境管理工具。

尽管森林或草原大火只发生在有丰富的干燥植物的地方，但雷电和人类活动均可能导致火灾发生，因此很难区分过去发生的火灾在多大程度上是自然的，在多大程度上是人为的。澳大利亚的孢粉和炭屑分析表明，在土著人到达澳大利亚后，炭屑所指示的火灾的频率明显增大，耐火的桉树树种有增多的趋势。另一项分析显示全新世澳大利亚火灾频率远远高于土著人尚未到达前的末次间冰期。在英国和德国发现的220—200 kaBP间冰期期间的一个温带森林出现短期衰退现象，也被怀疑与原始人类用火有关。在英格兰东部的一个孢粉序列显示，尽管生活在湿润的森林环境中的桤木并未变化，但榛、紫杉和一些榆非常突然地消失，被草地、少量的桦和松所取代，同时期地层中发现有炭屑；在另一地点的相同地层中还发现大量炭屑和石器。持续350 a左右

之后重新被栎和榛所替代，这个长度对能够迅速侵入草原环境的桦和榛来说似乎太长了。上述现象尽管可勉强地用自然过程来解释，但有学者认为不排除受人类用火影响的可能性。

四、人类的全球迁徙

大约从 100 kaBP 起，人类开始全球性的迁徙，主要有 3 条路线：①从非洲到亚洲——阿拉伯路线；②从亚洲到美洲——白令陆桥路线；③从亚洲到澳大利亚——马来半岛—印度尼西亚路线。

技术的进步使得晚期智人（100 kaBP）能够适应更为恶劣的环境，从而导致人类生存空间的第二次显著扩展。此次生活空间扩展的速度十分迅速，约 80 kaBP 到达南非，约 60 kaBP 到达澳大利亚北部，约 40 kaBP 到达玻利尼西亚，约 30 kaBP 开始占据美洲大陆，到约 10 kaBP 以前，现代人占据了除南极洲以外的所有大陆，从北极圈到热带地区，都有现代人居住。冰期所导致的环境变化对人类的扩展有重要影响，人类所以能够到达北美和澳大利亚是与冰期海平面下降造成的浅海大陆架广泛出露分不开的。即使是在冰期的低海面时期，到达澳大利亚和新几内亚需要乘木筏或独木舟横渡 100 km 宽的海峡。

距今 3 万年时，人类从西伯利亚分几波进入北美洲，较后的经过白令陆桥进入，早期的可能是以跳岛战术经阿留申群岛进入。

冰期海面下降导致白令海峡不止一次地成为干燥的陆地，把亚洲的西伯利亚和北美两个大陆连接在一起。这条连接两大洲的陆上通路的宽度与现在的阿拉斯加差不多，它是西伯利亚冻原—苔原带的延续，向东直抵北美大陆冰盖的边缘。白令海峡地区这片低地对驯鹿、猛犸象等以及在追击动物向东直达阿拉斯加的人们来说，是一条广阔的大道。末次冰期，当西伯利亚的动物群跑上白令陆桥时，住在西伯利亚和东北亚以狩猎为生的人们尾随其后，从亚洲来到北美并住了下来，成为美洲最早的移民。亚洲人可能最早在 30 kaBP 到北美，直到 25—14 kaBP，白令海峡是连接西伯利亚和阿拉斯加的陆上通道，在 13—11 kaBP，海平面上升，使白令陆桥被海水淹没，联系亚洲和美洲大陆之间的陆上通路中断。到达北美的人继续南下，大约 10 kaBP 到达南美大陆。

五、动物绝灭事件及成因讨论

在更新世末期，曾出现过一次动物绝灭，但并未被列入生物绝灭事件。主要的遇难者是大型哺乳动物，如猛犸象、乳齿象、披毛犀、美国马等，小型哺乳动物和马类也受到影响。绝灭现象是全球性的，在北美和欧亚大陆北部最为显著；各地绝灭的时间不同，但主要发生在更新世末(14—10 kaBP)。

更新世末的动物绝灭发生在从冰期向间冰期转换的气候快速变化时期，因此有人认为这些大型哺乳动物的绝灭是它们不能适应变化后环境的结果。例如，在英格兰发现的一个猛犸象动物群遗址的年代刚好出现在13 kBP的快速增温之后，环境变化导致苔原环境为森林环境所替代，猛犸象这样的草食动物失去所赖以生存的环境；剑齿虎等肉食动物也失去了它们的食物资源，向其他地区的迁徙受到山地、上升的海面或其他自然障碍的阻碍，适应性差的物种因此而绝灭。

由于更新世其他气候事件中并没有类似的绝灭事件发生，一些学者提出人类"更新世滥杀"导致动物绝灭的假说。支持这一假说的典型例子是北美许多大型动物的绝灭发生在克罗维斯文化在北美出现之后不到一千年的时间里。人们认为，在更新世结束的时候，大量的狩猎者并非出于食用的目的屠杀了巨大数量的动物。考古发现有利于这种滥杀假说，在一些屠宰场遗址，发现大量的动物骨骼。例如，在法国的棱鲁特的一个悬崖底部发现了10万多匹马的骨头，它们是被狩猎者驱赶至此的。

工具的使用使人类成为一种高级的捕食者，在与其他动物的竞争中处于明显的优势地位，成为主宰生态系统的最重要的因素。人类的狩猎行为对动物不可避免地产生影响，但人类在多大程度上影响更新世某些动物的绝灭，存在不同的看法。

尽管可以找到许多支持人类猎杀导致动物绝灭的证据，但更新世滥杀也并不是一个比气候变化更令人满意的解释。在更新世末期哺乳动物衰亡之前，欧洲和澳大利亚的狩猎者与哺乳动物一起共处了数千年。澳大利亚的兰斯菲尔德(Lancefield)沼泽的遗址中发现了1万多具动物遗骸，^{14}C测年结果显示，澳大利亚的狩猎者与动物至少共同生活了7000年，这是更新世滥杀所不能解释的。

另一个用更新世滥杀难以解释的现象是，在考古遗址中大量发现许多种动物事实上并未绝灭，如北美的野牛、欧洲的驯鹿。这些现象表明，人类活动的间接影响可能像滥杀一样重要。作为狩猎者，更新世晚期的人类可能已部分地取代了肉食动物的地位，可能对其所不喜爱的草食动物构成威胁；相反，野牛、驯鹿等人类所喜爱的动物受到保护，使得它们与人形成一种共生的关系。

从动物的角度看,末次冰盛期气候的恶化,导致动物与动物之间、动物与人之间对日益紧缺的资源的竞争加剧。在澳大利亚,26—15 kaBP 期间干旱导致人与动物竞争食物和水资源,动物因此遭难。在欧亚大陆北部,有多种动物于更新世末绝灭,它们是生活在苔原环境下的,并且在最后冰期期间一直是被狩猎的对象;在美洲,人类历史较短,生态系统直到更新世结束前基本保持原始状态,哺乳动物的绝灭可能主要是人类影响的结果。更新世末,北美有39 种大型哺乳动物绝灭,是 4 MaBP 来最高的,导致此后新大陆上缺少大型哺乳动物。但是,在非洲,人类作为萨凡纳生态系统的一部分已有上百万年的历史,该地区几乎所有的大型动物均存活到现代。

尽管靠采集和狩猎为生,人口密度一直很低,他们的工具与其后的水平相比十分有限,但他们已能够改变其周围的环境。这些变化中的一部分只是一种短期的干扰,而不是长期的改变,只有那些早期人类经常用火的地区,或遭到大规模屠杀的动物群,可能会发生显著的变化。对采集和狩猎者来说,只能在聚落附近数米的范围内做到完全清除植被,但随着生境的改变而导致系统的多样化或简单化的情况是经常发生的。用火来营造一个镶嵌式分布的生境来取代一个均一的生态系统,结果可能会导致环境的多样化。在局地甚至大范围内消灭一个动物群造成的单一化,往往只是暂时性的,当时不存在驯化,也不需要保护。

六、中国史前时期

史前时期中国境内人类的发展史,包括原始人群、母系氏族、父系社会和有关三皇五帝的传说史,直到最后建立夏朝。这个时期时间的跨度从约2.5 Ma—5 kaBP。

中国史前文化主要分为旧石器时代(2.5 Ma—10 kaBP)、新石器时代(10—5 kaBP),以及青铜时代(4.0—2.2 kaBP)。史前考古学着重从史前文化遗址的地质、器物、古人类、古生物遗存来研究人类历史,历史考古学则通过文字、铭刻、古建筑等方面考察古人类的历史。

夏、商、周 3 代是中国考古史上的青铜时代,也是以中原文化为主体的华夏文明的起源。新石器时代晚期也就是传说中的三皇五帝(三皇,即燧人氏、伏羲氏、神农氏;五帝,即黄帝、颛顼、帝喾、尧、舜)时期,一直没有确实的考古和文献证据。

夏启、商汤、周武是 3 代开朝君王,对于 3 朝很多事件断代的考证,疑问仍然很多。

青铜文化在夏、商、周发展到了鼎盛时期，除了甲骨文，大量刻在铜器上的铭文也是重要的文字记录。

(一)原始人群

原始人群是史前时期的初级阶段，也是人类最早的社会组织形式。原始人群又可分为猿人(直立人)和古人(早期智人)两个阶段。这一时期在考古学上属于旧石器的早期(2.5 Ma—200 kaBP)和中期(200—100 kaBP)。猿人化石的主要代表有元谋人、蓝田人和北京人。猿人使用的工具是打制石器，主要依赖采集果实和挖掘植物块根为生，同时狩猎活动也有着重要的意义。猿人还懂得使用天然火，改善了生活环境，增强了征服自然的能力。猿人以血缘关系为纽带，组成血缘家庭，若干个血缘家庭形成了较为松散的社会组织。由于猿人脱离动物不久，因此其婚姻还处于杂交状态。

古人的体质较猿人明显进步，已接近现代人。古人化石和遗迹分布更为广泛，主要代表有大荔人、长阳人、丁村人、许家窑人等。古人使用的工具仍然是打制石器，但打制的技术有所提高，并掌握了人工取火的方法。古人在生活上仍然依赖采集、狩猎。在此阶段，婚姻状态有所进步，由原始杂交过渡到同辈群婚，再过渡到一个家族的男子与另一个家族的女子群婚。

(二)母系社会

母系社会又称母系氏族制。约从10 kaBP开始，到约5 kaBP，发展到了父系社会。在母系氏族制前期，人类体质上的原始性基本消失，被称为新人。到母系氏族制后期，现代人形成。

中国境内的新人化石和文化遗存遍及各地，其主要代表有河套人、柳江人、峙峪人、山顶洞人等。这一阶段的打制工具有较大改进，并发明了弓箭。生产主要是采集和狩猎。人们学会缝制兽皮衣服，产生了原始的审美观念和宗教。同时，出现了族外婚，形成以一个老祖母为核心的氏族制。由于女子在生育中的重要地位，决定了以女性为中心的母系氏族制。同一氏族的成员都是同姓的，子女也从母姓。

母系社会繁荣时期的文化遗存遍布南北各地，主要代表有裴李岗文化、磁山文化、仰韶文化、河姆渡文化、马家窑文化、屈家岭文化等。此时，生产力水平有明显进步，磨制、穿孔石器取代打制石器；出现原始农业生产；家畜饲养、原始手工业及副业出现等。人们开始了定居的生活。原始审美和宗教观念继续发展，并产生了最早的文字符号。

（三）父系社会

约于 5500 aBP，中国进入父系社会，持续到 4000 aBP。其主要文化遗存代表有龙山文化、齐家文化、大汶口文化、良渚文化等。此时在考古学上属于新石器晚期。

父系氏族时代的社会生产力水平比以往有较大的提高，主要表现在，农业生产的发展，家畜饲养规模的扩大，制陶技术的进步，铜器制造的出现，丝织品的发明，手工业水平的普遍提高，社会分工的形成等。

随着社会生产力的发展和男子在生产中突出的地位，原来男女在氏族中的地位发生重大变化，男子开始占据主导地位。与此同时，婚姻由对偶婚向一夫一妻制过渡，父权制随家庭出现而产生，财产按照父系继承，世系随父系计算。父系氏族制形成后，私有制萌芽、产生。在贫富分化加剧的情况下，阶级对立出现，导致原始社会解体，国家开始产生。

参考文献

杜远生，童金南，2009. 古生物地史学概论[M]. 2 版. 武汉：中国地质大学出版社：267.

段艳红，文博，卢龙斗，2017. 澄江动物群研究与进展[J]. 生物学通报，52(3)：1-4.

谷合稔，2016. 地球生命——138 亿年的进化[M]. 梁容，译. 北京：电子工业出版社：258.

侯先光，冯向红，1999. 澄江生物化石群[J]. 生物学通报，34(12)：6-8.

李振基，陈小麟，郑海雷，2007. 生态学[M]. 3 版. 北京：科学出版社：332.

穆迪 R，茹拉夫列夫 A，迪克逊 D，et al.，2016. 地球生命的历程[M]. 王烁，王璐，译. 北京：人民邮电出版社：432.

童金南，殷鸿福，2001. 古生物学[M]. 北京：高等教育出版社：421.

王立军，季宏兵，丁淮剑，等，2008. 硅的生物地球化学循环研究进展[J]. 矿物岩石地球化学通报，27(2)：188-194.

王绍武，2011. 全新世气候变化[M]. 北京：气象出版社：283.

汪品先，2006. 大洋碳循环的地质演变[J]. 自然科学进展，16(11)：1361-1370.

汪品先，2009. 深海沉积与地球系统[J]. 海洋地质与第四纪地质，29(4)：1-11.

汪品先，闵秋宝，卞云华，1984. 东海底质中浮游钙质微体化石的深度分布及其地质意义[J]. 微体古生物学报，(2):5-19，107.
汪品先，田军，黄恩清，等，2018. 地球系统与演变[M]. 北京:科学出版社:565.
吴汝康，1995. 对人类进化过程的思索[J]. 人类学报，14(4):285-296.
徐茂泉，陈友飞，2010. 海洋地质学[M]. 2 版. 厦门:厦门大学出版社:284.
张昀，1998. 宏进化的非匀速特征[J]. 科技导报.(1):8-10，48.
中国大百科全书，2012. 人类起源与演化[M]//中国大百科全书. 2 版:卷 18. 北京:中国大百科全书出版社:385-387.
赵秀丽，李守军，2017. 微体古生物学及其应用[M]. 北京:科学出版社:177.
BAMBACH R K，2006. Phanerozoic biodiversity mass extinctions[J]. Annual review of earth and planetary sciences，34:127-155.
BARNOSKY A D，MATZKE N，TOMIYA S，et al.，2011. Has the Earth's six extinction already arrived? [J]. Nature，471:51-57.
BECKER L，POREDA R J，HUNT A G，et al.，2001. Impact event at the Permian-Triassic boundary: evidence from extraterrestrial noble gases in fullerences[J]. Science，291:1530-1533.
BOWRING S A，ERWIN D H，JIN Y G，et al.，1998. U/Pb zircon geochronologyand tempo of the End-Permian mass extinction[J]. Science，280:1039-1045.
BURGESS S，2019. Deciphering mass extinction triggers[J]. Science，363(6429):815-816. DOI:10. 1126/science.aaw0473.
CORTESE G，GERSONDE R，HILLENBRAND C D，et al.，2004. Opal sediment ation shifts in the World Ocean over the last 15 Myr[J]. Earth and planetary science letters，224:509-527.
DEMASTER D J，2002. The accumulation and cycling of biogenic silica in the Southern Ocean: revisiting the marine silica budget[J]. Deep-Sea research part Ⅱ，49:3155 -3167.
DEMENOCAL P B，2011. Climate and human evolution[J]. Science，331(6017):540-542. DOI:10. 1126/science.1190683.
DIXON D，JENKINS I，MOODY R，et al.，2014. The atlas of life on Earth: the Earth，its landscape and life forms[M]. New York: Chartwell Books:368.
ERWIN D H，1994. The Permo-Triassic extinction[J]. Nature，367:231-236.

FALKOWSKI P G, KATZ M E, KNOLL A H, et al., 2004. The evolution of modern eukaryotic phytoplankton[J]. Science, 305:354-360.

FU D, TONG G, DAI T, et al., 2019. The Qingjiang biota-A Burgess Shale-type fossil Lagerstätte from the early Cambrian of South China[J]. Science, 363(6433):1338-1342.

HALLAM A, WIGNALL P B, 1997. Mass extinctions and their aftermath [M]. Oxford, New York: Oxford University Press:320.

JABLONSKI D, 1994. Extinctions in the fossil record[J]. Philosophical transactions of the royal society B, 344:11-17.

KNOLL A H, BAMBACH R K, PAYNE J L, et al., 2007. Paleophysiology and end-Permian mass extinction[J]. Earth and planetary science letters, 256:295-313.

LORON C C, FRANÇOIS C, RAINBIRD R H, et al., 2019. Early fungi from the Proterozoic era in Arctic Canada[J]. Nature, 570:232-235.

MUCHOWSKA K B, VARMA S J, MORAN J, 2019. Synthesis and breakdown of universal metabolic precursors promoted by iron[J]. Nature, 569:104-107.

MURPHY A E, SAGEMAN B B, HOLLANDER D J, 2000. Eutrophication by decoupling of the marine biogeochemical cycles of C, N and P: a mechanism for the late Devonian mass extinction [J]. Geology, 28: 427-430.

NORRIS R D, TURNER K S, HULL P M, et al., 2013. Marine ecosystem responses to cenozoic global change[J]. Science, 341:492-498.

PAYNE J L, TURCHYN A V, PAYTAN A, et al., 2010. Calcium isotope constraints on the end-Permian mass extinction[J]. Proceedings of the National Academy of Sciences of USA, 107:8543-8548.

PASCAL R, 2019. A possible non-biological reaction framework for metabolic processes on early Earth[J]. Nature, 569:47-49.

PAUP D M, SEPKOSKI J J, 1982. Mass extinctions in the marine fossil record [J]. Science, 215:1051-1053.

PIMIENTO C, 2018. Our shallow-water origins[J]. Science, 362(6413): 402-403.

RENNE P R, ZHANG Z C, RICHARDS M A, et al., 1995. Synchrony and causal relations between Permian-Triassic boundary crises and Siberian flood volcanism[J]. Science, 269:1413-1416.

RIDGWELL A A, 2005. Mid Mesozoic revolution in the regulation of ocean chemistry[J]. Marine geology, 217:339-557.

RUH M, BONIS N R, REICHART G J, et al., 2011. Atmospheric carbon injection linked to end-Triassic mass extinction[J]. Science, 333:430-434.

SALLAN L, FRIEDMAN M, SANSOM R S, et al., 2018. The nearshore cradle of early vertebrate diversification[J]. Science, 362(6413):460-464.

SCHOENE B, EDDY M P, SAMPERTON K M, et al., 2019. U-Pb constraints on pulsed eruption of the Deccan Traps across the end-Cretaceous mass extinction[J]. Science. 363(6429):862-866.

SCHOENE B, SAMPERTON K M, EDDY M P, et al., 2015. U-Pb geochronology of the Deccan Traps and relation to the end-Cretaceous mass extinction[J]. Science, 347(6218):182-184. DOI:10. 1126/science.aaa0118

SHEEHAN P M, 2001. The late Ordovician mass extinction[J]. Annual review of earth and planetary sciences, 29:331-364.

SPRAIN C J, RENNE P R, VANDERKLUYSEN L, et al., 2019. The eruptive tempo of Deccan volcanism in relation to the Cretaceous-Paleogene boundary [J]. Science, 363(6429): 866-870. DOI: 10. 1126/science.aav1446.

SUTCLIFFE O E, DOWDESWELL J A, WHITTINGTON R J, et al., 2000. Calibrating the late Ordovician glacition and mass extinction by the eccentricity cycles of Earth's orbit[J]. Geology, 28:967-970.

TUREKIAN K K, 1996. Global environmental change: past, present and future[M]. New York: Prentice-Hall:200.

VON BLOH W, BOUNAMA C, FRANCK S, 2003. Cambrian explosion triggered by geosphere-biosphere feedbacks[J]. Geophysical sesearch letters, 30(18):6-1-6.

WARD P D, MONTGOMERY D R, SMITH R, 2000. Altered river morphology in South Africa related to the Permian-Triassic extinction[J]. Science, 289:1740-1743.

WATERS M R, KEENE J L, FORMAN S L, et al., 2018. Pre-Clovis projectile points at the Debra L. Friedkin site, Texas—Implications for the Late

Pleistocene peopling of the Americas [J]. Science advances, 4 (10): eaat4505/1-13.

ZEEBE R E, WESTBROEK P, 2003. A simple model for the $CaCO_3$ saturation state of the ocean: the "Strangelove", the "Neritan", and the "Cretan" Ocean [J]. Geochemistry geophysics and geosystems, 4 (12):1104.